W0267908

Halbleiter-Elektronik

Eine aktuelle Buchreihe für Studierende und Ingenieure

Halbleiter-Bauelemente beherrschen heute einen großen Teil der Elektrotechnik. Dies äußert sich einerseits in der großen Vielfalt neuartiger Bauelemente und andererseits in den enormen Zuwachsraten der Herstellungsstückzahlen. Ihre besonderen physikalischen und funktionellen Eigenschaften haben komplexe elektronische Systeme z. B. in der Datenverarbeitung und der Nachrichtentechnik ermöglicht. Dieser Fortschritt konnte nur durch das Zusammenwirken physikalischer Grundlagenforschung und elektrotechnischer Entwicklung erreicht werden.

Um mit dieser Vielfalt erfolgreich arbeiten zu können und auch zukünftigen Anforderungen gewachsen zu sein, muß nicht nur der Entwickler von Bauelementen, sondern auch der Schaltungstechniker das breite Spektrum von physikalischen Grundlagenkenntnissen bis zu den durch die Anwendung geforderten Funktionscharakteristiken der Bauelemente beherrschen.

Dieser engen Verknüpfung zwischen physikalischer Wirkungsweise und elektrotechnischer Zielsetzung soll die Buchreihe „Halbleiter-Elektronik" Rechnung tragen. Sie beschreibt die Halbleiter-Bauelemente (Dioden, Transistoren, Thyristoren usw.) in ihrer physikalischen Wirkungsweise, in ihrer Herstellung und in ihren elektrotechnischen Daten.

Um der fortschreitenden Entwicklung am ehesten gerecht werden und den Lesern ein für Studium und Berufsarbeit brauchbares Instrument in die Hand geben zu können, wurde diese Buchreihe nach einem „Baukastenprinzip" konzipiert:

Die ersten beiden Bände sind als Einführung gedacht, wobei Band 1 die physikalischen Grundlagen der Halbleiter darbietet und die entsprechenden Begriffe definiert und erklärt. Band 2 behandelt die heute technisch bedeutsamen Halbleiterbauelemente in einfachster Form. Ergänzt werden diese beiden Bände durch die Bände 3 bis 5, die einerseits eine vertiefte Beschreibung der Bänderstruktur und der Transportphänomene in Halbleitern und andererseits eine Einführung in die technologischen Grundverfahren zur Herstellung dieser Halbleiter bieten. Alle diese Bände haben als Grundlage einsemestrige Grund- bzw. Ergänzungsvorlesungen an Technischen Universitäten.

Fortsetzung und Übersicht über die Reihe: 3. Umschlagseite

Halbleiter-Elektronik
Herausgegeben von W. Heywang und R. Müller
Band 9

Wolfgang Harth · Manfred Claassen

Aktive Mikrowellendioden

Mit 117 Abbildungen

Springer-Verlag
Berlin · Heidelberg · New York 1981

Dr. rer. nat. WOLFGANG HARTH
Professor, Inhaber des Lehrstuhls für Allgemeine Elektrotechnik und Angewandte Elektronik der Technischen Universität München

Dr.-Ing. MANFRED CLAASSEN
Professor am Lehrstuhl für Allgemeine Elektrotechnik und Angewandte Elektronik der Technischen Universität München

Dr. rer. nat. WALTER HEYWANG
Leiter der Zentralen Forschung und Entwicklung der Siemens AG, München
Professor an der Technischen Universität München

Dr. techn. RUDOLF MÜLLER
Professor, Inhaber des Lehrstuhls für Technische Elektronik der Technischen Universität München

CIP-Kurztitelaufnahme der Deutschen Bibliothek

Halbleiter-Elektronik
Hrsg. von W. Heywang u. R. Müller. –
Berlin, Heidelberg, New York: Springer.
NE: Heywang, Walter [Hrsg.]
Bd. 9 – Harth, Wolfgang: Aktive Mikrowellendioden

Harth, Wolfgang:
Aktive Mikrowellendioden / W. Harth; M. Claassen. –
Berlin, Heidelberg, New York: Springer 1981
(Halbleiter-Elektronik, Bd. 9)
NE: Claassen, Manfred

ISBN 978-3-540-10203-8 ISBN 978-3-642-52215-4 (eBook)
DOI 10.1007/978-3-642-52215-4

Gesamtherstellung: Graph. Betrieb Konrad Triltsch, Würzburg
2362/3020–543210

Vorwort

Im vorliegenden Band 9 der Buchreihe „Halbleiter-Elektronik“ werden aktive Mikrowellendioden behandelt. Diese Dioden können durch einen Zweipol dargestellt werden, dessen Realteil einen negativen differentiellen Hochfrequenzwirkwiderstand aufweist. Damit werden diese Dioden in den Hauptanwendungen der Hochfrequenztechnik, nämlich in der Nachrichtenübertragung, Funknavigation sowie in der Funkmeßtechnik vorwiegend in Oszillator- und Verstärkeranordnungen eingesetzt.

Das Buch behandelt vier verschiedene Diodentypen, die im Laufe der mehr als zwanzigjährigen Entwicklungsgeschichte der aktiven Mikrowellendioden nunmehr fest in der Hochfrequenztechnik etabliert sind. In der Rangfolge ihrer praktischen Bedeutung sind dies die Lawinenlaufzeitdiode, das Elektronentransfer(Gunn-) Element, die Barittdiode und die Tunneldiode. (Im Buch folgt allerdings die Reihung der vier Kapitel nach anderen Gesichtspunkten).

Bei der Beschreibung der Dioden wird den eigentlichen elektronischen Mechanismen, die zur Umwandlung von Gleichleistung in Hochfrequenzleistung führen, dem Einfluß der unvermeidlichen Bahnverluste und dem Hochfrequenzrauschen besondere Aufmerksamkeit gewidmet. Auf die Darstellung der zugehörigen Hochfrequenzschaltungen wird im Rahmen dieses Buches, so weit es zulässig ist, verzichtet. (Weiterführende Bücher sind in der Einleitung angegeben). Im Sinne einer zweckmäßigen Abgrenzung auf den Anwendungsbereich von Hochfrequenztransistoren konzentriert sich die Behandlung der Mikrowellendioden auf Frequenzen oberhalb 1000 MHz bis hin in das Millimeterwellengebiet.

Das Buch ist zum großen Teil aus Unterlagen zu einer zweisemestrigen Vorlesung entstanden, die für Studierende der Elektrotechnik an der Technischen Universität München gehalten wird. In diesem Buch sind auch Forschungsergebnisse aus dem Lehrstuhl für Allgemeine Elektrotechnik und Angewandte Elektronik der Technischen Universität München mit aufgenommen.

Vom Leser wird lediglich die Kenntnis der elementaren Grundlagen der Halbleiterelektronik und der Hochfrequenztechnik vorausgesetzt. Besonderer Wert wurde auf die Darstellung der vom speziellen Bauelement unabhängigen Methoden und Prinzipien der Halbleiter-Hochfrequenzelektronik gelegt. Somit eignet sich dieses Buch sowohl zum Selbststudium als auch zur Einarbeitung in das Fachgebiet für den in Forschung und Entwicklung tätigen Ingenieur.

Die Kapitel 1 und 2 wurden von W. Harth, die Kapitel 3 und 4 von M. Claassen verfaßt. Für die kritische Durchsicht des Manuskriptes ist Herrn Dr. J. Freyer sowie Herrn Dr. H. Grothe, Herrn Dipl.-Ing. P. Förg, Herrn Dipl.-Ing. Pierzina und Herrn Dipl.-Ing. Schimpe in besonderer Weise zu danken.

München, September 1980 W. Harth · M. Claassen

Inhaltsverzeichnis

Bezeichnungen und Symbole

1. *Mathematische Symbole*

Größe	Bedeutung	Einheit
A	Größe	
A_0	stationärer Wert	
$\hat{A}$	Amplitude der Grundschwingung bzw. Welle	
$\underline{\hat{A}}$	komplexe Amplitude der Grundschwingung bzw. Welle	
j	$\sqrt{-1}$	
$\exp x$	e^x	

2. *Physikalische Konstanten*

Konstante	Bedeutung	Zahlenwert
m_0	Ruhemasse des Elektrons	$9{,}109 \cdot 10^{-31}$ kg
e	Elementarladung	$1{,}602 \cdot 10^{-19}$ C
k	Boltzmann-Konstante	$1{,}380 \cdot 10^{-23}$ J
kT/e		0,0259 V für $T = 300$ K
h	Plancksche Konstante	$6{,}625 \cdot 10^{-34}$ Js
c	Vakuum-Lichtgeschwindigkeit	$2{,}998 \cdot 10^8$ m s^{-1}
ε_0	Elektrische Feldkonstante	$8{,}854 \cdot 10^{-12}$ F m^{-1}

3. *Physikalische Größen*

Größe	Bedeutung	Einheit
A	Diodenquerschnittsfläche	m^2
A^*	effektive Richardsonkonstante	A m^{-2} K^{-1}
B	Bandbreite	Hz
B_D	Diodenblindleitwert	S
B_L	Last-Blindleitwert	S
b	Domänenbreite	m
C	Diodenkapazität	F
C_0, C_E	Dioden-(Element)Kaltkapazität	F
C_a	Kapazität der Lawinenzone	F
C_d	Kapazität der Driftzone	F
C_p	parasitäre Kapazität	F
C_v	Diodenkapazität bei der Talspannung U_v	F

D	Diffusionskonstante	$m^2 s^{-1}$
D_n	Diffusionskonstante für Elektronen	
D_p	Diffusionskonstante für Löcher	
d	Breite der aktiven Zone (senkrecht zum Elektronenfluß)	m
E	elektrische Feldstärke	$V m^{-1}$
E_a	Feldstärke in der Lawinenzone	
E_c	kritische Feldstärke	
E_d	Feldstärke in der Driftzone	
E_h	Feldstärke im Hochfeldbereich	
E_i	Feldstärke am Übergang von der Hochfeld- zur Niederfeldzone	
E_n	Feldstärke im Niederfeldbereich	
E_p	ortsunabhängiges Wechselfeld	
E_{RL}	Feldstärke der Raumladungswelle	
E_s	Feldstärke in der neutralen Zone	
E_{s_0}	Feldstärke in der neutralen Zone bei Abwesenheit des Lawinenimpulses	
F	Rauschzahl	
F	Durchreich-Faktor	
F_L	Fermi-Dirac-Funktion der Besetzungswahrscheinlichkeit im Leitungsband	
F_V	Fermi-Dirac-Funktion der Besetzungswahrscheinlichkeit im Valenzband	
f	Frequenz	Hz
f_a	Lawinenfrequenz	
f_l	Laufzeitfrequenz	
f_m	Frequenzablage vom Träger, Modulationsfrequenz	
Δf_{rms}	mittlerer Frequenzhub des Frequenzrauschens	Hz
G	Verstärkung	
G	Konversionsgewinn	
G	Generationsrate durch Lawinenmultiplikation	$m^{-3} s^{-1}$
G_0	Niederfeldleitwert	S
G_D, G_E	(negativer)Dioden(Element-)Wirkleitwert	S
G_L	Last-Wirkleitwert	S
G_N	negativer differentieller Leitwert	S
I	Strom	A
I_c	kritischer Strom	A
I_c	Konvektionsstrom	A
I_{eq}	äquivalenter Rauschstrom	A
I_i	Influenzstrom	A
$\overline{i_n^2}$	Quadrat des primären Rauschstromes	A^2
I_p	Höckerstrom	A
I_v	Talstrom	A
I_t	Gesamtstrom	A
I_v	Verschiebungsstrom	A
J_0	Gleichstromdichte	Am^{-2}
J_c	Konvektionsstromdichte	Am^{-2}
J_a	Konvektionsstromdichte in der Lawinenzone	
J_c	kritische Stromdichte	Am^{-2}
J_n	Elektronenstromdichte	Am^{-2}

J_p	Löcherstromdichte	Am^{-2}
J_s	Sättigungsstromdichte	Am^{-2}
J_{n_s}	Sättigungsstromdichte der Elektronen	
J_{n_p}	Sättigungsstromdichte der Löcher	
J_t	Tunnelstromdichte	Am^{-2}
J_{np}	Tunnelstromdichte vom *n*- und *p*-Leiter	
J_{pn}	Tunnelstromdichte vom *p*- zum *n*-Leiter	
J_t	Gesamtstromdichte	Am^{-2}
J_{th}	thermische Diodenstromdichte	Am^{-2}
J_v	Verschiebungsstromdichte	Am^{-2}
J_z	Zusatzstromdichte	Am^{-2}
k	Wellenzahl	m^{-1}
k_e	quantenmechanische Wellenzahl	
k_i	Imaginärteil der Wellenzahl	
L_a	Induktivität der Lawinenzone	H
L_p	parasitäte Induktivität	H
l	Länge	m
M	Großsignal-Rauschmaß	
M_0	Kleinsignal(Verstärker)-Rauschmaß	
m	Spannungshub	
m^*	effektive Elektronenmasse	kg
N	Dotierung	m^{-3}
N_0	Grunddotierung	
N_A	Akzeptordichte	
N_D	Donatordichte	
N_{eff}	effektive Dotierung	
N_H	Haftstellendichte	m^{-3}
N_L	Zustandsdichte im Leitungsband	m^{-3}
N_V	Zustandsdichte im Valenzband	m^{-3}
n	Elektronendichte	m^{-3}
n_0	Elektronendichte im Gleichgewicht	
P	Oszillatorleistung	W
P	umgesetzte mittlere Dioden-Wechselstrom-Wirkleistung	W
P_0	Gleichleistung	W
P_D	von der Diode abgegebene mittlere Wechselstrom-Wirkleistung (ohne Verluste)	W
P_e	Eingangsleistung	W
P_L	Wechselleistung am Lastwiderstand	W
P_s	Signalleistung	W
P_v	Verlustleistung in der Diode	W
P_{v_t}	gesamte Verlustleistung	W
P_Z	Leistung im Zwischenfrequenzbereich	W
P_t	Tunnelwahrscheinlichkeit	
p	Löcherdichte	m^{-3}
p_0	injizierte Löcherdichte	
Q_D	Domänenladung	C
Q_{ex}	externe Güte	
R_D, R_E	(negativer) Dioden-(Element)-Wirkwiderstand	Ω
R_L	Lastwiderstand	Ω
R_{RL}	Raumladungswiderstand	Ω
R_s	Serienwiderstand	Ω

R_{s_0}	Serienwiderstand des Substrats und der Kontakte	
R_{s_t}	gesamter Serienwiderstand	
R_t	NF-Widerstand der Diode	Ω
R_Θ	Wärmeleitungswiderstand	KW^{-1}
S_I	Strom-Modulationssteilheit	HzA^{-1}
s	Feldstärke-Gradient	Vm^{-2}
T	Periodendauer	s
T	absolute Temperatur	K
T_0	Temperatur des Gitters	
T_e	effektive Elektronentemperatur	
$T_{äq}$	äquivalente Rauschtemperatur	
t	Zeit	s
t_i	Zeitpunkt der Trägerinjektion	
U	Diodenspannung	V
ΔU_{RL}	Spannungszunahme als Folge des Gleichstromes	
U_a	Spannung an der Lawinenzone	V
ΔU_a	Spannungsänderung an der Lawinenzone durch HF-Gleichrichtung	
U_c	kritische Spannung	V
U_D	Diffusionsspannung	V
U_D	Domänenspannung	V
U_d	Spannung an der Driftzone	V
U_{DR}	Durchreichspannung	V
U_{FB}	Flachbandspannung	V
U_H	Spannungsabfall an der hochdotierten Zone	V
U_m	Potentialminimum	V
U_s	minimale Spannung für eine stationäre Domäne	V
U_p	Höckerspannung	V
U_v	Talspannung	V
$\overline{u_n^2}$	Quadrat der Leerlauf-Rauschspannung	V^2
v	mittlere Elektronengeschwindigkeit	ms^{-1}
v_0	Löcherdriftgeschwindigkeit	ms^{-1}
v_a	Geschwindigkeit der Lawinenschockfront	ms^{-1}
v_D	Domänengeschwindigkeit	ms^{-1}
v_{Diff}	Diffusionsgeschwindigkeit	ms^{-1}
v_n	Elektronen-Driftgeschwindigkeit	ms^{-1}
v_p	Löcher-Driftgeschwindigkeit	ms^{-1}
v_p	Geschwindigkeitsmaximum der Geschwindigkeit-Feldstärke Charakteristik	ms^{-1}
v_s	Sättigungsgeschwindigkeit	ms^{-1}
v_{s_n}	Sättigungsgeschwindigkeit für Elektronen	
v_{s_p}	Sättigungsgeschwindigkeit für Löcher	
W	Elektronenenergie im Leitungsband	eV
W_B	Potentialbarriere	eV
W_G	verbotenes Band	eV
W'_G	reduziertes verbotenes Band	
ΔW	Energieabstand zwischen Haupt- und Satellitenminimum	eV
W_{F_n}	Quasi-Ferminiveau des n-Leiters	eV

W_{F_p}	Quasi-Ferminiveau des *p*-Leiters	eV
ΔW_{FL}	Entartungsenergie im *n*-Leiter	eV
ΔW_{FV}	Entartungsenergie im *p*-Leiter	eV
w	aktiver felderfüllter Diodenbereich	m
w_0	Ort der Feldumkehr	m
w_a	Weite der Lawinenzone	m
w_d	Weite der Driftzone	m
w_m	Ort des Potentialminimums	m
w_n	Weite der *n*-Raumladungszone	m
w_p	Weite der *p*-Raumladungszone	m
w_q	momentaner Ort des Lawinenimpulses in der Driftzone	m
w_s	Weite der Epitaxieschicht	m
w_t	Weite der Raumladungszone	m
w_{t_0}	Weite der Raumladungszone ohne Lawinenimpuls	
X_c	Blindwiderstand der Kaltkapazität	Ω
X_E	Blindwiderstand des Elementes	Ω
x	Ortskoordinate	m
x_a	Ort der Akkumulationsschicht	m
$\underline{Y}_L$	Lastadmittanz	S
Z_0	Wellenwiderstand	Ω
$\underline{Z}_a$	Kleinsignalimpedanz der Lawinenzone	Ω
$\underline{Z}_D$	Gesamtimpedanz der Diode	Ω
$\underline{Z}_d$	Impedanz der Driftzone	Ω
α	Ionisationsrate	m^{-1}
α_n	Ionisationsrate für Elektronen	
α_p	Ionisationsrate für Löcher	
α_0	Ionisationsrate im Durchbruch	
ϑ	Temperatur	°C
$\Delta\vartheta$	Temperaturdifferenz	°C
ε	Permittivität des Halbleiters	Fm^{-1}
η	Wirkungsgrad	
Θ	Laufwinkel, Stromflußwinkel	
Θ_i	Stromeinsatz (Injektions)-Phase	
Θ_{PC}	Laufwinkel bei Premature Collection-Mode	
Θ_s	Großsignal Laufwinkel	
$\varkappa$	Wärmeleitfähigkeit	$Wm^{-1}K^{-1}$
μ_0	Niederfeldbeweglichkeit	$m^2V^{-1}s^{-1}$
μ_n	Niederfeldbeweglichkeit für Elektronen	
μ_p	Niederfeldbeweglichkeit für Löcher	
μ_d	differentielle Beweglichkeit	$m^2V^{-1}s^{-1}$
μ_{eff}	effektive Beweglichkeit	$m^2V^{-1}s^{-1}$
σ	Flächenladung des Lawinenimpulses	Cm^{-2}
τ_A	Auslaufzeit der Domäne	s
τ_D	Zeitkonstante für Domänenaufbau	s
τ_{Diff}	Diffusionszeitkonstante	s
τ_a	Laufzeit in der Lawinenzone	s
τ_d	Laufzeit in der Driftzone	s
τ_e	mittlere Energierelaxationszeit	s
τ_l	Domänenlaufzeit	s
τ_i	mittlere Zeit zwischen zwei ionisierenden Stößen	s
τ_m	Impulsrelaxationszeit	s
Φ	Phasendifferenz zwischen Strom und Spannung	

Φ_n	Potentialbarriere für Elektronen am Metall-Halbleiter-Übergang	V
Φ_p	Potentialbarriere für Löcher am Metall-Halbleiter-Übergang	V
ω	Kreisfrequenz	s^{-1}
ω_a	Lawinenkreisfrequenz	s^{-1}
ω_c	dielektrische Relaxationskreisfrequenz	s^{-1}
ω_p	Pump-Kreisfrequenz	s^{-1}

Einleitung

Die Mikrowellentechnik befaßt sich mit der Erzeugung und Verarbeitung von elektrischen Schwingungen, deren Wellenlänge klein ist gegenüber den Abmessungen der signalverarbeitenden Geräte oder Anordnungen. Bei Hohlleiterschaltungen und Antennen, deren Größe in Metern gemessen wird, beginnt der Bereich der Mikrowellentechnik für elektromagnetische Wellen, die sich mit Lichtgeschwindigkeit ausbreiten, bei einer Frequenz von etwa 1000 MHz entsprechend einer Wellenlänge von 30 cm. In der Halbleiter-Elektronik sind die typischen Abmessungen erheblich kleiner und betragen nur Bruchteile von Millimetern. Dort ist jedoch für die Wellenlänge nicht die Lichtgeschwindigkeit maßgebend, sondern die erheblich geringere Geschwindigkeit der beweglichen Ladungsträger im Festkörper. Elektronen und Löcher werden in Festkörpern durch ständige Wechselwirkung mit thermischen Kristallgitterschwingungen und mit den fest eingebauten Störstellen erheblich in der Beweglichkeit behindert und erreichen bei Raumtemperatur und üblicher Dotierung höchstens Geschwindigkeiten von etwa 10^7 cm/s. Eine mit den Bauelementeabmessungen vergleichbare Wellenlänge der mit dem Ladungsträgertransport verbundenen Raumladungswellen von etwa 0,1 mm entspricht dann wieder einer Frequenz von 1000 MHz, so daß man diese Frequenzgrenze auch in der Halbleiterelektronik als den Beginn des Mikrowellenbereiches ansetzen kann. Nach oben erstrecken sich die Mikrowellenfrequenzen bis zum langwelligen Ultrarot-Bereich. Derzeit sind Frequenzen oberhalb von etwa 100 GHz jedoch von geringer technischer Bedeutung, da die Signalübertragung bei diesen Frequenzen starker atmosphärischer Dämpfung unterworfen ist. Dementsprechend werden in diesem Buch Halbleiterbauelemente behandelt, die im Frequenzbereich von etwa 1000 MHz bis 100 GHz Verwendung finden, mit Ausnahme der Lawinenlaufzeitdiode, die noch bis etwa 300 GHz Mikrowellenleistung erzeugen kann.

Das bekannteste und am weitesten verbreitete Halbleiterbauelement ist der bipolare Transistor. Bei ihm erfolgt der Ladungsträgertransport in der Basis durch Diffusion und daher mit noch erheblich geringerer Geschwindigkeit als der Sättigungsdriftgeschwindigkeit. Entsprechend ist der Einsatz des bipolaren Mikrowellentransistors auf wenige GHz beschränkt. Feldeffekttransistoren beruhen dagegen auf der Steuerung einer driftenden Elektronenströmung. Diese Bauelemente können daher erheblich schneller sein. Auch bei ihnen befindet sich jedoch eine steuernde Elektrode in der Laufstrecke der Ladungsträger, die deutlich kürzer sein muß, als die Wellenlänge der Raumladungswelle. Dies führt im

Mikrowellenbereich zu einer sehr aufwendigen Technologie, die schließlich die obere Frequenzgrenze bestimmt und nicht zuletzt auch die Zuverlässigkeit der Bauelemente beeinträchtigt.

Demgegenüber bieten Zweipole den Vorteil eines erheblich einfacheren und robusteren Aufbaus aus einer Halbleiterschichtstruktur, die beidseitig mit relativ (im Vergleich zur Raumladungswellenlänge) großen Metallelektroden kontaktiert ist. Solche Zweipole werden allgemein als Dioden bezeichnet, wenn sie eine ausgeprägt nichtlineare Strom-Spannungs-Kennlinie aufweisen, obwohl dieser Begriff genaugenommen nur auf Bauelemente zutrifft, bei denen durch Wechsel der Polarität zwischen Fluß- und Sperrichtung unterschieden werden kann. Letzteres ist beim Gunn-Element und der Barittdiode nicht der Fall. Da die aktiven Mikrowellendioden jedoch ohnehin nicht mit wechselnder Polarität betrieben werden, erscheint eine Differenzierung nach dem Kennlinienverhalten bei Spannungsumkehr wenig sinnvoll.

Aktive Bauelemente sind dadurch charakterisiert, daß sie bei der Signalfrequenz Leistung abgeben, die zur Erzeugung oder Verstärkung von Hochfrequenzschwingungen ausgenützt werden kann. Dabei wandeln solche Bauelemente in der Regel Gleichstromleistung in Hochfrequenzleistung um. Aktive Zweipole bedürfen dazu eines negativen Hochfrequenzwiderstandes oder Hochfrequenzleitwertes, der zwischen den Anschlußkontakten wirksam ist, d.h. eines mit zunehmender Spannung abnehmenden Stromes und umgekehrt.

Einen quasi-statischen differentiellen negativen Widerstand besitzen Dioden mit einer Strom-Spannungs-Kennlinie, die, wie beispielsweise die der Tunneldiode, einen Ast mit fallender Charakteristik aufweist. Bei Aussteuerung um einen Arbeitspunkt auf diesem Kennlinienast gibt die Diode Hochfrequenzleistung ab.

Mit Bauelementen ohne fallenden Kennlinienast in der Strom-Spannungs-Charakteristik kann man andererseits einen dynamischen negativen Hochfrequenzwiderstand erzeugen, wenn in diesen Bauelementen beim Über- oder Unterschreiten gewisser Spannungswerte ein Zustand höherer oder niedrigerer Leitfähigkeit entsteht, der unabhängig von der Spannung eine gewisse Zeit anhält. Bei der Lawinenlaufzeitdiode und der Barittdiode geschieht das durch Injektion von Ladungsträgern in eine vorher ladungsträgerfreie Sperrschicht, beim Gunn-Element durch den internen Aufbau einer Hochfelddomäne, die die Leitfähigkeit der Halbleiterprobe herabsetzt. In allen drei Fällen dauert der veränderte Leitungszustand so lange an, bis die injizierten Ladungsträger bzw. die Hochfelddomäne unter der Wirkung der angelegten Spannung durch die aktive Zone gewandert sind. Danach stellt sich wieder der ursprüngliche Leitungszustand ein. Wenn die jeweilige Umschaltung des Leitungszustandes bei günstiger Phasenlage zur Hochfrequenzspannung erfolgt, erhält der Wechselstrom eine Komponente in Gegenphase zur Wechselspannung. Das Bauelement wirkt dann im dynamischen Schwingungsablauf wie ein negativer Hochfrequenzwiderstand, der Mikrowellenleistung erzeugen und verstärken kann.

Allgemeine und weiterführende Darstellungen über aktive Mikrowellendioden enthalten folgende Bücher und Monographien:

1. Chow, W. F.: Principles of tunnel diode circuits. New York: Wiley & Sons, 1964
2. Watson, H. A.: Microwave semiconductor devices and their circuit applications. New York: McGraw-Hill: 1969
3. Sze, S. M.: Physics of semiconductor devices. New York: Wiley & Sons 1969
4. Carroll, J. E.: Hot electron microwave generators. London: Arnold 1970
5. Unger, H.-G.; Harth, W.: Hochfrequenz-Halbleiterelektronik. Stuttgart: Hirzel 1972
6. Bosch, B. G.; Engelmann, R. W.: Gunn effect electronics. London: Pitman Publishing 1975
7. Culshaw, B.; Giblin, R. A.; Blakey, P. A.: Avalanche diode oscillators. London: Taylor & Francis 1978

1 Lawinenlaufzeitdioden

Die Erzeugung von Mikrowellenleistung mit einem in Sperrichtung gepolten *pn*-Übergang wurde bereits 1958 von Read [1] konzipiert. Danach kann bei geeigneter Dimensionierung die Phasendifferenz zwischen Diodenspannung und dem durch Lawinenmultiplikation erzeugten Strom, zusammen mit nachfolgender Laufzeitverzögerung in der Raumladungszone, größer als 90° sein. Dies entspricht einem negativen Wirkanteil der Diodenimpedanz, der zur Verstärkung von Signalen oder zur Entdämpfung eines Resonators verwendet werden kann.

An dieser grundsätzlichen Idee, nämlich der Ausnutzung von Lawinenmultiplikation und Laufzeitverzögerung zur Leistungserzeugung im Mikrowellengebiet, hat sich bis heute bei der Entwicklung von Lawinenlaufzeitdioden (im Englischen wird häufig das Akronym Impatt-(*Imp*act *A*valanche *T*ransit *T*ime) Dioden verwendet) nur wenig geändert. Die Entwicklung von leistungsfähigen Lawinenlaufzeitdioden wurde wesentlich vom jeweiligen Stand der Technologie bestimmt (erst 1964 gelang Johnston et al. [2] erstmals Schwingungserzeugung nach diesem Prinzip mit einem einfachen Si-*pn*-Übergang). So ist auch heute noch das von Read ursprünglich vorgeschlagene Dotierungsprofil in idealer Weise zur Leistungserzeugung geeignet und die technologischen Bemühungen gehen dahin, das relativ komplizierte Read-Modell möglichst angenähert zu realisieren. Darüber hinaus ist die Entwicklung der Doppeldriftdiode [3], die Entdeckung des Trapatt-Modus [4] und die Klärung der verschiedenen Mechanismen bei hochleistungsfähigen GaAs-Dioden [5–7] zu nennen, auf die sich neuerdings das Interesse konzentriert. Neben Si, GaAs und Ge werden auch andere Materialien wie InSb und GaP [7, 8] sowie hetero-*pn*-Übergänge (z. B. Ge-GaAs [9]) diskutiert.

Um den Rahmen des Kapitels nicht zu sprengen und dem gegenwärtigen Stand der Technologie Rechnung zu tragen, werden ausschließlich Si- und GaAs-Dioden besprochen und miteinander verglichen.

1.1 Wirkungsweise

Bevor auf die physikalische Wirkungsweise eingegangen wird, soll der Wirkungsgrad bestimmt werden, wenn an der Diode eine sinusförmige Wechselspannung liegt und durch die Diode ein rechteckförmiger Strom fließt (Abb. 1). Allgemein gilt für den Wirkungsgrad η

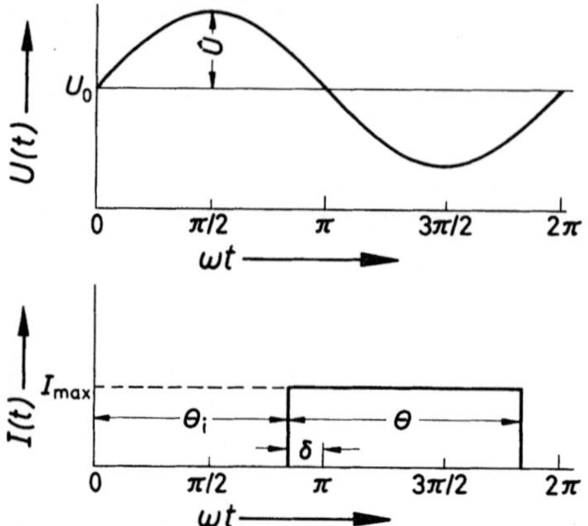

Abb. 1. Schematischer Verlauf der Diodenspannung $U(t)$ und des Stromes $I(t)$ (Θ_i : Stromeinsatzphase; Θ : Stromflußwinkel)

$$\eta = \frac{1}{2} \frac{\hat{U}\,\hat{I}}{U_0\, I_0} \cos \Phi . \tag{1.1/1}$$

Dabei ist $\hat{U}$ die Amplitude der Wechselspannung (Gleichanteil U_0), $\hat{I}$ die Stromamplitude der Grundschwingung (Gleichanteil I_0) und Φ die Phasendifferenz zwischen Spannung und Strom, für die nach Abb. 1 folgt

$$\Phi = \Theta/2 + \Theta_i - \pi/2 \tag{1.1/2}$$

worin Θ_i der Phasenwinkel des Stromeinsatzes und Θ der Stromflußwinkel ist.

Für das Verhältnis $\hat{I}/I_0$ erhält man durch Fourier-Entwicklung ($I_0 = \Theta\, I_{max}/2$; $\hat{I} = 2 \sin(\Theta/2)\, I_{max}/\pi$)

$$\hat{I}/I_0 = 2 \sin(\Theta/2)/(\Theta/2) \tag{1.1/3}$$

und somit für den Wirkungsgrad

$$\eta = \frac{\hat{U} \sin(\Theta/2)}{U_0\, \Theta/2} \sin(\Theta_i + \Theta/2). \tag{1.1/4}$$

Da $\sin(\Theta/2) \geqq 0$ für $0 \leqq \Theta \leqq 2\pi$, kann η nur negativ werden (und somit Wirkleistung erzeugt werden), wenn $\sin(\Theta_i + \Theta/2) < 0$ oder wenn $\pi < \Theta_i + \Theta/2 < 2\pi$ ist. Wählt man insbesondere $\Theta_i = \pi$, dann fließt der positive Strom nur während der negativen Phase der Wechselspannung. Der Wirkungsgrad lautet dann

$$\eta = -\frac{\hat{U}}{U_0}(1 - \cos\Theta)/\Theta = -\frac{\hat{U}}{U_0}\, g(\Theta). \tag{1.1/5}$$

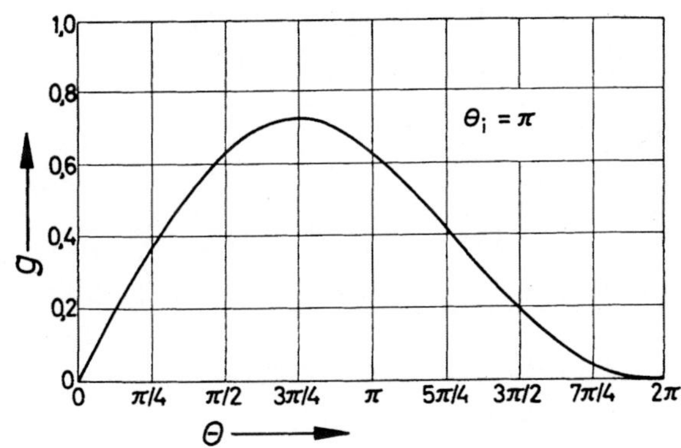

Abb. 2. Phasenfunktion $g(\Theta)$ des Wirkungsgrades einer Lawinenlaufzeitdiode.

In Abb. 2 ist die Phasenfunktion $g(\Theta)$ als Funktion von Θ dargestellt. Ist der Stromflußwinkel $\Theta = \pi$ (π-Modus), dann ist auch die Grundwelle des Stromes gegenüber der Wechselspannung exakt um 180° außer Phase und man erhält einen reinen negativen HF-Wirkwiderstand. Der Wirkungsgrad hat allerdings ein Maximum bei einem kleineren Stromflußwinkel (Abb. 2)

$$\Theta_{max} = 2{,}33 \approx 3\,\pi/4 \qquad g_{max} = 0{,}71 \tag{1.1/6}$$

weil dann der C-Betrieb besser angenähert ist. Für einen Modulationshub $m = \hat{U}/U_0 = 0{,}5$ ergibt sich beispielsweise ein maximaler Wirkungsgrad von 36%.

Für das Folgende ist es zweckmäßig, die Abweichung $\delta = \pi - \Theta_i$ von der günstigen Phase des Stromeinsatzes $\Theta_i = \pi$ einzuführen. Damit lautet der Wirkungsgrad im π-Modus

$$\eta = -\frac{2\,\hat{U}}{\pi\,U_0}\cos\delta. \tag{1.1/7}$$

Vorzeitiger und verspäteter Stromeinsatz wirken sich deshalb nachteilig auf den Wirkungsgrad aus.

Den beiden Phasen Θ_i und Θ, die den Wirkungsgrad bestimmen, kommt bei der Wirkungsweise der Lawinenlaufzeitdiode eine entscheidende physikalische Bedeutung zu. Die Wirkungsweise wird am besten dargestellt am Beispiel einer Read-Diode [1]. Die Struktur, Feldverteilung sowie der zeitliche Ablauf von Spannung und Strom ist in Abb. 3 dargestellt. Die in Sperrichtung gepolte Read-Diode (Abb. 3a) besteht aus zwei Zonen, der relativ dünnen Lawinenzone (n-Gebiet), in der Ladungsträger durch Stoßionisation erzeugt werden, und einer anschließenden Driftzone (i-Gebiet), in der Ladungsträger (Elektronen) sich mit feldunabhängiger Sättigungsgeschwindigkeit bewegen. Ladungsträgermultiplikation erfolgt nur innerhalb der Feldstärkespitze (Abb. 3b) in der Lawinenzone.

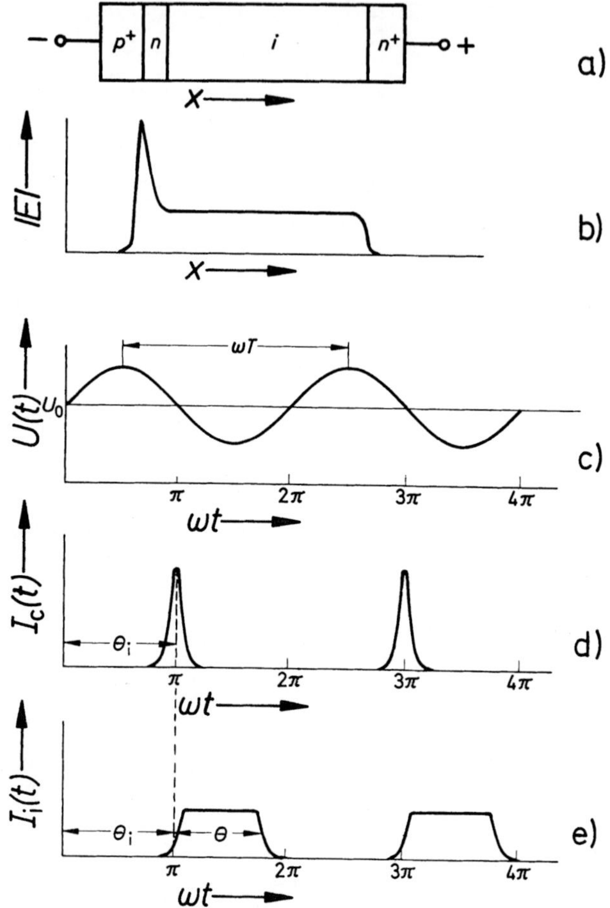

Abb. 3. Schema einer Read-Diode. **a**) Struktur; **b**) Feldverteilung; **c**) Diodenspannung; **d**) Konvektionsstrom; **e**) Influenzierter Außenstrom

Die Diodengleichspannung U_0 (Abb. 3c) entspricht der Durchbruchspannung, bei der Lawinendurchbruch einsetzt. Solange die überlagerte Wechselspannung positiv ist, wird der Konvektionsstrom $I_c(t)$ (Abb. 3d) als Folge des Lawinenprozesses zeitlich exponentiell anwachsen, da die Generationsrate für Elektronenlochpaare proportional sowohl zur Feldstärke als auch zur Dichte der bereits vorhandenen Elektronen und Löcher ist.

Erst wenn die Wechselspannung negativ ist, die angelegte Spannung also unter die Durchbruchspannung sinkt, nimmt $I_c(t)$ wieder ab, weil dann der Lawinendurchbruch unterbunden ist. Das Strommaximum tritt dann auf, wenn die Wechselspannung durch Null geht, d.h., der Lawinenstrom erhält in der Lawinenzone eine induktive Phasenverzögerung von $\pi/_2$. Anschließend werden diese Lawinenstromimpulse in die Driftzone injiziert. Der in Abb. 1 eingeführte Phasenwinkel Θ_i entspricht daher der Injektionsphase des Lawinenstromes $I_c(t)$

(Abb. 3d). Die in die Driftzone periodisch injizierten Ladungsträgerpakete (Elektronen) driften mit konstanter Geschwindigkeit und Amplitude durch die *i*-Zone. Während der Laufzeit induzieren diese Ladungsträgerpakete im Außenkreis einen konstanten Strom $I_i(t)$ (Abb. 3e). Der Stromflußwinkel in Abb. 1 entspricht daher dem Laufwinkel Θ der Ladungsträger in der Driftzone.

Es ist offensichtlich, daß durch den Lawinenprozeß und durch den Ladungsträger-Driftvorgang die Grundschwingung des Stromes $I_i(t)$ gegenüber der Wechselspannung um mehr als 90° außer Phase ist. Dies bedeutet, daß an den Klemmen der Dioden ein negativer differentieller Wirkwiderstand auftritt und die Diode somit Leistung abgeben kann.

Es sei aber daraufhingewiesen, daß durch verschiedene Effekte (Abschnitt 1.4.1 und 1.4.2) die ideale Injektionsphase $\Theta_i = \pi$ ($\delta = 0$) im Betrieb nicht eingehalten wird und daß dadurch der Wirkungsgrad entsprechend (1.1/7) reduziert wird.

1.2 Grundgleichungen und Materialparameter

Da die Querdimensionen einer Lawinenlaufzeitdiode im allgemeinen wesentlich größer sind als die aktive Diodenlänge, kann man sich in guter Näherung auf eine eindimensionale Beschreibung beschränken.

Die zeitliche Änderung der Elektronendichte n und der Löcherdichte p wird durch die Kontinuitätsgleichungen beschrieben

$$\frac{\partial n}{\partial t} = \frac{1}{e}\frac{\partial J_n}{\partial x} + G, \qquad (1.2/1)$$

$$\frac{\partial p}{\partial t} = -\frac{1}{e}\frac{\partial J_p}{\partial x} + G. \qquad (1.2/2)$$

Darin ist e die Elementarladung, J_n die Elektronenstromdichte, J_p die Löcherstromdichte und G ist die Generationsrate durch Lawinenmultiplikation (Generations-Rekombinationsraten über lokalisierte Zentren können gegenüber G in den meisten Fällen vernachlässigt werden). Die Koordinate x weist in Längsrichtung der Diode.

Elektronen- und Löcherstromdichte setzen sich zusammen aus Konvektions- und Diffusionsstromdichte

$$J_n = -e v_n n + e D_n \partial n/\partial x, \qquad (1.2/3)$$

$$J_p = e v_p p - e D_p \partial p/\partial x \qquad (1.2/4)$$

worin v_n, D_n und v_p, D_p die Driftgeschwindigkeit und Diffusionskonstante für Elektronen bzw. für Löcher sind.

Elektronen, die sich mit der Geschwindigkeit v_n im Hochfeld bewegen, erzeugen $\alpha_n n v_n$ Elektronenlochpaare pro Kubikzentimeter und Sekunde. Die Ionisationsrate α_n für Elektronen gibt die Zahl der von einem Elektron pro Zentimeter Weg durch Stoß erzeugten Ladungsträgerpaare an. In gleicher Weise gilt mit der Löcher-Ionisationsrate α_p für die von Löchern erzeugten Ladungsträgerpaare: $\alpha_p p v_p$. Somit erhält man für die Generationsrate in (1.2/1) und (1.2/2)

$$G = \alpha_n n |v_n| + \alpha_p p |v_p|. \tag{1.2/5}$$

Zur Beschreibung des elektrischen Feldes E ist noch die Poisson-Gleichung notwendig

$$\varepsilon \frac{\partial E}{\partial x} = e(N_D - N_A + p - n) \tag{1.2/6}$$

dabei ist ε die Dielektrizitätskonstante des Halbleiters und N_D und N_A sind die Dichten der ionisierten Donatoren und Akzeptoren.

Die in (1.2/3) bis (1.2/5) auftretenden Materialparameter werden im Folgenden für Si und GaAs zusammengestellt und diskutiert.

1.2.1 Ionisationsraten

Die Ionisationsraten α_n, α_p sind stark von der Feldstärke abhängig (Abb. 4). Für numerische Rechnungen eignen sich gut folgende Approximationen [10]

$$\alpha_n = \alpha_{n_\infty} \exp[-(b_n/|E|)^m], \tag{1.2/7}$$

$$\alpha_p = \alpha_{p_\infty} \exp[-(b_p/|E|)^m]. \tag{1.2/8}$$

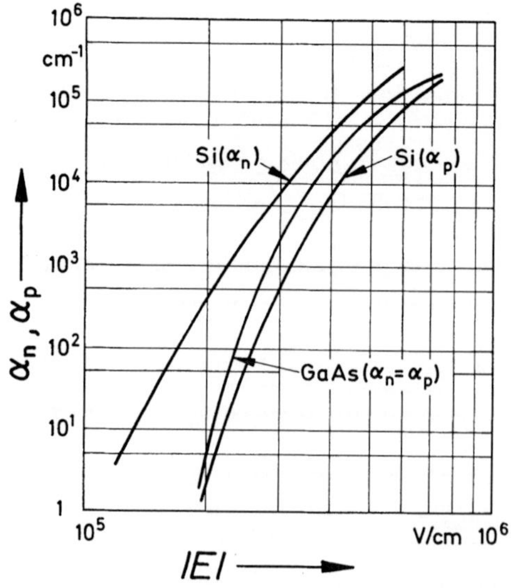

Abb. 4. Ionisationsraten α_n, α_p für Si und GaAs als Funktion der Feldstärke (nach Sze [10]).

Tabelle 1. Koeffizienten der Ionisationsraten Si und GaAs [11].

Material	$\alpha_{n\infty}$ cm^{-1}	b_n V/cm	$\alpha_{p\infty}$ cm^{-1}	b_p V/cm	m
Si, 20 °C	$3{,}8 \cdot 10^6$	$1{,}75 \cdot 10^6$	$2{,}25 \cdot 10^7$	$3{,}26 \cdot 10^6$	1
Si, 200 °C	$1{,}8 \cdot 10^6$	$1{,}64 \cdot 10^6$	$1 \cdot 10^7$	$3{,}2 \cdot 10^6$	1
GaAs, 20 °C	$2 \cdot 10^5$	$5{,}5 \cdot 10^5$	$2 \cdot 10^5$	$5{,}5 \cdot 10^5$	2
GaAs, 200 °C	$2{,}28 \cdot 10^5$	$6{,}28 \cdot 10^5$	$2{,}28 \cdot 10^5$	$6{,}28 \cdot 10^5$	2

Die in (1.2/7) und (1.2/8) enthaltenen Koeffizienten sind in Tabelle 1 für Raumtemperatur und $\vartheta = 200\,°C$ zusammengestellt. Während für GaAs allgemein $\alpha_n = \alpha_p$ angenommen wird, ist bei Si α_n etwa eine Größenordnung größer als α_p. Die Ionisationsraten nehmen mit zunehmender Gittertemperatur ab. Es ist charakteristisch für den Lawinendurchbruch, daß dadurch die Durchbruchspannung U_0 mit der Temperatur zunimmt [10].

1.2.2 Driftgeschwindigkeiten

Bei Si nimmt sowohl v_n als auch v_p nach dem ohmschen Bereich mit zunehmender Feldstärke, ab einigen 10^3 V/cm, nur sublinear zu (Abb. 5). Bei relativ großen Feldstärken, etwa 10^5 V/cm, wie sie in der Raumladungszone von Lawinenlaufzeitdioden auftreten, ändert sich die Driftgeschwindigkeit nur wenig mit dem Feld. Als gute Näherung wird dann $v_{n,p}$ als unabhängig vom Feld betrachtet und der zugehörige Wert wird als Sättigungsgeschwindigkeit $v_{s_{n,p}}$ bezeichnet.

Der Verlauf von $v(E)$ kann bei Si durch den Ausdruck [12]

$$v_{n,p} = v_{s_{n,p}}(1 - \exp(-\mu_{n,p}|E|/v_{s_{n,p}})) \qquad (1.2/9)$$

angenähert werden. Die Werte für die Niederfeldbeweglichkeit $\mu_{n,p}$ und für $v_{s_{n,p}}$ sind in Tabelle 2 für Raumtemperatur und $\vartheta = 200\,°C$ zusammengestellt.

Bei GaAs zeigt die $v_p(E)$-Kennlinie für Löcher ein ähnliches Verhalten wie bei Si (Abb. 5). Sie kann nach Blakey et al. [13] angenähert werden durch

$$v_p = v_{s_p}(1 - \exp(-\mu_p|E|/v_{s_p})). \qquad (1.2/10)$$

Tabelle 2. Niederfeldbeweglichkeit und Sättigungsgeschwindigkeit in Si für $N = 10^{15}\,cm^{-3}$ [11].

	$\vartheta = 20\,°C$	$\vartheta = 200\,°C$
μ_n in cm^2/Vs	1220	390
v_{s_n} in cm/s	10^7	$8{,}5 \cdot 10^6$
μ_p in cm^2/Vs	480	150
v_{s_p} in cm/s	10^7	$8{,}5 \cdot 10^7$

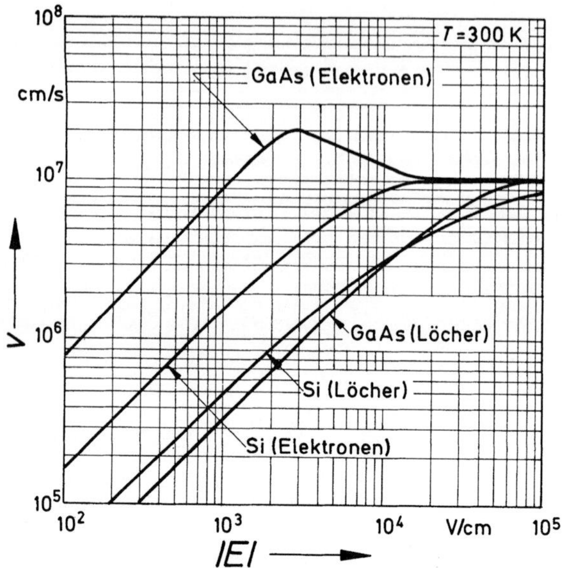

Abb. 5. Driftgeschwindigkeit für Si und GaAs als Funktion der Feldstärke (nach Sze [10])

Ein besonderes Verhalten zeigt $v_n(E)$. Als Folge der Elektronenstreuung zwischen Haupt- und Satellitental in GaAs erreicht v_n bei etwa 3,2 kV/cm ein Maximum $v_{n_{max}} = k\, v_{s_n}$. Dieses Maximum erreicht je nach Materialgüte Werte bis zur doppelten Sättigungsgeschwindigkeit ($k = 2$); es spielt bei Dioden mit hohem Wirkungsgrad eine wesentliche Rolle (vgl. Abschnitt 1.4.4 und 1.5.3). Zwischen diesem Maximum und v_{s_n} liegt ein Bereich mit negativer differentieller Beweglichkeit.

Die Elektronengeschwindigkeit v_n als Funktion von E kann durch

$$v_n = \mu_n E \left[1 + \frac{v_{s_n}}{\mu_n E_c}\left(\frac{|E|}{E_c}\right)^3\right]\left[1 + \left(\frac{E}{E_c}\right)^4\right]^{-1} \qquad (1.2/11)$$

approximiert werden [7, 13] (mit $E_c = 4\,\text{kV/cm}$).

Die Werte für die Niederfeldbeweglichkeit $\mu_{n,p}$ und für die Sättigungsgeschwindigkeit $v_{s_{n,p}}$ in (1.2/10) und (1.2/11) sind in Tabelle 3 zusammengestellt.

Tabelle 3. Niederfeldbeweglichkeit und Sättigungsgeschwindigkeit in GaAs

	$\vartheta = 20\,°\text{C}$	$\vartheta = 200\,°\text{C}$
μ_n in cm²/Vs [a]	5000	3200
v_{s_n} in cm/s [b]	$0{,}8 \cdot 10^7$	$0{,}6 \cdot 10^7$
μ_p in cm²/Vs [a]	400	170
v_{s_p} in cm/s [b]	$0{,}8 \cdot 10^7$	$0{,}6 \cdot 10^7$

[a] Vgl. [13]; [b] Vgl. [11]

1.2.3 Diffusionskonstanten

Die Diffusionskonstanten in (1.2/3) und (1.2/4) sind von der Feldstärke abhängig. Die genaue Feldstärkeabhängigkeit der Diffusionskonstanten ist jedoch experimentell und theoretisch, insbesondere bei hohen Feldstärken, noch nicht ausreichend gesichert. Der Diffusionsterm in (1.2/3) und (1.2/4) spielt jedoch bei den hohen Feldstärken, wie sie in Lawinenlaufzeitdioden auftreten, außer bei sehr hohen Frequenzen (vgl. Abschnitt 1.4.3), keine bedeutsame Rolle. Aus diesem Grund verwenden Schröder und Haddad [11] für Si die Niederfelddiffusionskonstanten

$$\text{Si: } D_n = 34\,\text{cm}^2/\text{s}\ (20\,^\circ\text{C}),\ 18\,\text{cm}^2/\text{s}\ (200\,^\circ\text{C})$$
$$D_p = 12\,\text{cm}^2/\text{s}\ (20\,^\circ\text{C}),\ 6{,}5\,\text{cm}^2/\text{s}\ (200\,^\circ\text{C}).$$

Bei GaAs benützen Constant et al. [7] als analytischen Ausdruck für die Feldstärkeabhängigkeit von D_n

$$\text{GaAs: } D_n = [k\,T\mu_n/e + D_s\,(E/E_d)^4]\,[1 + (E/E_d)^4]^{-1} \tag{1.2/12}$$

worin $D_s = 20\,\text{cm}^2/\text{s}$, $E_d = 5{,}8 \cdot 10^3\,\text{V/cm}$ und T die absolute Temperatur ist ($k\,T\mu_n/e$ ist nach der Einsteinbeziehung die Niederfelddiffusionskonstante $\approx 220\,\text{cm}^2/\text{s}$ bei $\vartheta = 20^\circ\text{C}$ [8]). Für D_p wird bei $\vartheta = 20\,^\circ\text{C}$ [8] als Niederfeldwert angegeben

$$\text{GaAs: } D_p = 39\,\text{cm}^2/\text{s}.$$

1.3 Modell der Read-Diode

Obwohl die Read-Diode (Abb. 3) ein relativ kompliziertes Dotierungsprofil aufweist, eignet sich diese Struktur besonders gut zur einfachen, modellmäßigen Beschreibung der verschiedenen physikalischen Mechanismen, welche die gesamte Klasse von Lawinenlaufzeitdioden gemeinsam aufweisen. Dies sind insbesondere der Lawinen- und Driftprozeß.

1.3.1 Aufteilung in Lawinen- und Driftzone

Der besondere Vorteil des Modells der Read-Diode besteht darin, daß Lawinen- und Driftprozeß getrennt behandelt werden können. Dabei wird nach Gilden und Hines [14] weiter vereinfachend angenommen, daß in der Feldverteilung ein Feldsprung vorhanden ist (Abb. 6a), der bewirkt, daß nur im Bereich der Durchbruchfeldstärke E_c die Ionisationsrate $\alpha\,(\alpha_n = \alpha_p)$ von Null verschieden ist

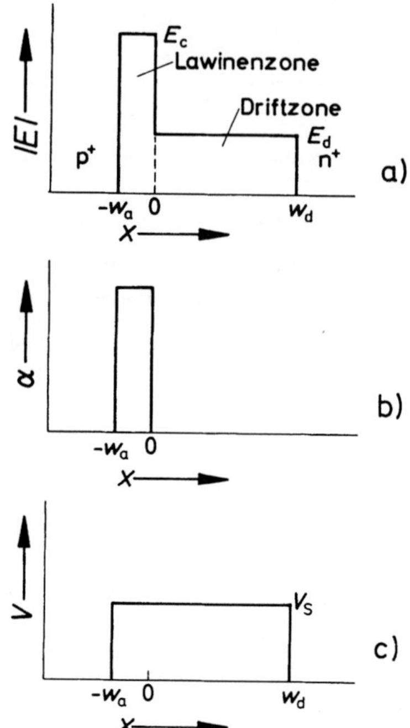

Abb. 6. Modell der Read-Diode. **a**) Feldstärkeverteilung; **b**) Verlauf der Ionisationsrate; **c**) Verlauf der Driftgeschwindigkeit

(Abb. 6b). Ein Lawinendurchbruch ist deshalb nur innerhalb der Lawinenzone der Weite w_a möglich. An die Lawinenzone schließt sich die Driftzone der Weite w_d an (Abb. 6a). In diesem Bereich ist die Feldstärke auf E_d abgesunken. Im gesamten aktiven Diodenbereich $(w_a + w_d)$ ist jedoch stets die Geschwindigkeit der Ladungsträger gesättigt. Neben der Vereinfachung $\alpha_n = \alpha_p = \alpha$ wird weiterhin angenommen, daß $v_{s_n} = v_{s_p} = v_s$ ist.

1.3.2 Lawinenprozeß

Mit den oben gemachten Annahmen und bei Vernachlässigung der Diffusion lauten die Kontinuitätsgleichungen (1.2/1) und (1.2/2) in der Lawinenzone:

$$\frac{\partial J_n}{\partial t} = - v_s \frac{\partial J_n}{\partial x} + \alpha v_s (J_n + J_p), \tag{1.3/1}$$

$$\frac{\partial J_p}{\partial t} = v_s \frac{\partial J_p}{\partial x} + \alpha v_s (J_n + J_p), \tag{1.3/2}$$

wobei vorausgesetzt wird, daß die Elektronenströmung in Richtung der x-Achse weist ($J_n = - e n v_s$; $J_p = - e p v_s$).

Durch die Einführung der Konvektionsstromdichte J_c

$$J_c = J_n + J_p \tag{1.3/3}$$

und durch Addition der Gleichungen (1.3/1) und (1.3/2) erhält man die Lawinengleichung

$$\frac{\partial J_c}{\partial t} = v_s \frac{\partial}{\partial x}(J_p - J_n) + 2\alpha v_s J_c. \tag{1.3/4}$$

Diese Gleichung vereinfachte Read [1] mit der quasistationären Annahme, daß J_c nur von der Zeit, jedoch nicht vom Ort abhängt. Diese Annahme ist umso besser erfüllt, je dünner die Lawinenzone ist; wenn also die Laufzeit der Ladungsträger klein ist gegenüber der Periode der Wechselspannung. Die Stromdichten für Elektronen und Löcher sind dagegen sowohl von der Zeit als auch vom Ort abhängig (wie letzteres auch für die Gleichstromdichten zutrifft). Somit gilt für (1.3/3):

$$J_c(t) = J_n(x,t) + J_p(x,t). \tag{1.3/5}$$

Die Lawinengleichung (1.3/4) kann nun in einfacher Weise über die Länge w_a der Lawinenzone integriert werden:

$$\int_{-w_a}^{0} \frac{dJ_c}{dt} dx = v_s \int_{-w_a}^{0} \frac{\partial}{\partial x}(J_p - J_n) dx + 2v_s \int_{-w_a}^{0} \alpha J_c dx$$

und man erhält wegen (1.3/5):

$$\frac{w_a}{v_s}\frac{dJ_c}{dt} = | J_p - J_n |_{-w_a}^{0} + 2J_c \int_{-w_a}^{0} \alpha dx. \tag{1.3/6}$$

Der erste Term auf der rechten Seite von (1.3/6) wird mit Hilfe der Randbedingungen für die Sättigungsstromdichten J_{n_s} bzw. J_{p_s} bestimmt:

$$\text{bei } x = -w_a\text{: } J_n = J_{n_s};\ J_p = J_c - J_{n_s},$$
$$x = 0\text{: } J_p = J_{p_s};\ J_n = J_c - J_{p_s},$$

wobei die gesamte Sättigungsstromdichte J_s gegeben ist durch

$$J_s = J_{n_s} + J_{p_s}. \tag{1.3/7}$$

Mit diesen Randbedingungen erhält man aus (1.3/6) schließlich die klassische Read-Gleichung [1]:

$$\frac{\tau_a}{2}\frac{dJ_c}{dt} = J_c\left(\int_0^{w_a} \alpha dx - 1\right) + J_s, \tag{1.3/8}$$

worin

$$\tau_a = w_a/v_s \tag{1.3/9}$$

die Laufzeit in der Lawinenzone ist.

In weiterführenden quasistationären Theorien [15, 16] wurde die einfache Read-Gleichung auf unterschiedliche Ionisationsraten und Sättigungsgeschwindigkeiten verallgemeinert und dadurch verbessert, daß auch die Ortsabhängigkeit der Konvektionsstromdichte berücksichtigt wurde.

Im stationären Zustand ($\mathrm{d}/\mathrm{d}t = 0$) folgt für den Gleichanteil J_{c_0} der Konvektionsstromdichte aus (1.3/8)

$$J_{c_0} = \frac{J_s}{1 - \int_0^{w_a} \alpha \, \mathrm{d}x} \tag{1.3/10}$$

und damit für den Lawinendurchbruch ($J_{c_0} \to \infty$) die Durchbruchbedingung

$$\int_0^{w_a} \alpha \, \mathrm{d}x = 1 . \tag{1.3/11}$$

In der Näherung nach Gilden und Hines [14] (vgl. Abb. 6) wird daraus:

$$\alpha \, w_a = 1 . \tag{1.3/12}$$

Die Weite w_a der Lawinenzone ist demnach umgekehrt proportional zur Ionisationsrate.

Während im stationären Zustand das Ionisationsintegral $\int_0^{w_a} \alpha \, \mathrm{d}x$ nicht größer als Eins werden kann, ist dies nicht notwendigerweise der Fall, wenn sich $\alpha(E)$ zeitlich rasch mit dem Feld ändert.

Für einen beliebigen zeitlichen Verlauf von $\alpha(E(t)) = \alpha(t)$ und mit der Annahme, daß das Ionisationsintegral durch $\alpha(t) \, w_a$ angenähert werden kann, ist die allgemeine Lösung von (1.3/8):

$$J_c = \exp \frac{2}{\tau_a} \int (\alpha(t) \, w_a - 1) \, \mathrm{d}t \, \left\{ C + \frac{2 J_s}{\tau_a} \int \exp\left[-\frac{2}{\tau_a} \int (\alpha(t') \, w_a - 1) \, \mathrm{d}t' \right] \mathrm{d}t \right\} \tag{1.3/13}$$

worin C eine Integrationskonstante ist.

Aus dieser Darstellung folgt der steile, exponentielle zeitliche Anstieg (und Abfall) des Lawinenstromes, der zu dem in Abb. 3d gezeigten impulsförmigen Sromverlauf führt.

1.3.3 Driftprozeß

Der in der Lawinenzone erzeugte Konvektionsstrom wird bei $x = 0$ in die Driftzone injiziert (Abb. 6). In der Driftzone fließt nur ein Elektronenstrom, da der in der Lawinenzone erzeugte Löcherstrom über den p^+-Kontakt abgesaugt ist. Voraussetzungsgemäß ist in der Driftzone die Ionisationsrate α gleich Null. Die Kontinuitätsgleichung für Elektronen (1.2/1) reduziert sich daher auf die lineare partielle Differentialgleichung erster Ordnung ($G = 0$):

$$\frac{\partial J_n}{\partial t} = v_s \frac{\partial J_n}{\partial x} \tag{1.3/14}$$

mit der allgemeinen Lösung

$$J_n(x, t) = J_n(t - x/v_s), \tag{1.3/15}$$

welche eine in x-Richtung wandernde Welle dargestellt, deren Phasengeschwindigkeit gleich der Elektronendriftgeschwindigkeit v_s ist.

An der Stelle $x = 0$ geht die Konvektionsstromdichte $J_c(t)$ der Lawinenzone (1.3/13) kontinuierlich in die Elektronenstromdichte der Driftzone $J_n(0, t) = J_n(t) = J_c(t)$ über. Die spezielle Lösung für $J_n(x, t)$ in der Driftzone ist daher

$$J_n(x, t) = J_c(t - x/v_s) \quad \text{für} \quad 0 \leqq x \leqq w_d. \tag{1.3/16}$$

Die Wellenstruktur des Driftstromes ist damit eindeutig durch den zeitlichen Verlauf der Lawinenstromdichte $J_c(t)$ festgelegt. Ist beispielsweise der zeitliche Verlauf der Lawinenstromdichte sinusförmig, also $J_c(t) = \hat{J}_c \sin \omega t$ ($\hat{J}_c$ ist die Amplitude und ω die Kreisfrequenz), so ergibt sich für den wellenförmigen Verlauf der Elektronenstromdichte in der Driftzone

$$J_n(x, t) = \hat{J}_c \sin \omega (t - x/v_s).$$

1.3.4 Stromerhaltung und Influenzstrom

In den Abschnitten 1.3.2 und 1.3.3 wurde der zeitliche Verlauf des Stromes in der Lawinen- und Driftzone bestimmt. Zur Berechnung der Diodenimpedanz, der Leistung und des Wirkungsgrades ist jedoch die Verknüpfung zwischen Strom und elektrischem Feld (bzw. Spannung) notwendig. Dies geschieht mit der Poisson-Gleichung (1.2/6), die bisher noch nicht ausgenützt wurde.

Zunächst werden die Kontinuitätsgleichungen für Elektronen und Löcher (1.2/1) und (1.2/2) subtrahiert. Man erhält damit die von α unabhängige Kontinuitätsgleichung für die bewegliche Raumladungsdichte $e(p - n)$:

$$e \frac{\partial}{\partial t}(p - n) = -\frac{\partial J_c}{\partial x}. \tag{1.3/17}$$

Die Raumladungsdichte wird mit Hilfe der Poisson-Gleichung eliminiert und es folgt

$$\frac{\partial}{\partial x}\left[J_{\mathrm{c}}(x,t)+\varepsilon\frac{\partial E}{\partial t}(x,t)\right]=0. \tag{1.3/18}$$

Diese Gleichung bedeutet, daß an jedem Querschnitt in der Diode die Summe von Konvektionsstromdichte und Verschiebungsstromdichte $J_{\mathrm{v}} = \varepsilon\,\partial E/\partial t$ unabhängig vom Ort ist. Das Integral von (1.3/18) ergibt die Wechsel-Gesamtstromdichte J_{t}, welche die Summe von J_{c} und J_{v} ist und an jeder Stelle unabhängig von x ist:

$$J_{\mathrm{t}}(t)=J_{\mathrm{c}}(x,t)+\varepsilon\frac{\partial E(x,t)}{\partial t}. \tag{1.3/19}$$

Man nennt (1.3/19) auch die Stromerhaltungsgleichung. Da J_{c} nach den Abschnitten 1.3.2 und 1.3.3 bekannt ist, kann mit (1.3/19) die Impedanz in jedem Diodenabschnitt bestimmt werden, wenn entweder $J_{\mathrm{t}}(t)$ (Stromeinprägung) oder die am Diodenabschnitt abfallende Wechselspannung (Spannungseinprägung) vorgegeben ist.

Mit der Stromerhaltungsgleichung kann unmittelbar die von der Diode abgegebene Wirkleistung bestimmt werden. Dazu wird (1.3/19) über den aktiven, felderfüllten Diodenbereich der Länge w zwischen $x = w_1$ (z. B. Ort des *pn*-Überganges) und $x = w_2 = w_1 + w$ (z. B. Ort des Überganges zwischen aktiver Zone und Substrat) integriert und man erhält

$$I_{\mathrm{t}}(t)=\frac{A}{w}\int_{w_1}^{w_2} J_{\mathrm{c}}(x,t)\,\mathrm{d}x+C_0\frac{\mathrm{d}U}{\mathrm{d}t} \tag{1.3/20}$$

worin A der Diodenquerschnitt, U die Diodenspannung

$$U=U_0+\hat{U}\sin\omega t \tag{1.3/21}$$

($\hat{U}$ ist die Amplitude der Wechselspannung) und

$$C_0=A\,\varepsilon/w \tag{1.3/22}$$

die Kaltkapazität der Diode ist.

Der erste Term in (1.3/20) ist der örtlich gemittelte Konvektionsstrom und der zweite Term ist der Kaltkapazitätsstrom der Diode.

Die von der Diode umgesetzte mittlere Wechselstromwirkleistung lautet mit (1.3/20) und (1.3/21):

$$P=\frac{\hat{U}}{T}\int_0^T I_{\mathrm{t}}(t)\sin\omega t\,\mathrm{d}t \tag{1.3/23}$$

(der Kaltkapazitätsstrom steht in Quadratur zur Wechselspannung und trägt daher nicht zur Wirkleistung bei).

Zur anschaulichen Beschreibung der Leistungserzeugung bei Laufzeitdioden (dies gilt auch z. B. für Barittdioden; Kapitel 2) ist es zweckmäßig, den im Außenkreis durch die injizierten und driftenden Ladungsträger induzierten Strom einzuführen. Dieser in den Zuleitungen fließende Stromanteil wird häufig als Influenzstrom I_i bezeichnet. Mit der Kenntnis des zeitlichen Verlaufes des Influenzstromes kann im Vergleich mit der Wechselspannung in einfacher Weise für jeden Zeitpunkt angegeben werden, ob die Diode Wirkleistung abgibt oder ob Wirkleistung verbraucht wird (vgl. z. B. Abb. 1), und damit die mittlere Wirkleistung bestimmt werden.

Der Influenzstrom hängt zwar vom gemittelten Konvektionsstrom ab, muß jedoch damit nicht identisch sein. Im Großsignalbetrieb der Lawinenlaufzeitdiode (vgl. Abschnitt 1.5.1 und 1.5.2) ändert sich nämlich die Weite der Raumladungszone zeitlich und das elektrische Feld dringt dadurch auch in die nicht ausgeräumte Zone, wodurch andererseits bewegliche Ladungsträger aus dem Kontaktreservoir in diese Zone eingeschwemmt werden. Der gemittelte Konvektionsstrom enthält daher nicht nur die zur Leistungserzeugung beitragenden injizierten Ladungsträger, sondern auch die zu Verlusten beitragenden Ladungsträger in der nichtausgeräumten Zone. Hinzu kommt schließlich, daß das Feld der injizierten Ladungsträger auch die Weite der Raumladungszone modifiziert. Den Influenzstrom erhält man dann in allgemeiner Weise, wenn man vom Gesamtstrom I_t (1.3/20) den Gesamtstrom I_{t_0} abzieht, der bei Abwesenheit der injizierten Ladungsträger fließt:

$$I_{t_0}(t) = \frac{A}{w} \int_{w_1}^{w_2} J_{c_0}(x, t)\, dx + C_0 \frac{dU}{dt} \tag{1.3/24}$$

dabei ist $J_{c_0}(x, t)$ die Konvektionsstromdichte ohne injizierte Ladungsträger. I_{t_0} entspricht daher dem Strom durch eine verlustbehaftete Varaktordiode. Mit (1.3/20) und (1.3/24) folgt somit für den Influenzstrom I_i [8, 17]:

$$I_i(t) = I_t(t) - I_{t_0}(t) = \frac{A}{w} \int_{w_1}^{w_2} [J_c(x, t) - J_{c_0}(x, t)]\, dx. \tag{1.3/25}$$

Für die von der Diode umgesetzte mittlere Wechselstromwirkleistung gilt demnach mit (1.3/23) und (1.3/25)

$$P = P_D + P_v = \frac{\hat{U}}{T} \int_0^T I_i(t) \sin \omega t\, d\omega t + \frac{\hat{U}}{T} \int_0^T I_{t_0}(t) \sin \omega t\, d\omega t. \tag{1.3/26}$$

Der erste Term P_D in (1.3/26) beschreibt die Leistungserzeugung als Folge der injizierten und driftenden Ladungsträger (bei negativem Vorzeichen), der zweite Term P_v die Verluste als Folge des Konvektions- und des Verschiebungsstromes in der nichtausgeräumten Zone. Nur bei einer verlustfreien Diode verschwindet der zweite Term und P ist allein durch den Influenzstrom bestimmt.

1.3.5 Kleinsignalimpedanz

Mit der Kleinsignalimpedanz kann die Lawinenlaufzeitdiode als linearer Verstärker hinreichend gut beschrieben werden. Erfahrungsgemäß ergeben sich aber auch mit einer Kleinsignaltheorie wichtige Aufschlüsse über den Oszillatorbetrieb wie z. B. das Anschwingverhalten [18]. Überdies kann damit in einfacher Weise die für alle Betriebsarten wichtige Lawinenfrequenz [14] eingeführt werden.

Ausgehend von der Read-Gleichung (1.3/8)

$$\frac{\tau_a}{2}\frac{\mathrm{d}J_c}{\mathrm{d}t} = J_c\left[\alpha(E)\, w_a - 1\right] \qquad (1.3/29)$$

(die Sättigungsstromdichte wird vernachlässigt) wird nun J_c und E zerlegt in einen Gleichanteil und einen kleinen, komplexen Wechselanteil mit einer $\exp j\omega t$-Abhängigkeit:

$$\begin{aligned} J_c &= J_0 + \underline{\hat{J}}_a \exp j\omega t,\\ E &= E_c + \underline{\hat{E}}_a \exp j\omega t. \end{aligned} \qquad (1.3/30)$$

Entsprechend wird die Ionisationsrate linearisiert

$$\alpha = \alpha_0(E_c) + \underline{\hat{E}}_a\, \alpha' \exp j\omega t \qquad (1.3/31)$$

wobei α' die Ableitung der Ionisationsrate nach dem Feld im Durchbruch ist ($E = E_c$).

Bei Vernachlässigung der Produkte von Wechselkomponenten und unter Berücksichtigung der Durchbruchbeziehung ($\alpha_0\, w_a = 1$) folgt aus (1.3/29)

$$j\frac{\omega\tau_a}{2}\underline{\hat{J}}_a = J_0\, \alpha'\, w_a\, \underline{\hat{E}}_a. \qquad (1.3/32)$$

Die Konvektionsstromdichte in der Lawinenzone verhält sich also induktiv in Bezug auf die Feldstärke. Das Kleinsignalverhalten bestätigt demnach die phänomenologische Beschreibung im Abschnitt 1.1, daß nämlich als Folge des zeitlichen Aufbaus der Lawine der Konvektionsstrom der Spannung um 90° nacheilt (Abb. 3).

Setzt man $\underline{\hat{J}}_a$ aus (1.3/32) in die komplexe Stromerhaltungsgleichung (1.3/19)

$$\underline{\hat{J}}_t = \underline{\hat{J}}_a + j\omega\varepsilon\, \underline{\hat{E}}_a \qquad (1.3/33)$$

ein, so erhält man den gesuchten Zusammenhang zwischen Gesamtstromdichte und Feld:

$$\underline{\hat{J}}_t = j\omega\varepsilon\, \underline{\hat{E}}_a \left(1 - \frac{2\, v_S\, \alpha'\, J_0}{\varepsilon\,\omega^2}\right) = j\omega\varepsilon\, \underline{\hat{E}}_a \left(1 - \omega_a^2/\omega^2\right). \qquad (1.3/34)$$

Dabei wurde die sogenannte Lawinenkreisfrequenz

$$\omega_a = \sqrt{2\,\alpha'\,v_S\,J_0/\varepsilon} \tag{1.3/35}$$

eingeführt.
Mit der Wechselkomponente der Spannung $\hat{\underline{U}}_a = \hat{\underline{E}}_a\, w_a$ an der Lawinenzone und dem Gesamtstrom $\hat{\underline{I}}_t = A\,\hat{\underline{J}}_t$ erhält man die Kleinsignalimpedanz $\underline{Z}_a = \hat{\underline{U}}_a/\hat{\underline{I}}_t$ der Lawinenzone:

$$\underline{Z}_a = \frac{1}{j\omega\,C_a}\,\frac{1}{(1-\omega_a^2/\omega^2)} \tag{1.3/36}$$

worin C_a die Kapazität der Lawinenzone ist

$$C_a = \varepsilon\,A/w_a\,. \tag{1.3/37}$$

Da $\underline{Z}_a$ rein imaginär ist, kann mit der Lawinenzone allein noch keine HF-Wirkleistung umgesetzt werden. Dazu ist noch eine zusätzliche Phasenverschiebung (insgesamt um mehr als 90°) durch Laufzeitverzögerung in der Driftzone erforderlich. An der Stelle $x = 0$ wird die Lawinenstromdichte $\hat{\underline{J}}_a$ in die Driftzone injiziert (Abb. 6). Nach Abschnitt 1.3.3 breitet sich in der Driftzone die Elektronenstromdichte J_n wellenförmig aus. Da der zeitliche Verlauf der Lawinenstromdichte proportional $\exp(j\omega t)$ ist, ergibt sich nach (1.3/16) für die räumliche Verteilung von $\hat{\underline{J}}_n$

$$\hat{\underline{J}}_n(x) = \hat{\underline{J}}_a \exp(-j\omega x/v_s)\,. \tag{1.3/38}$$

Zur Berechnung der Impedanz der Driftzone ist es zweckmäßig $\hat{\underline{J}}_a$ in (1.3/38) zusammen mit (1.3/33) und (1.3/34) durch die Gesamtstromdichte $\hat{\underline{J}}_t$ auszudrücken:

$$\hat{\underline{J}}_n(x) = \hat{\underline{J}}_t\,\frac{\exp(-j\omega x/v_s)}{(1-\omega/\omega_a^2)}\,. \tag{1.3/39}$$

Aus der Stromerhaltungsgleichung (1.3/19)

$$\hat{\underline{J}}_t = \hat{\underline{J}}_n(x) + j\omega\varepsilon\,\hat{\underline{E}}_d(x)$$

berechnet sich die Feldstärkeverteilung $\hat{\underline{E}}_d(x)$ in der Driftzone

$$\hat{\underline{E}}_d(x) = \frac{\hat{\underline{J}}_t}{j\omega\varepsilon}\left[1 - \frac{\exp(-j\omega x/v_s)}{1-\omega^2/\omega_a^2}\right]. \tag{1.3/40}$$

Durch Integration zwischen $x = 0$ und $x = w_d$ erhält man die Wechselspannung an der Driftzone

$$\hat{\underline{U}}_\mathrm{d} = \int_0^{wd} \hat{\underline{E}}_\mathrm{d}(x)\,\mathrm{d}x = \frac{\hat{\underline{J}}_\mathrm{t}}{j\omega\varepsilon}\left[w_\mathrm{d} + \frac{\exp(-j\omega w_\mathrm{d}/v_\mathrm{s}) - 1}{j\frac{w}{v_\mathrm{s}}(1 - \omega^2/\omega_\mathrm{a}^2)}\right]. \tag{1.3/41}$$

Für die Impedanz $\underline{Z}_\mathrm{d}$ der Driftzone ergibt sich somit

$$\underline{Z}_\mathrm{d} = \hat{\underline{U}}_\mathrm{d}\,\hat{\underline{I}}_\mathrm{t} = \frac{1}{\omega C_\mathrm{d}}\left[\frac{(1-\cos\Theta)/\Theta}{(1-\omega^2/\omega_\mathrm{a}^2)} + j\left(\frac{\sin\Theta/\Theta}{1-\omega^2/\omega_\mathrm{a}^2} - 1\right)\right], \tag{1.3/42}$$

worin

$$C_\mathrm{d} = \varepsilon A/w_\mathrm{d} \tag{1.3/43}$$

die Kapazität der Driftzone und

$$\Theta = \omega\, w_\mathrm{d}/v_\mathrm{s} \tag{1.3/44}$$

der Laufwinkel ist.
Die Gesamtimpedanz $\underline{Z}_\mathrm{D}$ der Diode ist die Summe aus der Impedanz der Lawinen- und Driftzone

$$\underline{Z}_\mathrm{D} = \underline{Z}_\mathrm{a} + \underline{Z}_\mathrm{d}. \tag{1.3/45}$$

Von besonderer Bedeutung ist der Realteil R_D der Diodenimpedanz (entspricht dem Realteil R_d der Impedanz der Driftzone)

$$R_\mathrm{D} = \frac{1}{\omega C_\mathrm{d}}\,\frac{(1-\cos\Theta)/\Theta}{(1-\omega^2/\omega_\mathrm{a}^2)}. \tag{1.3/46}$$

Da die Laufwinkelfunktion $(1 - \cos\Theta)/\Theta$ (vgl. Abb. 2) stets positiv ist, wird R_D nur negativ für Kreisfrequenzen oberhalb der Lawinenkreisfrequenz: $\omega > \omega_\mathrm{a}$. Unter dieser Bedingung ist nach (1.3/34) der Verschiebungsstrom in der Lawinenzone (und damit in der gesamten Raumladungszone) stets größer als der Konvektionsstrom.

Als wichtiges Ergebnis der Kleinsignaltheorie stellt deshalb die Lawinenfrequenz eine untere Grenzfrequenz für das Auftreten eines negativen Kleinsignalwiderstandes dar. Die Lawinenfrequenz (1.3/35) ist nicht nur eine Funktion der Materialparameter α', v_s, ε, sondern nimmt auch mit der Wurzel aus der Gleichstromdichte J_0 zu. Für den Oszillatorbetrieb existiert demnach bei gegebener Frequenz eine obere Grenze für den Gleichstrom, bei der der Oszillator gerade noch anschwingt: $\omega_\mathrm{a}(J_0) \leqq \omega$. Nach Culshaw et al. [8] liegt die optimale Betriebsfrequenz f_opt bei etwa

$$f_\mathrm{opt} \approx 1{,}5 f_\mathrm{a}\,;\,(f_\mathrm{a} = \omega_\mathrm{a}/2\pi). \tag{1.3/47}$$

Für eine Gleichstromdichte $J_0 = 200\,\text{A/cm}^2$ mit $v_s = 10^7\,\text{cm/s}$, $\varepsilon_{si} = 1{,}05 \cdot 10^{-12}\,\text{As/V cm}$ und $\alpha'_{si} = 0{,}4\ 1/\text{V}$ (für $E_c = 4 \cdot 10^5\,\text{V/cm}$ [10]) ist beispielsweise $f_a \approx 6\,\text{GHz}$.
Verbesserte und verallgemeinerte Kleinsignaltheorien wurden z.B. von Gummel und Blue [19] und Hulin et al. [20] entwickelt.

1.3.6 Großsignalimpedanz

Die Lawinenlaufzeitdiode verhält sich in Leistungsverstärkern und Oszillatoren bei großer Aussteuerung in hohem Maße nichtlinear. Die im folgenden dargestellte vereinfachte Großsignaltheorie beschränkt sich auf die Lawinenzone und auf die nichtlineare Abhängigkeit der Konvektionsstromdichte von der Ladungsträgermultiplikation (der Beitrag der Nichtlinearität der Funktion $\alpha(E)$ wurde von Tager [21] untersucht). Dazu wird wiederum die Ionisationsrate linearisiert

$$\alpha(E) = \alpha_0(E_c) + (E_a - E_c)\,\alpha' \qquad (1.3/48)$$

und eine sinusförmige Zeitabhängigkeit der Spannung an der Lawinenzone vorausgesetzt:

$$U_a(t) = U_{a_0} + \hat{U}_a \sin \omega t. \qquad (1.3/49)$$

Mit $E_a = U_a/w_a$ und bei vernachlässigbarem Sättigungsstrom erhält man für die Lösung der Lawinengleichung (1.3/13):

$$J_c(t) = C \exp(-u \cos \omega t) \qquad (1.3/50)$$

mit der normierten Spannungsamplitude

$$u = 2\,\alpha'\,\hat{U}_a/\omega\,\tau_a, \qquad (1.3/51)$$

die ein Maß für die Aussteuerung ist.
Die Integrationskonstante C ergibt sich aus der Bedingung, daß der zeitliche Mittelwert von J_c gleich der Gleichstromdichte J_0 sein muß

$$J_0 = \frac{C}{T}\int_0^T \exp(-u \cos \omega t) = C\, I_0(u) \qquad (1.3/52)$$

worin $I_0(u)$ die modifizierte Bessel-Funktion nullter Ordnung ist. Die Fourier-Reihe von (1.3/50) lautet damit

$$J_c = J_0\left[1 + \frac{2}{I_0(u)} \sum_{m=1}^{\infty} (-1)^m\, I_m(u) \cos m\,\omega t\right] \qquad (1.3/53)$$

($I_m(u)$ ist die modifizierte Besselfunktion m-ter Ordnung).

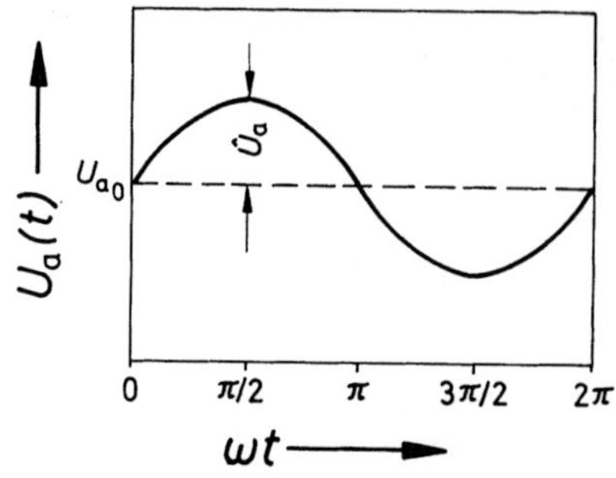

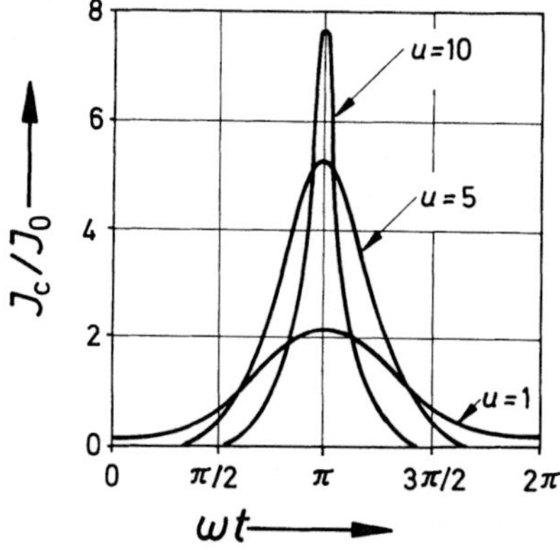

Abb. 7. Verlauf der Spannung $U(t)$ und der Konvektionsstromdichte $J_c(t)$ in der Lawinenzone mit der normierten Spannungsamplitude u als Parameter (J_0: Gleichstromdichte)

In Abb. 7 ist $J_c(t)$ nach (1.3/50) für verschiedene Werte des Parameters u dargestellt. Erwartungsgemäß eilt der Strom der Spannung um 90° nach. Außerdem ist nun $J_c(t)$ eine stark nichtsinusförmige Funktion der Zeit, die sich mit zunehmender Amplitude u immer stärker einem periodischem δ-Impuls annähert (vgl. Abb. 3d).

Setzt man aus (1.3/53) die Grundschwingung in die Stromerhaltungsgleichung ein, so folgt mit (1.3/51) für die Gesamtstromdichte

$$\begin{aligned} J_t(t) &= \left(- J_0\, 2\, I_1(u)/I_0(u) + \frac{\varepsilon\,\omega}{w_a}\,\hat{U}_a \right) \cos\omega\, t \\ &= - \hat{J}_c\,(1 - \omega^2/\omega_a^2\,(u))\cos\omega\, t\,. \end{aligned} \tag{1.3/54}$$

Resonanz (Konvektionsstrom ist gleich Verschiebungsstrom) tritt jetzt bei der aussteuerungsabhängigen Großsignallawinenkreisfrequenz

$$\omega_a(u) = \omega_a \sqrt{\frac{2\, I_1(u)}{u\, I_0(u)}} \tag{1.3/55}$$

auf, die für $u \to 0$ in die durch (1.3/35) gegebene Kleinsignallawinenfrequenz ω_a übergeht. Der Verlauf von $\omega_a(u)$ als Funktion der Amplitude u ist in Abb. 8

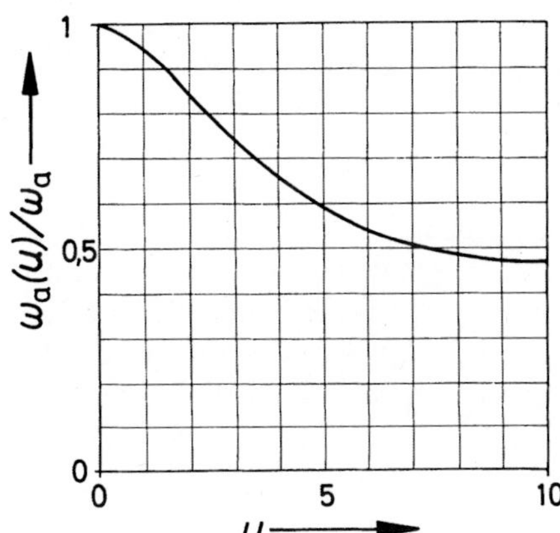

Abb. 8. Großsignallawinenkreisfrequenz $\omega_a(u)$ als Funktion der normierten Spannungsamplitude u (ω_a ist die Kleinsignallawinenkreisfrequenz)

dargestellt. Mit zunehmendem u nimmt die normierte Lawinenfrequenz ab, sinkt bei etwa $u = 7{,}5$ auf die Hälfte und verläuft bei relativ großen Amplituden wie $\omega_a(u)/\omega_a \approx \sqrt{2/u}$.

Da sich die Driftzone im vereinfachten Modell der Read-Diode auch bei großen Amplituden linear verhält (Abschnitt 1.3.3), wird das Großsignalverhalten allein durch $\omega_a(u)$ beschrieben. Die Großsignalimpedanz erhält man, indem in (1.3/36) und (1.3/42) ω_a durch $\omega_a(u)$ ersetzt wird. Für den aussteuerungsabhängigen Wirkanteil der Diodenimpedanz folgt demnach aus (1.3/46)

$$R_D(\omega, u) = \frac{1}{\omega C_d} \frac{(1 - \cos\Theta)/\Theta}{(1 - \omega^2/\omega_a^2(u))}. \tag{1.3/56}$$

In Abb. 9 ist schematisch der Wirkleitwert G_D der Diode als Funktion von u mit ω als Parameter aufgetragen. Ist $\omega > \omega_a$, dann nimmt $-G_D$ monoton mit der Aussteuerung ab. In diesem Fall ist sowohl stabiler Verstärker- als auch Oszillatorbetrieb möglich, wenn die Diode an die Lastadmittanz $\underline{Y}_L = G_L + jB_L$

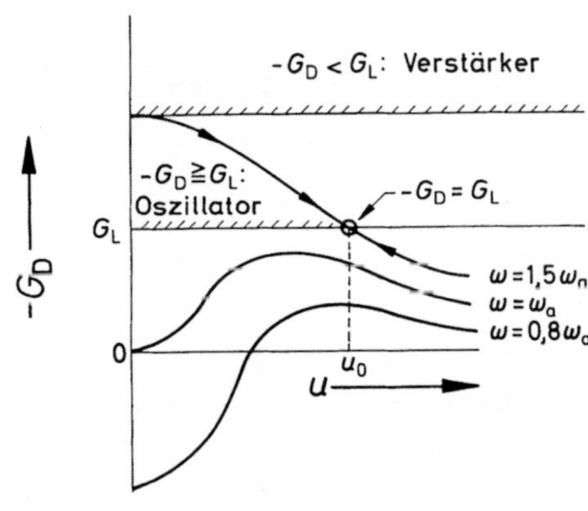

Abb. 9. Diodenleitwert G_D als Funktion der normierten Spannungsamplitude u mit ω als Parameter (G_L: Lastleitwert)

angeschlossen wird. Mit der Annahme, daß Diodenblindleitwert B_D und Lastblindleitwert B_L in Resonanz sind, gilt als Bedingung für Verstärkung

$$-G_D < G_L. \tag{1.3/57}$$

Dann ist zwar G_D stets negativ, aber es kann keine Selbsterregung entstehen [22]. Selbsterregung ist möglich, wenn im Bereich $0 \leqq u \leqq u_0$ die Bedingung herrscht: $-G_D \geqq G_L$. Dann kann die Oszillatoramplitude zeitlich exponentiell aus dem Kleinsignalbereich anwachsen, bis durch Sättigung die stationäre Amplitude u_0 erreicht ist, wenn die Schwingbedingung

$$-G_D(u) = G_L \tag{1.3/58}$$

erfüllt ist (Abb. 9; der Arbeitspunkt $u = u_0$ ist für $\omega > \omega_a$ stabil, da dieser bei kleinen Störungen von u_0 von beiden Seiten angelaufen wird [22]).
Für $\omega \leqq \omega_a$ ist G_D bei kleinen Amplituden u entsprechend der Kleinsignaltheorie positiv (Abb. 9). Mit zunehmender Amplitude nimmt die Großsignallawinenfrequenz $\omega_a(u)$ ab (Abb. 8) und für $\omega_a(u) \leqq \omega$ wird der Leitwert G_D Null und schließlich negativ. Im Fall $\omega \leqq \omega_a$ ist daher kein stabiler Oszillatorbetrieb realisierbar. Verstärkerbetrieb ist hingegen bei genügend großer Amplitude möglich. Jedoch kann dabei die spezifische Abhängigkeit des Leitwertes von der Aussteuerung zu Hysteresissprüngen führen [23].
Typische Werte des Großsignalwirkwiderstandes R_D liegen für X-Band-Dioden zwischen $-2\,\Omega$ und $-3\,\Omega$.

1.3.7 Lawinenimpulsnäherung

Im vorausgehenden Abschnitt wurde gezeigt, daß sich im Grenzfall sehr hoher Aussteuerung der zeitliche Verlauf des Lawinenstromes einem periodischen δ-Impuls nähert. Diese Lawinenimpulsnäherung erweist sich bei der Beschreibung des Oszillatorverhaltens und des Wirkungsgrades für die verschiedenen Strukturen von Lawinenlaufzeitdioden als äußerst vorteilhaft und soll deshalb, auch bei Verzicht auf Vollständigkeit, im folgenden fast ausschließlich angewendet werden.

Während der Driftphase verläuft die Spannung an der Diode (vgl. Abb. 10a)

$$U = U_0 - \hat{U} \sin \omega t \quad 0 \leqq \omega t \leqq \pi. \tag{1.3/59}$$

Zur Zeit $t = 0$ wird an der Stelle $x = 0$ (Abb. 10b und Abb. 6) die Lawinenstromdichte

$$J_c(t) = J_0 T \delta(t) \tag{1.3/60}$$

injiziert. (Der Mittelwert von $J_c(t)$ muß gleich der Gleichstromdichte J_0 sein; T ist die Periodendauer der Wechselspannung). In der Driftzone verläuft die injizierte

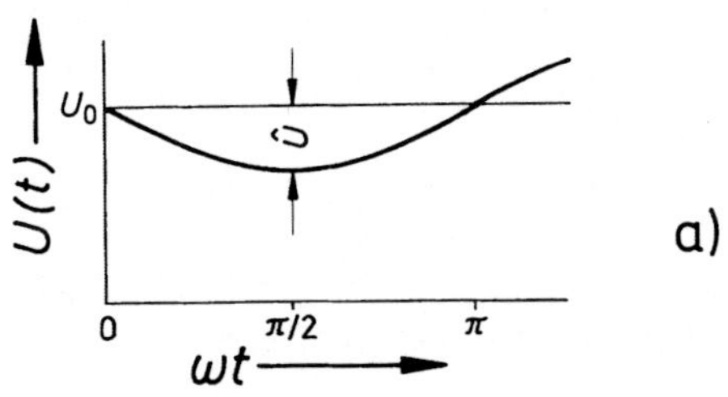

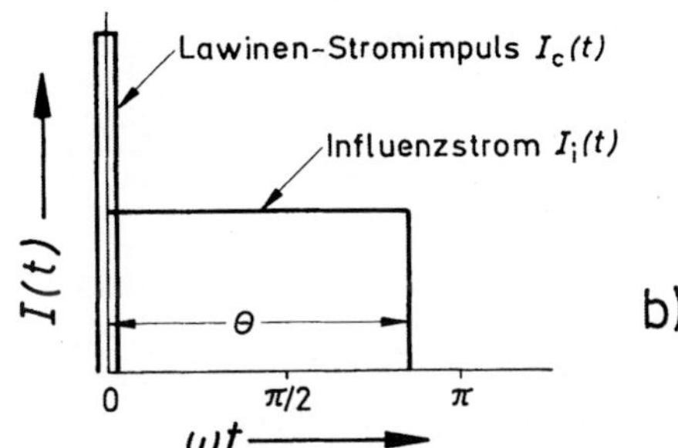

Abb. 10. Driftvorgang. **a**) Diodenspannung $U(t)$; **b**) Lawinen-Stromimpuls $I_c(t)$ und Influenzstrom $I_i(t)$

Flächenladung $J_0 T$ nach Abschnitt 1.3.3 wellenförmig wie

$$J_n(x,t) = J_c(x,t) = J_0 T \delta(t - x/v_s) \quad 0 \leqq x \leqq w_d. \tag{1.3/61}$$

Der zugehörige Influenzstrom I_i ergibt sich nach (1.3/25) mit $w_1 = -w_a$ und $w_2 = w_d$ ($w = w_a + w_d$; vgl. den Feldverlauf in Abb. 6a) und $J_{c_0}(x,t) = 0$:

$$\begin{aligned} I_i(t) &= \frac{A}{w} \int_{w_a}^{w_d} J_n(x,t)\,dx \\ &= \frac{I_0}{\Theta} \frac{w_d}{w} \quad \text{für} \quad 0 \leqq \omega t \leqq \Theta \\ &= 0 \quad \text{sonst}. \end{aligned} \tag{1.3/62}$$

Im Vergleich zur Wechselspannung ist der Influenzstrom während des Laufwinkels $\Theta = \omega w_d / v_S$ positiv und konstant (Abb. 10b).

Für die mittlere Wechselstromwirkleistung ergibt sich somit nach (1.3/26):

$$P_D = -\frac{\hat{U} I_0 w_d}{\Theta T w} \int_0^{\Theta} \sin \omega t\,dt = \hat{U} I_0 \frac{w_d}{w} (1 - \cos\Theta)/\Theta \tag{1.3/63}$$

und für den Wirkungsgrad

$$|\eta| = \frac{\hat{U}}{U_0} \frac{w_d}{w} (1 - \cos\Theta)/\Theta. \tag{1.3/64}$$

Für eine verschwindend dünne Lawinenzone ($w_a \to 0$) wird $w_d/w = 1$ und man erhält das Ergebnis, das bereits in Abschnitt 1.1 allein durch Vorgabe geeigneter Spannungs- und Stromverläufe (Abb. 1) ermittelt wurde.

Da sich die Lawinenzone reaktiv verhält, stellt der Spannungsabfall $\hat{U}_a$ an dieser Zone für die Leistungsumsetzung einen Verlust dar. Dieser Verlust wird in (1.3/64) durch den Faktor $w_d/w \leqq 1$ dargestellt. Mit $\hat{U}_a = \hat{U}_d\, C_d/C_a = \hat{U}_d\, w_a/w_d$ und $\hat{U} = \hat{U}_a + \hat{U}_d$ wird (1.3/64) umgeformt

$$|\eta| = \hat{U}_d/U_0\,(1 - \cos\Theta)/\Theta \tag{1.3/65}$$

und gezeigt, daß allein die Spannung $\hat{U}_d$ an der Driftzone zur Erzeugung der Wirkleistung beiträgt.

Nach Read [1] soll der Spannungshub $\hat{U}/U_0$ auf 50% beschränkt bleiben. Danach ergibt sich mit $w_a = 0$ und $\Theta = \pi$ (π-Modus) der für dieses einfache Modell (Abb. 6) zu optimistische Wert von $|\eta| = 1/\pi \mathrel{\hat{=}} 32\%$. Bei Berücksichtigung einer endlichen Weite der Lawinenzone von $w_a = 1\,\mu m$ und $w_d = 5\,\mu m$ (für $f = 10$ GHz; vgl. Abb. 20) wird $|\eta|$ beispielsweise auf 26,5% reduziert. Im allgemeinen wird jedoch η bei realen Strukturen durch Verluste (Abschnitt 1.5.1) noch erheblich weiter reduziert, wenn nicht besondere Diodenstrukturen (Abschnitt 1.5.3) oder spezielle Oszillatorbetriebsformen (Abschnitt 1.6) angewendet werden, bei denen der Wirkungsgrad sogar noch größer als der von Read angegebene Wert von 32% sein kann.

1.4 Verfeinerungen des Read-Dioden-Modells

In diesem Abschnitt wird im Rahmen des einfachen Modells der Read-Diode (Abb. 6) der Einfluß der Raumladung des Lawinenimpulses, der Hochfrequenzgleichrichtung, der Geschwindigkeit-Feldstärke-Charakteristik, des Sättigungsstromes sowie der Diffusion auf das Oszillatorverhalten untersucht. Diese Verfeinerungen ergeben nicht nur eine Verbesserung und Erweiterung der einfachen Näherung von Abschnitt 1.3, sondern erlauben durch den Verzicht auf eine unübersichtliche Gesamtdarstellung auch ein besseres Verständnis der in allen realen Diodenstrukturen (Abschnitt 1.5) auftretenden, oben genannten Effekte.

1.4.1 Raumladung des Lawinenimpulses

Wie in Abschnitt 1.3 gezeigt wurde, wird an der Stelle $x = 0$ (Abb. 6) die Flächenladung σ des Lawinenimpulses

$$\sigma = J_0 T \tag{1.4/1}$$

in die Driftzone injiziert. Nach dem Gaußschen Satz ist damit in der Feldverteilung der Raumladungszone ein Feldsprung

$$\Delta E = \sigma/\varepsilon = J_0 T/\varepsilon \tag{1.4/2}$$

verbunden.

Abb. 11. Einfluß des Feldsprunges ΔE durch den Lawinenimpuls (am momentanen Ort $w_q = v_s t$) auf die Feldverteilung im Modell der Read-Diode (vgl. Abb. 6a)

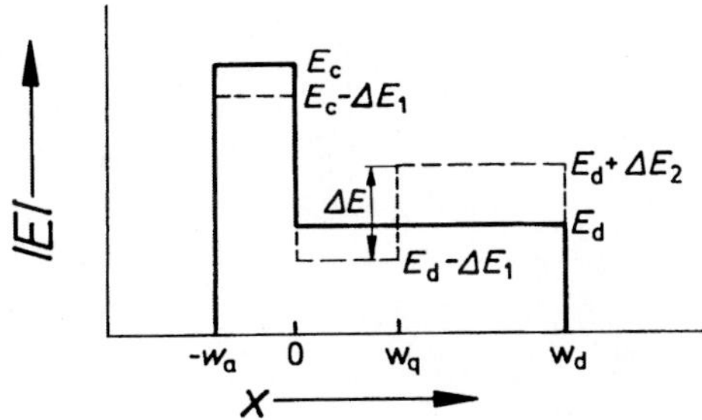

Befindet sich zur Zeit t die Flächenladung an der Stelle $x = w_q = v_S t$ innerhalb der Driftzone (Abb. 11) und wird die Flächenladung durch Elektronen hervorgerufen, so wird das Feld hinter der Flächenladung um ΔE_1 abgesenkt (für $x \leqq w_q$) und vor der Flächenladung um ΔE_2 angehoben (für $x \geqq w_q$), wobei gilt

$$\Delta E = \Delta E_1 + \Delta E_2 . \tag{1.4/3}$$

Die Feldänderungen ergeben sich aus der Forderung, daß die Gesamtspannung unverändert bleibt ($\Delta E_1 (w_a + w_q) = \Delta E_2 (w_d - w_q)$), zu

$$\Delta E_1 = \frac{w_d - w_q}{w_a + w_d} \Delta E, \qquad \Delta E_2 = \frac{w_a + w_q}{w_a + w_d} \Delta E. \tag{1.4/4}$$

Für $w_q = 0$ folgt daraus, daß ΔE_1 am größten ist, wenn der Lawinenimpuls gerade in die Driftzone injiziert wird; ist $w_a \ll w_d$, so wird das Feld in der Lawinenzone ($E = E_c$) praktisch um $\Delta E_1 \approx \Delta E$ reduziert. Die erzeugte Ladung wirkt also der für den Lawinendurchbruch erforderlichen Feldstärke E_c entgegen. Nimmt man an, daß nach dem Aufbau des Lawinenimpulses $\Delta E_1 = \Delta E$ herrscht, so wird der Lawinenprozeß durch die erzeugte Raumladung bereits zu einem Zeitpunkt unterbrochen, bevor die Wechselspannung durch Null geht (Abb. 12). Die

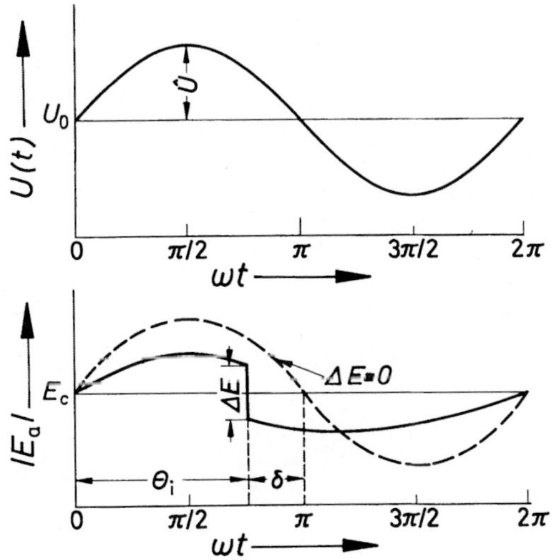

Abb. 12. Diodenspannung $U(t)$ und zeitlicher Verlauf der Feldstärke E_a in der Lawinenzone (ΔE: Feldsprung durch den Lawinenimpuls)

Injektionsphase Θ_i (Abb. 1) ist dann kleiner als π (Abweichung $\delta = \pi - \Theta_i$) und der Wirkungsgrad nimmt mit $\cos\delta$ ab (vgl. Abschnitt 1.1). Dieser nachteilige Effekt der Raumladung des Lawinenimpulses nimmt mit der Stromdichte zu, da $\Delta E \sim J_0$. Für $w_q = w_d$ ist der Feldabfall in der Lawinenzone vernachlässigbar und der gesamte Feldsprung addiert sich am Ende der Laufzeit des Lawinenimpulses zum ungestörten Feldprofil in der Driftzone ($E = E_d$). Da in der Driftzone zu keinem Zeitpunkt Lawinendurchbruch auftreten darf ($E_d + \Delta E_2 < E_c$), folgt aus dieser Bedingung und mit der Annahme $E_d \ll E_c$ die maximal zulässige Stromdichte

$$J_{0_{max}} = \varepsilon E_c / T = \varepsilon E_c f. \tag{1.4/5}$$

1.4.2 Hochfrequenzgleichrichtung

Nach der Read-Gleichung (1.3/8) steigt der Strom in der Lawinenzone zeitlich exponentiell an, solange die Spannung größer als die Durchbruchspannung ist, und nimmt rasch ab, wenn die Durchbruchspannung unterschritten ist. Damit eine periodische Lösung existiert, muß die während einer Periode erzeugte Ladung gleich der abgeführten Ladung sein. Wendet man diese Forderung auf die umgeschriebene Read-Gleichung (1.3/8) an

$$\frac{\tau_a}{2} \frac{d}{dt} \ln J_c = \alpha w_a - 1 + J_s/J_c,$$

so muß wegen der geforderten Periodizität von J_c gelten

$$\int_0^T (\alpha w_a - 1 + J_s/J_c)\, dt = 0. \tag{1.4/6}$$

Die Bedingung (1.4/6) kann jedoch nicht erfüllt sein, wenn der zeitliche Mittelwert $\bar{U}_a$ der Spannung an der Lawinenzone gleich der Durchbruchspannung U_{a0} ist. Denn wegen der stark nichtlinearen Abhängigkeit der Ionisationsrate α von der Feldstärke ist der zeitliche Stromanstieg im Bereich $E > E_c$ durch Trägervervielfachung größer als die zeitliche Stromabnahme bei $E \leqq E_c$. Zu dieser Asymmetrie des zeitlichen Verlaufs von J_c trägt auch die Sättigungsstromdichte J_s bei. Der Anstieg von J_c durch Lawinenmultiplikation beginnt mit J_s. Die Anstiegszeit ist deshalb um so kleiner, je größer J_s ist.

Konsequenterweise muß deshalb im Großsignalbetrieb $\bar{U}_a < U_{a_0}$ sein. Der Mittelwert $\bar{U}_a$ kann abgeschätzt werden, wenn α bis zum Glied zweiter Ordnung entwickelt wird [8]:

$$\alpha(E) = \alpha_0(E_c) + \alpha'(E_a - E_c) + \frac{\alpha''}{2}(E_a - E_c)^2. \tag{1.4/7}$$

Mit

$$E_a(t) = E_c + (\Delta\bar{U}_a + \hat{U}_a \sin\omega t)/w_a \tag{1.4/8}$$

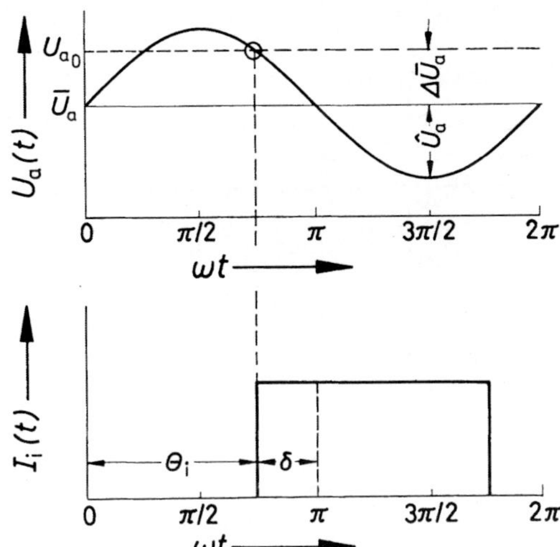

Abb. 13. Einfluß der HF-Gleichrichtung ($\Delta\bar{U}_a$) auf die Injektionsphase des Influenzstromes I_i

und mit der Bedingung (1.4/6) erhält man schließlich die durch HF-Gleichrichtung verursachte mittlere Spannungsänderung $\Delta\bar{U}_a$

$$\Delta\bar{U}_a = -\frac{\alpha''}{4\alpha' w_a}\hat{U}_a^2 - \frac{1}{\alpha'}\langle J_s/J_c\rangle . \tag{1.4/9}$$

Darin ist $\langle J_s/J_c\rangle$ der zeitliche Mittelwert des Verhältnisses $J_s/J_c(t)$.
Wegen $\alpha'' > 0$, ist $\Delta\bar{U}_a < 0$ und somit ist der zeitliche Mittelwert $\bar{U}_a$ kleiner als die Durchbruchspannung U_{a0}.
Unabhängig davon wird aber stets beim Unterschreiten der Durchbruchspannung U_{a_0} der Lawinenimpuls in die Driftzone injiziert (Abb. 13). Als Folge der HF-Gleichrichtung setzt nun aber der Influenzstrom nicht mehr bei der günstigen Injektionsphase $\Theta_i = \pi$ ein, sondern vorzeitig mit der Phasendifferenz $\delta = \pi - \Theta_i$, wodurch der Wirkungsgrad reduziert wird (vgl. Abschnitt 1.1 und 1.4.1).
Der Lawinendurchbruch wird bei $\omega t = \Theta_i$ unterbunden, wenn also nach (1.4/8) $\hat{U}_a \sin\Theta_i = -\Delta\bar{U}_a$ ist. Daraus folgt näherungsweise für die Phasenabweichung δ

$$\sin\delta \approx -\Delta\bar{U}_a/\hat{U}_a = \frac{\alpha''}{4\alpha' w_a}\hat{U}_a + \frac{1}{\alpha' U_a}\langle J_s/J_c\rangle . \tag{1.4/10}$$

Bei vernachlässigbarem J_s hängt δ linear von der Aussteuerung $\hat{U}_a$ ab, während $\Delta\bar{U}_a$ quadratisch mit $\hat{U}_a$ zunimmt. Für einen Spannungshub $\hat{U}_a/U_{a_0} = 40\%$ kann $\Delta\bar{U}_a/U_{a_0}$ Werte bis zu 10% annehmen [8]. Sowohl δ als auch ΔU_a sind von α''/α' und damit vom Material abhängig. Eine Abschätzung von Culshaw et al. [8] deutet darauf hin, daß GaAs-Dioden im Vergleich zu Si-Dioden eine ausgeprägtere HF-Gleichrichtung aufweisen sollten.

Nach (1.4/10) wird die nachteilige Wirkung der HF-Gleichrichtung linear mit der Sättigungsstromdichte J_s vergrößert. Dieser Einfluß wird aber nur qualitativ beschrieben, da $\langle J_s/J_c \rangle$ nicht bekannt ist. Mit einem umfangreichen Rechenmodell für GaAs-Dioden wurde festgestellt [11], daß bereits ab $J_0/J_s = 10^{-6}$ der Wirkungsgrad durch die Gleichrichterwirkung reduziert wird. (Ähnliche Rechnungen wurden auch von Misawa [24] durchgeführt).
Die gesamte Phasenabweichung δ_t setzt sich zusammen aus den Beiträgen durch HF-Gleichrichtung und Feldreduzierung durch die Raumladung des Lawinenimpulses (Abschnitt 1.4.1). Somit ist δ_t eine Funktion von J_0, J_s und $\hat{U}_a$.
Abschließend sei darauf hingewiesen, daß die HF-Gleichrichtung wesentlich zum Auftreten störender Schwingungen in der Gleichspannungszuführung beiträgt (vgl. Abschnitt 1.7.1).

1.4.3 Diffusion

Durch Diffusion der Ladungsträger im Lawinenimpuls entsteht eine obere Frequenzgrenze für das Auftreten eines negativen Wirkwiderstandes (bei den einfachen Theorien fehlt eine solche Frequenzgrenze; vgl. z.B. (1.3/56)).
Mit Einbezug der Diffusion lautet die vollständige Kontinuitätsgleichung für Elektronen in der Driftzone

$$\frac{\partial n}{\partial t} = -v_s \frac{\partial n}{\partial x} + D_n \frac{\partial^2 n}{\partial x^2}. \tag{1.4/11}$$

Wird zur Zeit $t = 0$ an der Stelle $x = 0$ der δ-Impuls des Lawinenstromes in die Driftzone injiziert, so folgt als Lösung für die Stromdichte

$$J_n(x, t) = J_0 T v_s (4\pi D_n t)^{-\frac{1}{2}} \exp[-(v_s t - x)^2/4 D_n t] \tag{1.4/12}$$

Das Zerlaufen des Lawinenimpulses nach (1.4/12) beim Durchwandern der Driftzone als Folge der Diffusion geht aus Abb. 14 deutlich hervor.
Während die Diffusion keinen wesentlichen Einfluß auf den Influenzstrom nimmt, solange die Ladungsträger driften, fließt am Ende der Laufzeit $\tau_d = w_d/v_s$ (vgl. Zeitpunkt t_2 in Abb. 14) immer noch ein Strom in der Driftzone (schraffierter Bereich in Abb. 14). Dies hat zur Folge, daß der Influenzstrom durch Diffusion

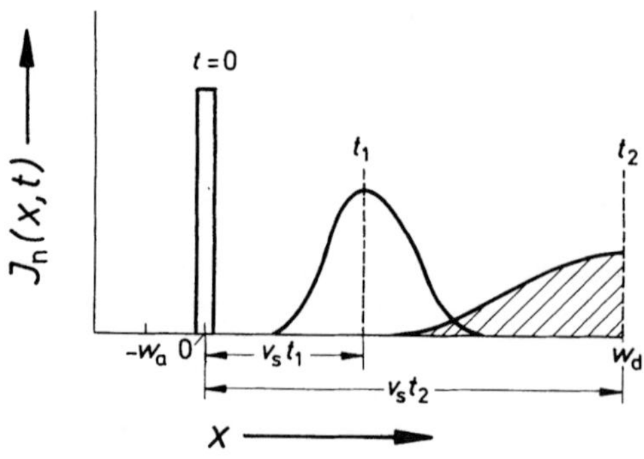

Abb. 14. Verteilung der Elektronenstromdichte $J_n(x, t)$ in der Driftzone als Folge der Diffusion

gegen Ende der Laufzeit zerfließt und mit einer Zeitkonstante τ_{Diff} über die Laufzeit τ_d hinaus abklingt (Abb. 15). Dieser Vorgang führt zu Verlusten, da I_i während der negativen Phase der Diodenspannung reduziert wird und weil zusätzlich während der positiven (verlustbringenden) Spannungsphase I_i von Null verschieden und mit der Spannung in Phase ist. Darüber hinaus können bei kräftiger Diffusion Ladungsträger während der gesamten Laufzeit in der Lawinenzone gespeichert werden, wodurch der Sättigungstrom entsprechend erhöht und somit die Wirkleistung vermindert wird (vgl. Abschnitt 1.4.2).

In Analogie zu (1.3/62) folgt mit (1.4/12) für den Influenzstrom

$$I_i(t) = \frac{I_0\, w_d}{2\,\Theta\, w}\{1 + \operatorname{erf}[(w_d - v_s\, t)/\sqrt{4\,D_n\, t}]\}. \tag{1.4/13}$$

(Damit auch die in die Lawinenzone diffundierenden Ladungsträger erfaßt werden, wurde bei der Integration von (1.4/12) vereinfachend $-w_a$ durch $-\infty$ ersetzt; erf bedeutet in (1.4/13) die Fehlerfunktion).

In Anlehnung an Culshaw et al. [8] wird auch hier als ungünstigster Fall angenommen, daß im π-Modus τ_{Diff} gleich der Laufzeit $\tau_d = T/2 = 1/(2f)$ ist. Für $t = \tau_d$ sinkt I_i nach (1.4/13) auf die Hälfte des Wertes zur Zeit $t = 0$. Der Schnittpunkt der Tangente an diesem Punkt mit der Abszisse ergibt die gesuchte Zeitkonstante

$$\tau_{Diff} = (\pi\, D_n\, \tau_d)^{1/2}/v_s \tag{1.4/14}$$

und somit für die obere Grenzfrequenz $f_{max} = 1/(2\,\tau_d) = 1/(2\,\tau_{Diff})$:

$$f_{max} = v_s^2/2\,\pi\, D_n. \tag{1.4/15}$$

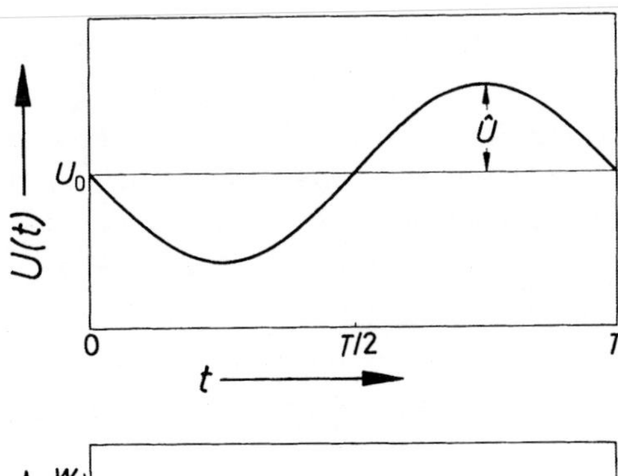

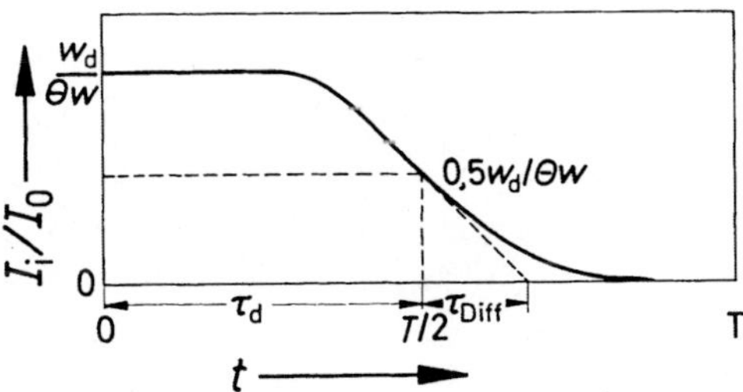

Abb. 15. Verlauf der Diodenspannung $U(t)$ und des Influenzstromes $I_i(t)$ (τ_d = Laufzeit im π-Modus); τ_{Diff}: Diffusionszeitkonstante)

(Dieser Ausdruck stimmt mit der von anderen Autoren [15, 16] für Lawinenlaufzeitdioden eingeführten Diffusionsfrequenz überein).

Mit den Werten für die Niederfelddiffusionskonstante von Abschnitt 1.2.3 erhält man bei $\vartheta = 20\,°\mathrm{C}$ für n-Si und n-GaAs die Grenzfrequenzen

$$n\text{-Si: } f_{\max} = 470 \text{ GHz}$$
$$n\text{-GaAs: } f_{\max} = 73 \text{ GHz}.$$

Bei GaAs nimmt jedoch D_n nach (1/212) bei den in der Driftzone herrschenden relativ hohen Feldstärken rasch ab. So sinkt beispielweise für $E = 20$ kV/cm D_n auf ein Zehntel des Niederfeldwertes. Als Folge davon liegt $f_{\max}$ für GaAs realistischer bei etwa 750 GHz.

Die Diffusion spielt auch in der Lawinenzone eine Rolle. Hulin [16] hat gezeigt, daß die in der Read-Gleichung (1.3/8) auftretende Laufzeit $\tau_a = w_a/v_S$ zu ersetzen ist durch

$$\tau_{a_{\mathrm{Diff}}} = \tau_a \left(1 + \frac{D_n + D_p}{w_a\, v_s}\right). \tag{1.4/16}$$

Die durch Diffusion vergrößerte Zeitkonstante (bis um den Faktor 3 [15]) bewirkt, daß der Lawinenimpuls bei der Injektion entsprechend verbreitert erscheint. Von Vorteil ist dieser Effekt jedoch beim Rauschverhalten (vgl. Abschnitt 1.7.2), weil dadurch die primäre Lawinenrauschquelle entsprechend reduziert wird.

1.4.4 Geschwindigkeitsmodulation

In den bisher diskutierten Fällen wurde vorausgesetzt, daß während des Driftvorganges die Ladungsträgergeschwindigkeit gesättigt ist. Nach dem Verlauf der Geschwindigkeit-Feldstärke-Charakteristik $v(E)$ (Abb. 5) ist dies jedoch nicht der Fall, wenn bei hoher Aussteuerung in der negativen Halbschwingung der Diodenspannung das Feld E_d in der Driftzone erheblich absinkt. Bei Beschränkung auf die Lawinenimpulsnäherung (Abschnitt 1.3.7) folgt dann für den Influenzstrom aus (1.3/62) für $w_a = 0$:

$$I_i(t) = \frac{I_0}{\omega w}\, v_n\,(E_d(t)), \tag{1.4/17}$$

wenn als driftende Ladungsträger Elektronen betrachtet werden. Der Influenzstrom verläuft dann nicht mehr rechteckförmig, sondern ändert sich zeitlich mit $E_d(t)$ nach Maßgabe der $v(E)$-Charakteristik.

In Abb. 16 ist schematisch der zeitliche Verlauf von $I_i(t)$ für Si und GaAs gezeigt, wenn sich das Feld wie $E_d = E_{d_0} - \hat{E}_d \sin \omega t$ ändert. Aus Abb. 16 ist ersichtlich, daß der spezifische Verlauf von $I_i(t)$ wesentlich von $v(E)$, E_{d_0} und $\hat{E}_d$ abhängt. Für großes E_{d_0} und relativ kleines $\hat{E}_d$ bleibt v_n gesättigt und I_i verläuft rechteckförmig

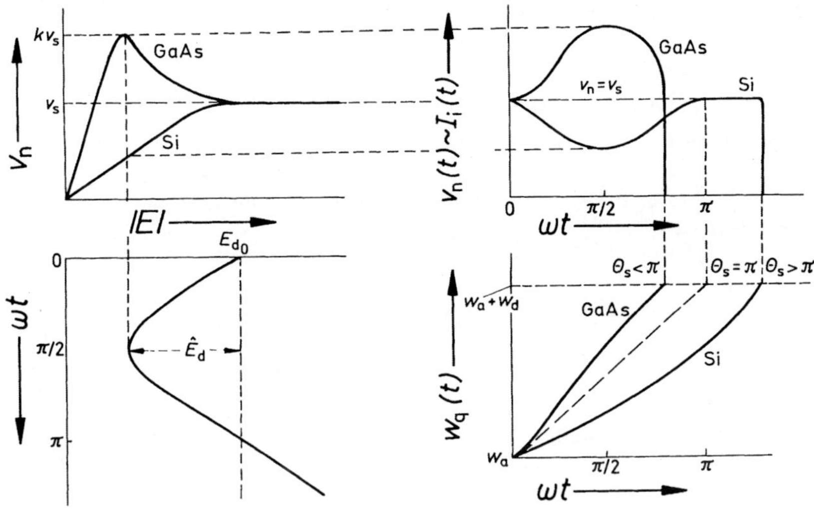

Abb. 16. Schematischer Einfluß der Geschwindigkeit-Feldstärke-Charakteristik auf den Influenzstrom I_i und auf das Weg-Zeit-Diagramm $w_q(t)$ des Lawinenimpulses

(gestrichelter Verlauf). Sinkt jedoch das Feld bei großer Aussteuerung in den ohmschen Bereich der $v(E)$-Charakteristik bei Si oder in den Bereich mit negativer differentieller Beweglichkeit bei GaAs, so wird I_i im Feldminimum bei Si abgesenkt, bei GaAs hingegen entsprechend dem Geschwindigkeitsmaximum $k\,v_S$ ($k \approx 1{,}5 - 2$) angehoben.

Nun ist jedoch zu berücksichtigen, daß der Lawinenimpuls nicht mehr mit konstanter Sättigungsgeschwindigkeit durch die Driftzone driftet, sondern sich entsprechend $v_n(t)$ bei Si langsamer und bei GaAs schneller als v_S bewegt. Der momentane Ort w_q des Lawinenimpulses berechnet sich durch Integration von $v_n(t)$:

$$w_q(t) = \int_0^t v_n(t)\,dt.$$

Das Ort-Zeit-Diagramm $w_q(t)$ ist in Abb. 16 ebenfalls schematisch dargestellt. Der gestrichelte Verlauf gilt für $v_n = v_S$ und für den π-Modus. Für GaAs ist der Driftprozeß nach einer kürzeren Laufzeit beendet; der Großsignallaufwinkel Θ_s, der den Stromflußwinkel des Influenzstromes bestimmt, ist deshalb $\Theta_s < \pi$ ($\Theta = \pi$ ist der Kleinsignallaufwinkel). Bei Si ist $\Theta_s > \pi$; der Influenzstrom ist dann während $\Theta_s - \pi$ in Phase mit der Diodenspannung und bringt dabei Verluste.

Der Wirkungsgrad ist deshalb sowohl durch den zeitlichen Verlauf des Influenzstromes als auch durch den Großsignallaufwinkel Θ_s bestimmt. Culshaw et al. [8] zeigten beispielsweise, daß bei einem Spannungshub von 50 % der klassische Wert für den Wirkungsgrad von 32 % durch Geschwindigkeitsmodulation bei GaAs überschritten wird, hingegen bei Si auf 20 % absinkt.

Der Vollständigkeit halber sei darauf hingewiesen, daß wegen des Feldsprunges ΔE (vgl. Abschnitt 1.4.1) am Ort w_q des Lawinenimpulses durch die $v(E)$-Charakteristik eine Geschwindigkeitsverteilung in der Lawinenimpulsraumladung auftritt [25]. Die rückwärtige Flanke des Impulses hat dabei stets eine geringere Feldstärke als die Vorderflanke. Aus der $v(E)$-Kennlinie folgt daher für Si eine nachteilige Verbreiterung des Impulses, während bei GaAs in günstiger Weise ein Zusammenlaufen des Impulses auftritt (dieser Vorgang kann bei GaAs, ähnlich wie beim Gunn-Effekt (Kapitel 3), zur Ausbildung von Akkumulationsdomänen führen [26]).

1.5 Diodenstrukturen

1.5.1 Konventionelle *pn*-Dioden

Für mittlere Leistungen kommen derzeit wegen der relativ einfachen und billigen Technologie Si-Dioden mit einem gewöhnlichen *pn*-Übergang am häufigsten als Lawinenlaufzeitdioden zur Anwendung. Für höhere Wirkungsgrade werden neuerdings auch GaAs-Dioden verwendet.
Die in diesem Abschnitt dargestellten statischen und Hochfrequenzeigenschaften konventioneller Lawinenlaufzeitdioden werden relativ breit behandelt, da sie in abgewandelter Form auch bei den komplizierteren Strukturen in den folgenden Abschnitten 1.5.2 und 1.5.3 auftreten.

1.5.1.1 Statische Eigenschaften

Abbildung 17 zeigt das Dotierungsprofil und die Feldverteilung eines einseitigen abrupten, in Sperrichtung gepolten p^+nn^+-Übergangs. Die aktive Zone hat die Weite w_S und ist homogen mit N_D dotiert. Aus dem dreieckförmigen Verlauf der Feldstärke und mit der Weite w der Raumladungszone folgt mit der Durchbruchfeldstärke E_c für die Durchbruchspannung U_0

$$U_0 = \frac{1}{2} E_c w \tag{1.5/1}$$

wobei E_c nach Lösung der Poisson-Gleichung sowohl von w als auch von N_D abhängt

$$|E_c| = \frac{e}{\varepsilon} N_D w . \tag{1.5/2}$$

Demnach kann U_0 auch durch den konstanten Feldstärke-Gradienten s

$$s = e N_D / \varepsilon \tag{1.5/3}$$

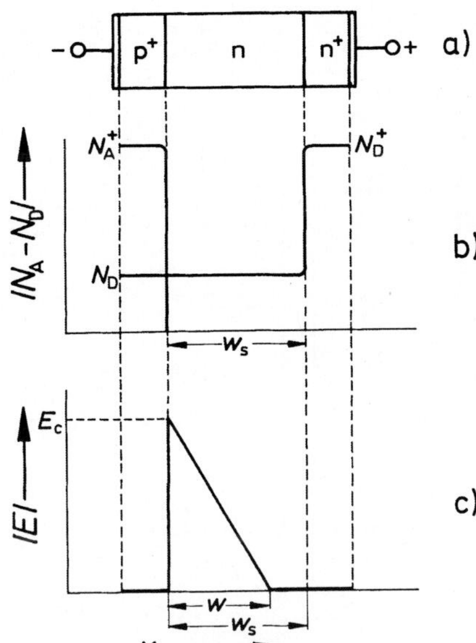

Abb. 17. In Sperrichtung gepolte p^+nn^+-Diode. **a)** Struktur; **b)** Dotierungsprofil; **c)** Feldverteilung

ausgedrückt werden

$$U_0 = \frac{1}{2} s w^2 . \tag{1.5/4}$$

Zur Bestimmung von E_c (und damit von U_0 und w) benötigt man noch die Durchbruchbedingung (1.3/11),

$$\int_0^w \alpha(E(x))\,dx = 1 \tag{1.5/5}$$

wobei nun im Gegensatz zum Modell der Read-Diode (Abschnitt 1.3.2) entsprechend dem Feldstärkeverlauf über die gesamte Weite w der Raumladungszone integriert werden muß. Sind die Ionisationsraten α_n und α_p verschieden, so muß für den Integranden in (1.5./5)

$$\alpha = \alpha_n \exp\left[-\int_x^w (\alpha_n - \alpha_p)\,dx'\right] \tag{1.5/6}$$

gesetzt werden [10]. (Für die komplementäre n^+pp^+-Struktur ist in (1.5/6) α_n und α_p zu vertauschen). In Abb. 18 ist U_0, E_c und die Weite w der Raumladungszone bei Durchbruch als Funktion der Dotierung N_D für Si ($p^+ n$) und GaAs dargestellt. Für die komplementäre Si ($n^+ p$)-Struktur ist U_0 im Vergleich zur Si ($p^+ n$)-Struktur um 7–10% größer, während w sich praktisch nicht unterscheidet [27].

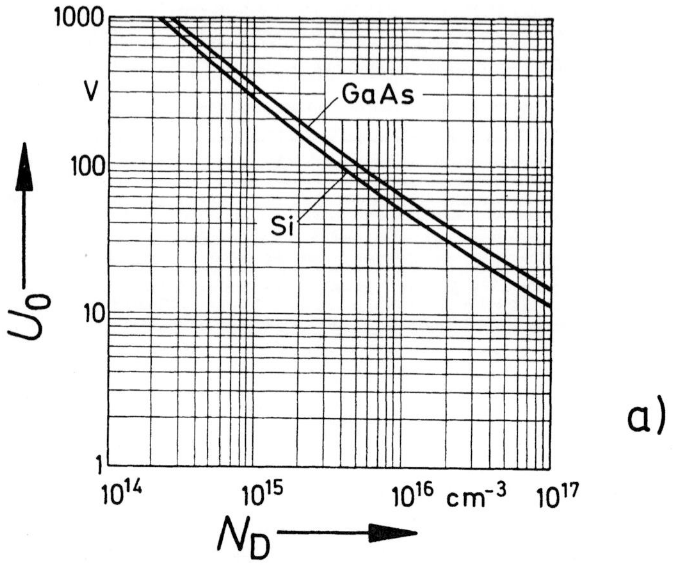

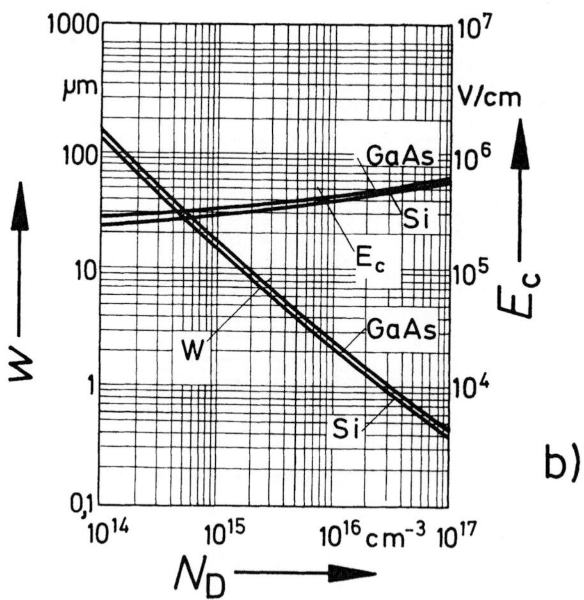

Abb. 18. a) Durchbruchspannung U_0; **b**) Durchbruchfeldstärke E_c und Weite w der Raumladungszone (bei Durchbruch) als Funktion der Dotierung N_D für Si und GaAs (nach Sze [10])

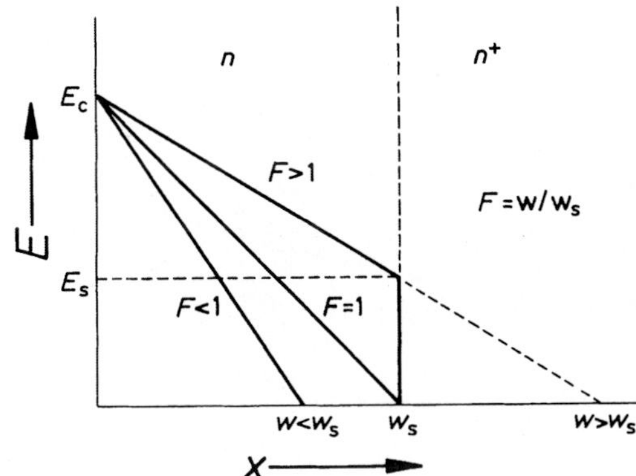

Abb. 19. Zur Definition des Durchreichfaktors F

Ist die Weite w_s der aktiven Zone gleich der Weite w der Raumladungszone bei Durchbruch, dann erreicht die Raumladungszone gerade das hochdotierte n^+-Substrat in Abb. 17 („punch-through"). Da die Durchbruchfeldstärke nicht wesentlich von der Dotierung abhängt (Abb. 18b), können Abweichungen vom „punch-through"-Fall in nützlicher Weise mit dem Durchreichfaktor F

$$F = w/w_S \tag{1.5/6}$$

beschrieben werden (Abb. 19). Bei festem E_c ist demnach für $F < 1$ (Abb. 17c) der Feldgradient s und die Dotierung N_D größer als im „punch-through"-Fall ($F = 1$). Für $F > 1$ (geringere Dotierung N_D) ist die Weite der Raumladungszone gleich der Weite w_S der aktiven Zone. Am nn^+-Übergang können für $F > 1$ dann relativ große Feldstärken E_s auftreten. ($F = E_c/(E_c - E_s) \geqq 1$).

1.5.1.2 HF-Verhalten

Zur Beschreibung des HF-Verhaltens ist die Aufteilung der Raumladungszone in die Lawinen- und Driftzone zweckmäßig. Die Definitionen der Weite w_a der Lawinenzone sind zwar in der Literatur [10, 11, 27] relativ willkürlich, jedoch kann mit einer einmal getroffenen Vereinbarung dann ein Vergleich zwischen den Materialien und Diodenstrukturen durchgeführt werden. In Abb. 20 ist nach Schroeder und Haddad [27] das Verhältnis w_a/w ($w = w_a + w_d$) als Funktion der Dotierung N für Si und GaAs aufgetragen ($N = N_D$ für Si(p^+n); $N = N_A$ für Si(n^+p)). Da nach (1.3/64) der Wirkungsgrad proportional $w_d/w = 1 - w_a/w$ ist, kann aus Abb. 20 entnommen werden, welches Material und welche Struktur für die HF-Leistungserzeugung gut geeignet ist. Danach sollten Si(n^+p)-Dioden (denen jedoch bisher wenig Bedeutung zugemessen wurde) noch vor GaAs-Dioden bewertet werden, während die herkömmlichen Si(p^+n)-Dioden mit $w_a/w \approx 0{,}4$ unter diesem Gesichtspunkt relativ ungünstig sind. Eine Verminderung des Wirkungsgrades ist auch bei Dioden mit $F > 1$ zu erwarten, weil das Feld wegen der geringeren Dotierung langsamer abfällt und damit w_a entsprechend vergrößert

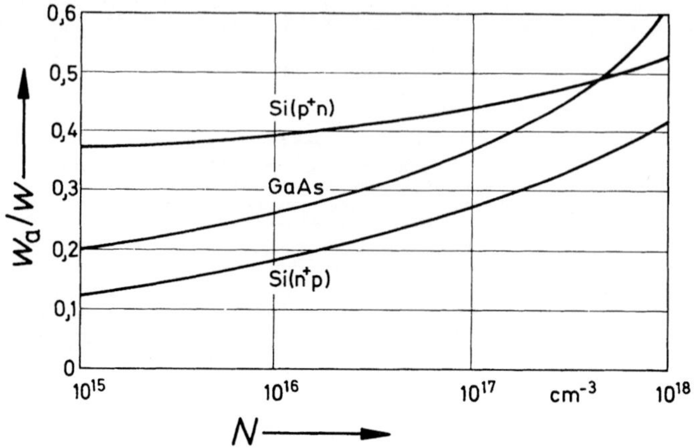

Abb. 20. Verhältnis der Weite w_a der Lawinenzone zur Weite w der Raumladungszone als Funktion der Dotierung N für Si und GaAs (nach Schroeder und Haddad [27])

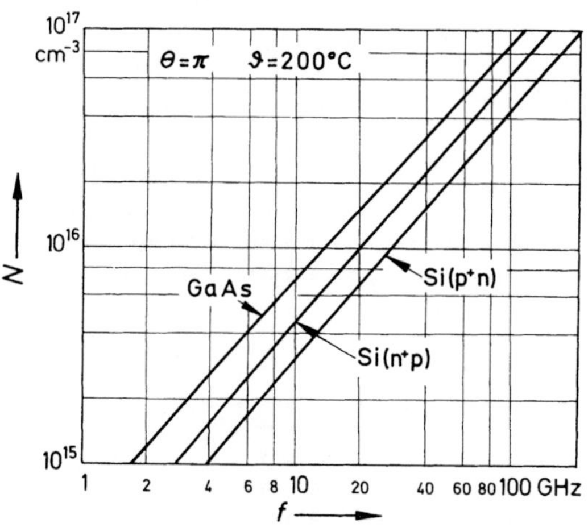

Abb. 21. Dotierung N der Raumladungszone als Funktion der Frequenz

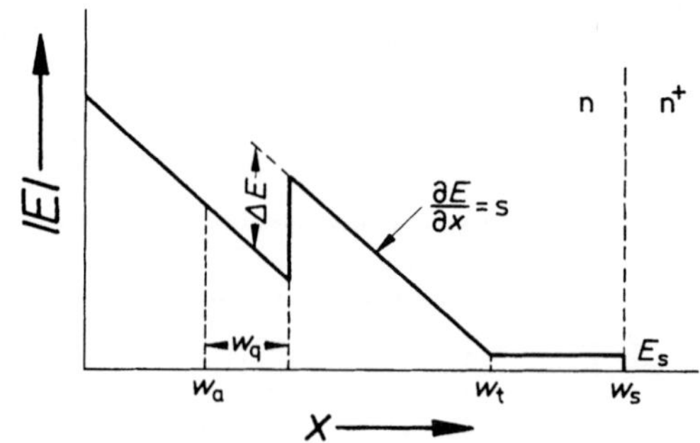

Abb. 22. Momentaner Feldstärkeverlauf in einer $p^+ nn^+$-Lawinenlaufzeitdiode

wird. Die Festlegung der Dotierung N folgt bei gegebener Frequenz f und gegebenem Laufwinkel Θ implizit aus

$$f = \frac{\Theta\, v_s}{2\pi\, w_d} = \frac{\Theta\, v_s}{2\pi(1 - w_a/w)} \tag{1.5/7}$$

wobei w_a/w als Funktion von N aus Abb. 20 zu entnehmen ist. Für den π-Modus ist in Abb. 21 N als Funktion von f für Si und GaAs dargestellt. Beispielsweise ergibt sich daraus bei GaAs für $f = 10$ GHz eine Dotierung von $7.10^{15}\,\mathrm{cm}^{-3}$ mit einer Weite w der Raumladungszone von 3,3 µm (Abb. 18b).

Für eine eingeprägte Diodenspannung $U(t)$ ist das Feldprofil einer p^+nn^+-Diode zu einem beliebigen Zeitpunkt in Abb. 22 gezeigt. An der Stelle $x = w_s$ erfolgt der Übergang von n-Gebiet zum hochdotierten n^+-Substrat ($E = 0$). An der Stelle $x = w_a$ wird der Lawinenimpuls injiziert, der im Feldprofil (Neigung $s = e\,N_D/\varepsilon$) den Feldsprung $\Delta E = J_0\,T/\varepsilon$ zur Folge hat. Für $t \geqq 0$ ($t = 0$: Beginn der Driftphase) befindet sich der Lawinenimpuls an der Stelle w_q.
Da das Feldprofil im Takt der Wechselspannung $U(t)$ moduliert wird, treten nun zwei neue Effekte auf. Das Ende der Raumladungszone bei $x = w_t$ ist nun nicht mehr fixiert (wie beim Modell der Read-Diode mit $F > 1$; Abb. 6), vielmehr erfolgt nun entsprechend der angelegten Spannung $U(t)$ eine Modulation der Weite $w_t(t)$, wodurch der Influenzstrom ebenfalls durchmoduliert wird. Gleichzeitig entsteht zwischen dem Ende der Raumladungszone und dem Substrat ein zeitlich sich änderndes Gebiet $w_S - w_t$, in das vom Substrat Ladungsträger (im Beispiel Elektronen) eingeschwemmt werden. Der Einfachheit halber wird in diesem Gebiet Ladungsneutralität vorausgesetzt ($n = N_D$); die dort herrschende Feldstärke E_s ist dann homogen. In diesem nicht ausgeräumten, neutralen Gebiet entsteht daher ein verlustbringender, zeitabhängiger Serienwiderstand $R_s(t)$.
Die Spannung, die sich aus der Feldstärkeverteilung in Abb. 22 ergibt, muß gleich der Diodenspannung $U(t) = U_0 - \hat{U}\sin\omega t$ sein:

$$U(t) = \frac{1}{2}\,s\,w_t^2 - \Delta E\,w_q + E_s\,w_s\,. \tag{1.5/8}$$

Daraus wird der zeitliche Verlauf der Weite w_t der Raumladungszone ermittelt

$$w_t(t) = \left[\frac{2}{s}\left(U(t) + \Delta E\,w_q - E_s\,w_s\right)\right]^{1/2}. \tag{1.5/9}$$

Die zeitliche Änderung von w_t entspricht der Elektronengeschwindigkeit in der nichtausgeräumten Zone ($E = E_s$). Diese ist wiederum durch die $v(E)$-Charakteristik festgelegt, so daß gilt

$$\dot{w}_t = v(E_s)\,. \tag{1.5/10}$$

Mit (1.5/9) und (1.5/10) sind die beiden Unbekannten $E_s(t)$ und $w_t(t)$ bestimmt. Für den Gesamtstrom I_t folgt nach (1.3/25) mit $w_1 = 0$ und $w_2 = w = w_s$ und unter

Berücksichtigung der Tatsache, daß sich die Konvektionsstromdichte $J_c(x, t)$ aus dem Lawinenimpuls und den beweglichen Elektronen in der neutralen Zone zusammensetzt:

$$I_t(t) = \frac{A}{w_s}\{\varepsilon\,\Delta E\,\dot{w}_q + e\,N_D\,(w_s - w_t)\,\dot{w}_t\} + C_0\,\dot{U}, \tag{1.5/11}$$

worin $C_0 = A\,\varepsilon/w_s$ die Kaltkapazität der Diode ist.

Zur Bestimmung des Influenzstromes ist noch der Gesamtstrom I_{t_0} ohne Lawinenimpuls nötig (vgl. 1.3/24):

$$I_{t_0}(t) = \frac{A}{w_s}\,e\,N_D\,(w_s - w_{t_0})\,\dot{w}_{t_0} + C_0\,\dot{U} \tag{1.5/12}$$

mit

$$w_{t_0}(t) = \left[\frac{2}{s}(U(t) - E_{s_0}\,w_s)\right]^{1/2} \tag{1.5/13}$$

und

$$\dot{w}_{t_0} = v\,(E_{s_0}) \tag{1.5/14}$$

(E_{s_0} ist die Feldstärke, die sich bei Abwesenheit des Lawinenimpulses in der neutralen Zone einstellt).

Nach (1.3/25) folgt somit für den Influenzstrom I_i:

$$I_i(t) = A\,\varepsilon\left\{\frac{\Delta E}{w_t}\,\dot{w}_q + \frac{1}{w_t}(\dot{U} - \dot{E}_s\,w_s)\left[1 - \sqrt{\frac{U - E_s\,w_s + \Delta E\,w_q}{U - E_{s_0}\,w_s}}\right]\right.$$
$$\left. - (\dot{E}_s - \dot{E}_{s_0})\left(\frac{w_s}{w_{t_0}} - 1\right)\right\}. \tag{1.5/15}$$

Die Darstellung des Influenzstromes nach (1.5/15) ist, zusammen mit (1.5/9), (1.5/10) und (1.5/13), (1.5/14) besonders geeignet für ausführliche Rechenprogramme (vgl. z. B. [13, 25]). Im Interesse der Anschaulichkeit ist es jedoch zweckmäßig, den Einfluß der Modulation der Raumladungszone auf den Influenzstrom und die in der neutralen Zone auftretenden Verluste getrennt zu behandeln. Dazu wird zunächst das Feld in der neutralen Zone vernachlässigt ($E_s = E_{s_0} = 0$). Der Influenzstrom vereinfacht sich damit zu

$$I_i(t) = \frac{A\,\varepsilon}{w_t(t)}\,\{\Delta E\,v_s + \dot{U}(1 - \sqrt{1 + \Delta E\,w_q/U(t)})\}, \tag{1.5/16}$$

wobei vorausgesetzt wurde, daß der Lawinenimpuls mit gesättigter Geschwindigkeit v_s driftet. (Der Verschiebungsstrom ist in dieser Näherung durch die zeitabhängige Varaktorkapazität $C(t) = A\,\varepsilon/w_{t_0} = A\,\varepsilon\bigg/\left(\frac{2}{s}\,U(t)\right)^{\frac{1}{2}}$ bestimmt).

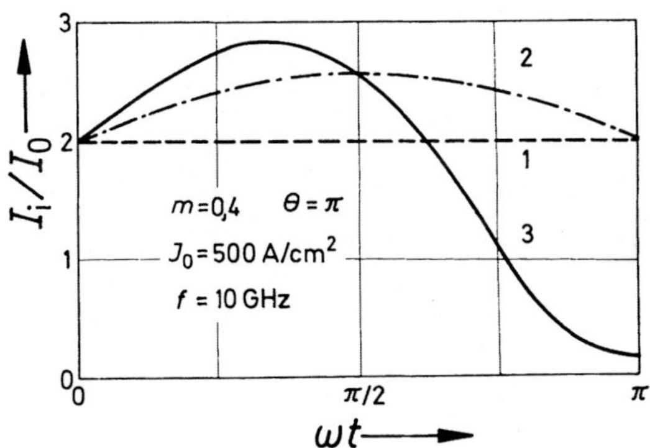

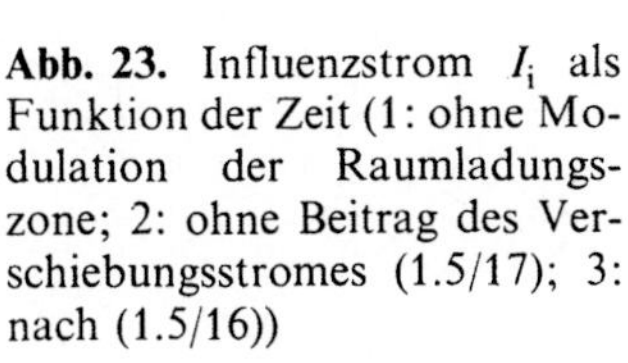

Abb. 23. Influenzstrom I_i als Funktion der Zeit (1: ohne Modulation der Raumladungszone; 2: ohne Beitrag des Verschiebungsstromes (1.5/17); 3: nach (1.5/16))

Aus (1.5/16) ist ersichtlich, daß der durch die Wirkkomponenten des Verschiebungsstromes hervorgerufene Anteil des Influenzstromes ($\sim \dot{U}$) von gleicher Größenordnung ist wie der durch den Konvektionsstrom hervorgerufene Anteil ($\sim \Delta E v_s$) allein. In Abb. 23 ist $I_i(t)$ während der Driftphase für einen mittleren Spannungshub von $m = \hat{U}/U_0 = 0{,}4$ dargestellt. Kurve 1 gilt, wenn bei $F \gg 1$ keine Modulation der Raumladungszone erfolgt. Kurve 2 gilt angenähert, wenn bei geringen Stromdichten ($J_0 \ll e N_D v_s$) der zweite Term in (1.5/16) vernachlässigt werden kann. Dann ergibt sich für $I_i(t)$ der einfache Ausdruck:

$$I_i(t) = I_0 v_s T/w \sqrt{1 - m \sin \omega t}, \tag{1.5/17}$$

worin w die Weite der Raumladungszone ohne Aussteuerung ($\hat{U} = 0$) ist (vgl. 1.5/4). In dieser Näherung erhält I_i in vorteilhafter Weise ein deutliches Maximum im Spannungsminimum. Kurve 3 im Abb. 23 entspricht der Darstellung nach (1.5/16). Dabei wird im Bereich $0 \leqq \omega t \leqq \pi/2$ der Influenzstrom durch den Beitrag des Verschiebungsstromes noch erhöht. Im Bereich $\pi/2 \leqq \omega t \leqq \pi$ wechselt $\dot{U}$ jedoch das Vorzeichen und I_i wird merklich reduziert (bei relativ großem m kann I_i sogar das Vorzeichen wechseln und damit zu Verlusten beitragen; vgl. Abschnitt 1.5.3). Aus dem zeitlichen Verlauf von I_i kann gefolgert werden, daß bei mittlerem Spannungshub und im herkömmlichen π-Modus-Betrieb die Modulation der Raumladungszone in Bezug auf den Wirkungsgrad keine wesentlichen Vorzüge bietet.

Durch Modulation der Raumladungszone kann aber auch der effektive Laufwinkel beeinflußt werden. Dies zeigt Abb. 24, in der $w_t(t)$ mit $\hat{U}/U_0$ als Parameter (für $\Delta E = E_s = 0$) und der momentane Ort des Lawinenimpulses $w_q = v_s\, t$ (für $w_a = 0$) dargestellt ist. Der Schnittpunkt von $w_t(t)$ mit $w_q(t)$ ergibt den Großsignallaufwinkel Θ_s, bei dem der Lawinenimpuls die Raumladungszone gerade verläßt. Da Θ_s den Stromflußwinkel von I_i festlegt, wird damit die erzeugte Leistung P_D (vgl. (1.3/26)

$$P_D = \frac{\hat{U}}{2\pi} \int_0^{\Theta_s} I_i(t) \sin \omega t \, d\omega t \tag{1.5/18}$$

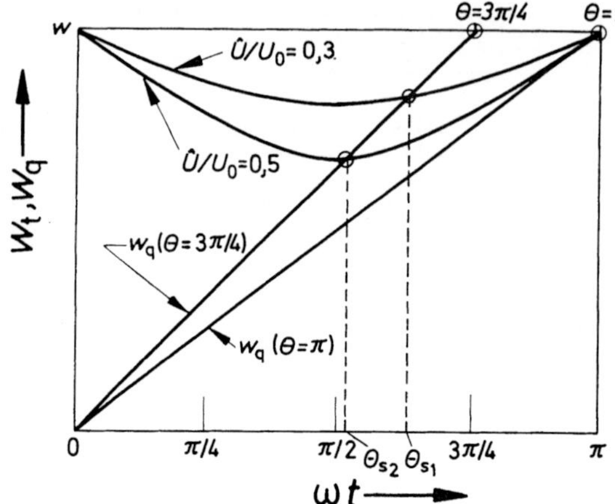

Abb. 24. Zeitlicher Verlauf der Weite w_t der Raumladungszone und des Ortes w_q des Lawinenimpulses (Θ: Kleinsignallaufwinkel; Θ_s: Großsignallaufwinkel)

und auch der Wirkungsgrad η beeinflußt. Während sich beim π-Modus ($\Theta = \pi$) für $m = \hat{U}/U_0 \leqq 2/\pi$ keine Änderung ergibt, wird für Kleinsignallaufwinkel $\Theta < \pi$ (in Abb. 24 ist $\Theta_{\text{opt}} = 3\,\pi/4$ gewählt) mit zunehmender Aussteuerung Θ_{S} erheblich reduziert und damit der Wirkungsgrad verkleinert (vgl. Abb. 2).

Eine unvermeidliche Folge der Modulation der Raumladungszone sind die in der neutralen Zone auftretenden Verluste, welche die Leistungserzeugung entscheidend begrenzen. Zu dieser Verlustleistung trägt das zweite Glied des Gesamtstromes (1.5/11) bei

$$P_{\text{v}} = \frac{A}{2\pi} \int_0^{2\pi} e\, N_{\text{D}}\, (w_{\text{s}} - w_{\text{t}})\, \dot{w}_{\text{t}}\, E_{\text{s}}\, \text{d}\omega\, t = \frac{1}{2\pi} \int_0^{2\pi} E_{\text{s}}\, (w_{\text{s}} - w_{\text{t}})\, I_{\text{c}}\, \text{d}\,\omega\, t \tag{1.5/19}$$

worin $I_{\text{c}} = A\, e\, N_{\text{D}}\, \dot{w}_{\text{t}}$ der Konvektionsstrom in der neutralen Zone ist (die Umformung in (1.5/19) erfolgte mit der Annahme $\Delta E = 0$; dann ist $I_{\text{t}} = I_{\text{t}_0}$ und P_{v} beschreibt auch die bei realen Varaktordioden auftretenden Verluste). Gleichung (1.5/19) entspricht dem zweiten Term der von der Diode insgesamt umgesetzten Wirkleistung (1.3/26).

Aus (1.5/19) läßt sich der wesentliche Unterschied zwischen Si und GaAs erkennen. Mit zunehmender Aussteuerung ändert sich w_{t} (1.5/9) immer schneller. Deshalb muß in der neutralen Zone die Geschwindigkeit der Elektronen $\dot{w}_{\text{t}} = v\,(E_{\text{s}})$ (1.5/10) zunehmen, bis sie bei $\dot{w}_{\text{t}} = v_{\text{s}}$ begrenzt wird. Um bei Si diese Geschwindigkeit zu erreichen, sind entsprechend der $v\,(E)$-Charakteristik (Abb. 5) relativ hohe Felder bis zu $6 \cdot 10^4$ V/cm [7] in der neutralen Zone erforderlich, die dann nach (1.5/19) zu entsprechend hohen Verlusten führen. Im Gegensatz dazu kann bei GaAs im Maximum der $v(E)$-Charakteristik (Abb. 5) die Geschwindigkeit nahezu doppelt so groß sein als v_{s} und auch das erforderliche Feld E_{s} bleibt auf Werte unterhalb der Feldstärke beim Geschwindigkeitsmaximum (etwa $4 \cdot 10^3$ V/cm) beschränkt. Bei GaAs sind deshalb wesentlich geringere Verluste zu erwarten.

Die durch Modulation der Raumladungszone bedingten Verluste hängen von der Aussteuerung ab. Dies ist ersichtlich, wenn man mit Hilfe von (1.5/19) einen zeitlich gemittelten Serienwiderstand R_s definiert [28]:

$$R_s = 2\,P_v/(\omega\, C_0\, \hat{U})^2, \tag{1.5/20}$$

wobei vorausgesetzt wurde, daß der Konvektionsstrom der neutralen Zone allein durch den Betrag des Verschiebungsstromes $\omega\, C_0\, \hat{U}$ dargestellt wird. (Im Großsignalbetrieb (Abschnitt 1.3.6) kann der Verschiebungsstrom um den Faktor 5 bis 10 größer als der Konvektionsstrom sein).

In Abb. 25 ist $R_s\, \omega\, C_0$ für Si ($p^+ n$) und GaAs als Funktion des Spannungshubes $m = \hat{U}/U_0$ für 10 GHz (π-Modus) und $F = 1{,}0$ dargestellt. Daraus ist deutlich die Überlegenheit von GaAs gegenüber Si ersichtlich. (Für die Betriebsparameter von Abb. 25 unterscheidet sich $R_s\, \omega\, C_0$ für die komplementäre Si ($n^+ p$)-Struktur nur geringfügig von Si ($p^+ n$)). Der Grenzwert von R_s für $m = 0$ und $\omega = 0$ entspricht dem Serienwiderstand der neutralen Zone im Durchbruch

$$R_s(0) = w_s\,(1 - F)/A\, e\, N\, \mu_{n,p}\,. \tag{1.5/21}$$

Der Serienwiderstand ist deshalb umso kleiner je größer die Dotierung der aktiven Zone und die Niederfeldbeweglichkeit ist ($R_s(0)$ verschwindet für $F = 1$; vgl. Abb. 25).

Als weitere Verlustquelle ist noch der konstante Serienwiderstand R_{s_0} des Substrats und der Kontaktwiderstände zu berücksichtigen (R_{s_0} liegt zwischen 0,5 und 1 Ω). Der gesamte Serienwiderstand R_{s_t} setzt sich zusammen aus $R_{s_t} = R_s + R_{s_0}$ und trägt entsprechend (1.5/20) zur gesamten Verlustleistung P_{v_t} bei. Bei der Leistungsbilanz und bei der Berechnung des Wirkungsgrades muß P_{v_t} zur (negativen) Generatorleistung P_D (1.5/18) addiert werden. Nach diesen Gesichts-

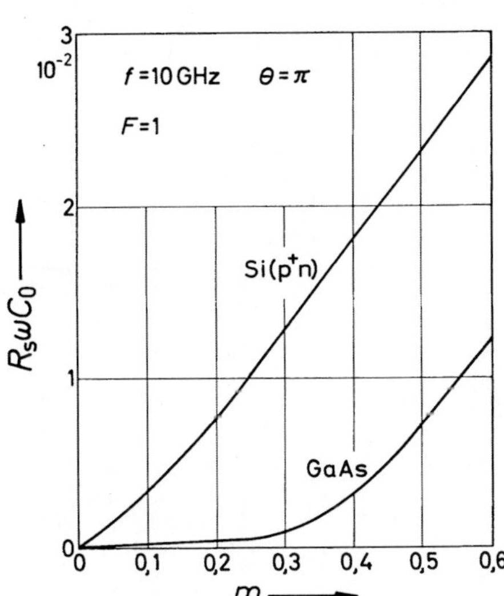

Abb. 25. Serienwiderstand R_s, bedingt durch Modulation der Raumladungszone, als Funktion des Spannungshubes m (C_0: Diodenkaltkapazität)

punkten ist in Abb. 26 der externe Wirkungsgrad η_{ex} unter Berücksichtigung von R_{s_t} ($R_{s_0} = 1\ \Omega$) als Funktion von m für GaAs und Si aufgetragen [29]. Da die Verlustleistung (vgl. (1.5/20)) stärker mit m zunimmt als P_D, tritt für die an den Klemmen abgegebene Leistung und für η_{ex} ein Maximum bei einem maximalen Spannungshub m_{max} auf. Für Si$(n^+ p)$ und GaAs ergibt sich demnach bei vergleichbaren Stromdichten ($J_0 = 500\ \mathrm{A/cm^2}$) ein maximaler externer Wirkungsgrad von etwa 16% für GaAs und für Si$(p^+ n)$ etwa 10%. Experimentell wurde im X-Band 17% bei GaAs [5], 11% bei Si$(n^+ p)$ und 8% bei Si$(p^+ n)$ erzielt [30]. Die relativ hohen Wirkungsgrade bei Si wurden mit Dünnfilmdioden ohne Substrat erreicht, bei denen R_{s_0} besonders klein ist.
Nach Abb. 26 ist der maximale Spannungshub $m_{max} = 0{,}35$ für Si$(p^+ n)$, 0,45 für Si$(n^+ p)$ und 0,5 für GaAs. Die experimentell ermittelten Werte [31] liegen in guter Übereinstimmung bei 0,37 für Si$(p^+ n)$ und 0,5 für GaAs. Die Begrenzung auf mittlere Spannungsamplituden $\hat{U} \lessapprox 0{,}5\, U_0$ (und damit auch die Begrenzung des Wirkungsgrades) erfolgt einerseits durch die Verluste des Serienwiderstandes R_{s_t} [32] und andererseits durch die Weite w_a der Lawinenzone (der Anstieg des Wirkungsgrades ist bei kleinen Amplituden proportional $w_d/w = 1 - w_a/w$). Im Hinblick auf wirkungsvolle Leistungsumsetzung sind deshalb bei herkömmlichen Lawinenlaufzeitdioden Durchreichfaktoren $F \approx 1$ vorzuziehen.

Für kleine und mittlere Amplituden reicht zur Bestimmung der an den Klemmen abgegebenen Leistung auch der in Abschnitt 1.3.6 abgeleitete Großsignalwirkwiderstand R_D aus:

$$P = \frac{1}{2}\, \hat{I}_t^2 (R_D + R_{s_t}). \tag{1.5/22}$$

Diese Gleichung kann mit $\hat{I}_t = \hat{I}_c (1 - \cos\Theta)/\Theta\, \omega\, C_d\, R_D$ (vgl. (1.3/54) und (1.3/56)) und mit der Annahme, daß $\hat{I}_c$ durch $2\, I_0$ angenähert werden kann (1.3/53), umgeformt werden

$$P = 2\, I_0^2 (R_D + R_{s_t})\, (1 - \cos\Theta)^2/(R_D\, \omega\, C_d)^2. \tag{1.5/23}$$

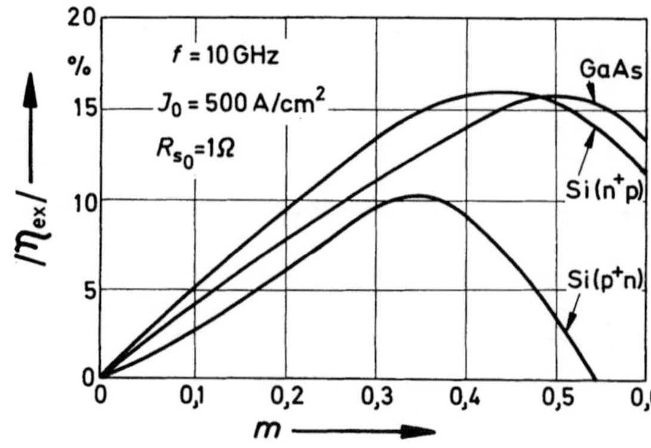

Abb. 26. Wirkungsgrad als Funktion des Spannungshubes m für Si und GaAs [29]

Danach nimmt P quadratisch mit I_0 zu. Dieses Verhalten zeigt auch Abb. 27 für kleine und mittlere Ströme [33]. Bei höheren Strömen wächst die Leistung nur noch linear mit I_0 an (im Gültigkeitsbereich der Lawinenimpulsnäherung ist die Leistung proportional zum Strom; (1.3/63)) und weist im allgemeinen sogar eine Tendenz zur Sättigung auf, noch bevor thermische Begrenzung vorliegt. Dafür ist die Raumladung des Lawinenimpulses verantwortlich, die mit I_0 zunimmt und die Injektionsphase auf Werte kleiner als π reduziert (vgl. Abschnitt 1.4.1). Die in Abb. 27 auftretenden Startströme sind erforderlich, damit R_D in (1.5/23) mit der Lawinenfrequenz genügend negativ wird, um die beim Schwingungseinsatz vorhandenen Verluste R_{s_t} gerade zu kompensieren.
Van Iperen et al. [34] haben ferner nachgewiesen, daß die Leistung umgekehrt proportional R_{s_t} ist. Dieser Zusammenhang folgt aus (1.5/23) mit der Schwingbedingung $R_D + R_{s_t} + R_L = 0$ (R_L ist der Lastwiderstand) und bei Anpassung ($R_L = R_{s_t}$):

$$P_a = \frac{1}{2} I_0^2 (1 - \cos\Theta)^2 / R_{s_t} (\omega C_d \Theta)^2 . \tag{1.5/24}$$

Wie bei jedem Hochfrequenzbauelement, so ist auch bei der Lawinenlaufzeitdiode die maximale Leistung bei gegebener Frequenz begrenzt. Die Ursachen dafür sind einmal gegeben durch die Halbleitereigenschaften und zum anderen durch die erzielbaren Impedanzniveaus in den zugehörigen Mikrowellenschaltungen.

Die maximal zulässige Gleichspannung ist durch $U_{0_{max}} = 1/2\, E_c\, w$ gegeben. Der maximal zulässige Strom ist nach (1.4/5) durch $I_{0_{max}} = A\, \varepsilon\, E_c f$ bestimmt. Mit $X_c = 1/(2\pi f A \varepsilon/w)$ und $f w = v_s/2$ ($w \approx w_d$; π-Modus) sowie bei gegebenem Wirkungsgrad η folgt somit für das $P_{max} f^2$-Produkt

$$P_{max} f^2 X_c = |\eta|\, E_c^2\, v_s^2 / 16\pi . \tag{1.5/25}$$

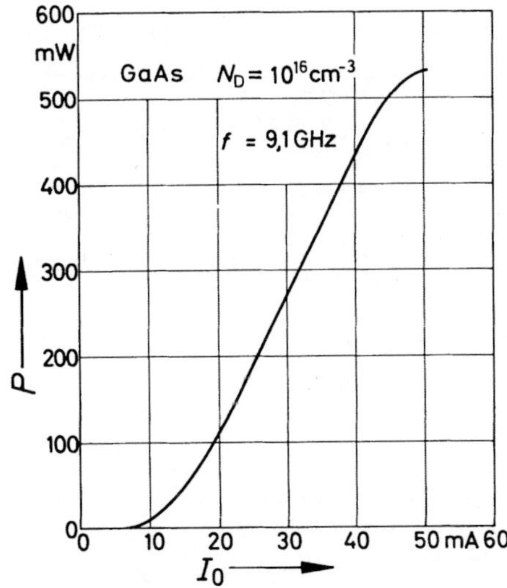

Abb. 27. Dauerstrich HF-Leistung einer GaAs-Diode als Funktion des Gleichstromes I_0 [33]

Mit Ausnahme des Wirkungsgrades (der für gewöhnlich als konstant angenommen wird) enthält die rechte Seite von (1.5/25) nur die Materialparameter E_c und v_s. Die Erfahrung zeigt, daß die minimalen Reaktanzniveaus relativ unabhängig von der Frequenz sind (die Diodenfläche A muß sich danach wie $1/f^2$ ändern, damit die Diodenreaktanz jeweils an die Lastimpedanz angepaßt werden kann). Dann folgt aus (1.5/25), daß das Leistungsimpedanzprodukt proportional $1/f^2$ ist. Bei 10 GHz und $|\eta| = 10\,\%$ sowie $X_c = 15\,\Omega$ folgt beispielsweise für $P_{max} = 7$ W bei Si und 11 W bei GaAs.

Wie aus Abb. 28 hervorgeht, ist die elektronische Leistungsbegrenzung mit dem $1/f^2$-Gesetz für Frequenzen etwas oberhalb von 20 GHz relativ gut erfüllt (die eingetragenen Meßpunkte stellen den Stand der Technik (1978) verschiedener Laboratorien dar). Jedoch bei niedrigeren Frequenzen, bei denen die Dioden großflächiger sind und die Verlustwärme wegen der größeren Raumladungszone schlecht abgeführt wird, setzt thermische Leistungsbegrenzung ein [35, 36]. Die Eckfrequenz (Übergang von thermischer zu elektronischer Begrenzung) hängt dabei für einen gegebenen Halbleiter von der maximal zulässigen Temperaturdifferenz zwischen pn-Übergang und Wärmesenke sowie von der minimal einstellbaren Lastreaktanz und dem thermischen Widerstand der Diode ab [8].

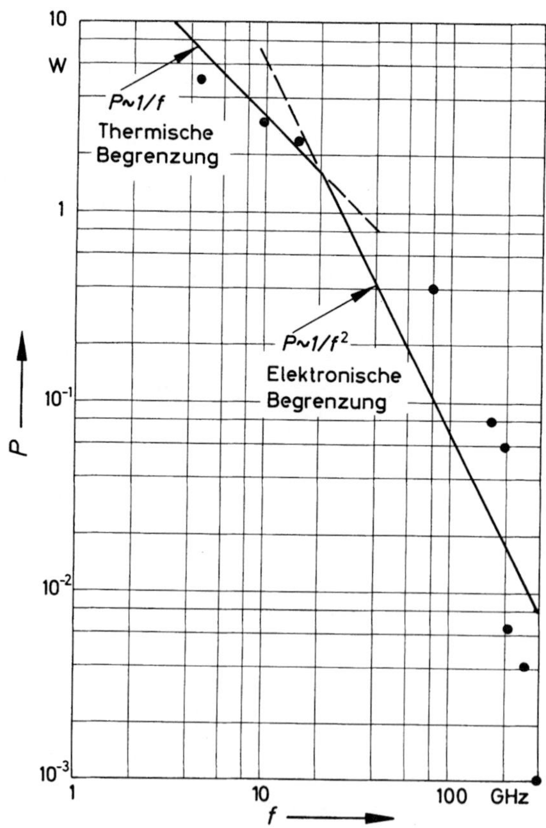

Abb. 28. Dauerstrich HF-Leistung als Funktion der Frequenz für Si-Lawinenlaufzeitdioden (Meßpunkte geben den Stand der Technik (1978) verschiedener Laboratorien an)

Aus Abb. 28 ist ersichtlich, daß im X-Band thermische Begrenzung vorliegt. Zur Erhöhung der Leistung im X-Band ist es deshalb bei einer zulässigen Gesamtfläche zur besseren Wärmeabfuhr notwendig, mehrere kleinflächige Dioden parallel zu schalten ([37, 38]; vgl. Abschnitt 1.8).

1.5.2 Doppeldriftdioden

Mit der Doppeldrift (DD)-Lawinenlaufzeitdiode wird in eleganter Weise das begrenzende $P_{max} f^2 X_c$-Produkt erhöht [39]. DD-Dioden eignen sich deshalb besonders gut zur Leistungserzeugung im Millimeterwellengebiet.
Die schematische Darstellung einer DD-Diode mit Dotierungsprofil und Feldverlauf zeigt Abb. 29. Man erkennt, daß die DD-Struktur ($p^+ pnn^+$) im wesentlichen die integrierte Form zweier in Serie geschalteter, komplementärer gewöhnlicher Lawinenlaufzeitdioden (pnn^+ und npp^+) ist. Nicht nur Elektronen in der n-Raumladungszone (Dotierung N_D; Weite w_n), sondern auch Löcher in der p-Raumladungszone (Dotierung N_A; Weite w_p) tragen hier zur Leistungserzeugung bei.

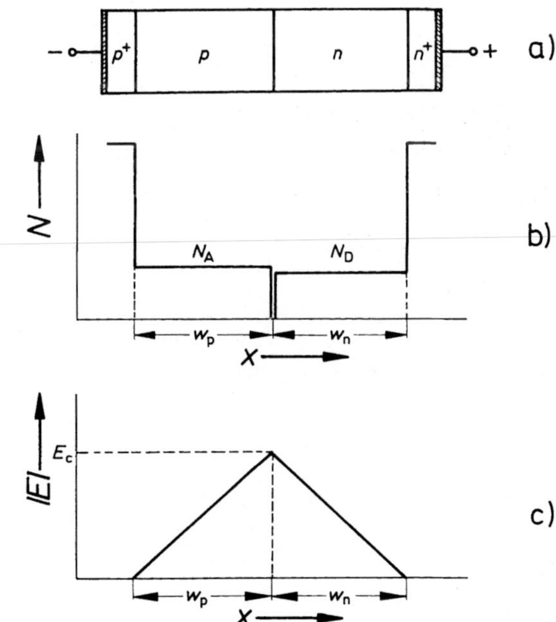

Abb. 29. Doppeldriftlawinenlaufzeitdiode. **a)** Struktur; **b)** Dotierungsprofil; **c)** Feldverteilung

Bei der Dimensionierung von DD-Dioden ist zu beachten, daß bei gegebener Frequenz wegen der verschiedenen Ionisationsraten und Sättigungsgeschwindigkeiten für Elektronen und Löcher die Dotierung und Weite der n- und p-Raumladungszone unterschiedlich ist (vgl. Abb. 30 [40]). Danach ist im Frequenzbereich zwischen 10 GHz und 100 GHz stets $N_A > N_D$ und $w_n > w_p$.

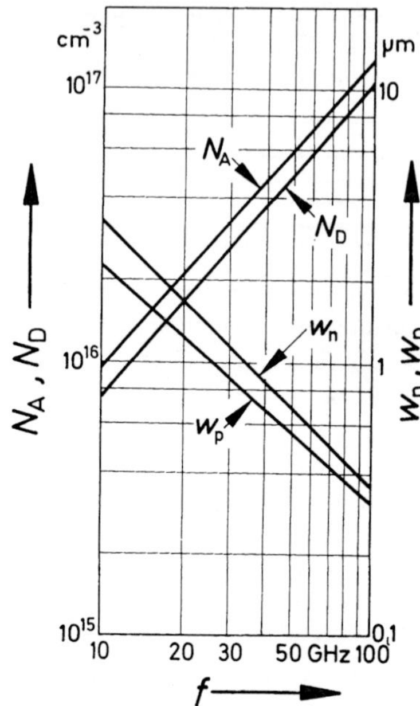

Abb. 30. Dotierung N_A und N_D sowie Weite der Raumladungszone w_n und w_p als Funktion der Frequenz f für Si-Doppeldriftlawinenlaufzeitdioden (nach Lekholm und Mayr [40])

Zur Abschätzung des $P_{max} f^2 X_c$-Produktes von DD-Dioden werden vereinfachend gleiche Eigenschaften der beiden Driftzonen vorausgesetzt. Für die maximal zulässige Gleichspannung $U_{0_{max}}$ gilt:

$$U_{0_{max}} = 1/2\,(E_c\, w_n + E_c\, w_p) \approx E_c\, w\,.$$

$U_{0_{max}}$ is also bei DD-Dioden doppelt so groß wie bei konventionellen Dioden (Abschnitt 1.5.1.2). Der in jeder Driftzone erzeugte Feldsprung ΔE trägt zum Influenzstrom bei. Wegen der doppelten Länge der Raumladungszone ist jedoch der Influenzstrom und damit der Gleichstrom genau so groß wie bei der herkömmlichen Lawinenlaufzeitdiode mit nur einer Driftzone. Damit ergibt sich zunächst nur eine Verdoppelung der Leistung. Es ist aber zu beachten, daß die Raumladungskapazität einer DD-Diode nur halb so groß ist wie die einer konventionellen Diode. Bei gleichem Impedanzniveau X_c kann deshalb die Fläche der DD-Diode verdoppelt werden; dies entspricht schließlich einer Verdoppelung des maximal zulässigen Diodenstromes $I_{0_{max}} = 2\,A\,\Delta E_c f$. Das $P_{max} f^2 X_c$-Produkt einer DD-Diode

$$P_{max} f^2\, X_c = |\,\eta\,|\, E_c^2\, v_s^2 / 4\,\pi \tag{1.5/26}$$

ist deshalb bei gleichem Wirkungsgrad und gleicher Diodenreaktanz um den Faktor 4 größer als bei herkömmlichen Dioden (1.5/25). Bei einer realen Struktur [41], z. B. bei einer 50 GHz DD-Diode, wird aber bestenfalls nur eine Verbesserung um den Faktor 2,7 erreicht. Dies liegt daran, daß die Durchbruchfeldstärke eines *pn*-Übergangs (DD-Diode) kleiner ist als die eines einseitig abrupten $p^+ n$-Übergangs (konventionelle Diode) [10] und daß aus thermischen Gründen der Strom nicht ohne weiteres verdoppelt werden kann.

Die DD-Diode hat noch zwei weitere Vorteile gegenüber der *pn*-Diode. Wegen der doppelten Fläche wird der Serienwiderstand R_{s_0} der p^+- und n^+-Kontaktbereiche entsprechend reduziert und damit P und η erhöht (Abschnitt 1.5.1.2). Ist ferner der thermische Engewiderstand $R_\Theta \sim A^{-\frac{1}{2}}$ (vgl. Abschnitt 1.8) der dominierende Anteil beim Wärmetransport, dann ist bei gleichem Impedanzniveau der Wärmewiderstand bei der DD-Diode um den Faktor $1\sqrt{2}$ kleiner als bei der *pn*-Diode.

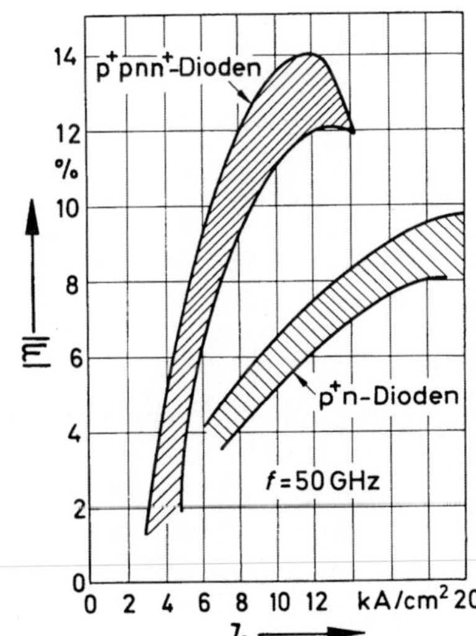

Abb. 31. Wirkungsgrad für Si-Doppeldriftdioden und für konventionelle Dioden als Funktion der Stromdichte J_0 (nach Seidel et al. [41])

In Abb. 31 ist der Wirkungsgrad verschiedener DD-Dioden und $p^+ n$-Dioden (schraffierter Bereich) bei 50 GHz als Funktion der Stromdichte J_0 dargestellt [41]. Die DD-Dioden, hergestellt durch Ionenimplantation (Abschnitt 1.8), haben einen maximalen Wirkungsgrad von 14% (1 W) bei etwa 11 kA/cm² verglichen mit fast 10% (0,5 W) bei etwa 17 kA/cm² für herkömmliche Lawinenlaufzeitdioden.

1.5.3 GaAs-Quasi-Read-Dioden

Bei Quasi-Read-Dioden wird die ideale, aber komplizierte Read-Struktur (Abb. 3) mit den derzeit zur Verfügung stehenden Mitteln möglichst gut angenähert. Verwendet man GaAs, so wird zusammen mit der Quasi-Read-Struktur in besonders wirkungsvoller Weise Gleichleistung in HF-Leistung umgesetzt. Die

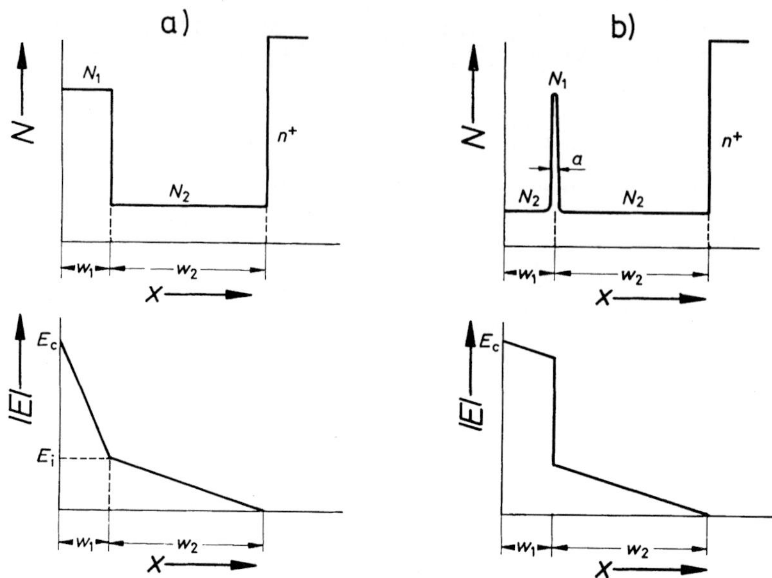

Abb. 32. Quasi-Read-Dioden. **a**) Stufendotierung („High-Low"-Struktur); **b**) Stufenfeldverteilung („Low-High-Low"-Struktur)

günstigen Materialeigenschaften von GaAs (insbesondere die spezifische $v(E)$-Charakteristik mit Geschwindigkeitsmaximum und die relativ hohe Niederfeldbeweglichkeit), erlauben einen neuartigen Oszillatorbetrieb, womit Wirkungsgrade erreicht werden (35,5% [42, 43]; 37% [44]), die den optimistisch von Read [1] abgeschätzten Wert von 32% sogar überschreiten.

Dotierungs- und Feldverlauf in der Raumladungszone ($F = 1$) der zwei z.Z. gebräuchlichsten Strukturen von Quasi-Read-Dioden sind schematisch in Abb. 32 dargestellt (bei $x \leqq 0$ befindet sich entweder eine p^+-Zone oder ein sperrender Schottky-Kontakt; in Abb. 32 nicht gezeigt). Sowohl bei der Struktur mit Stufendotierung (Abb. 32a; wird auch als „High-Low"- oder „Hi-Lo"-Struktur bezeichnet) als auch bei der Struktur mit Stufenfeldverteilung (Abb. 32b; wird auch als „Low-High-Low"- oder „Lo-Hi-Lo"-Struktur bezeichnet) wird durch gezielte Dotierung (hochdotierte Zone N_1 der Weite w_1 in Abb. 32a; große Flächenkonzentration $a N_1$ an der Stelle w_1 in Abb. 32b) ein Feldknick oder Feldsprung in der Feldverteilung erreicht. Während bei $p^+ n$-Dioden mit konstantem Feldgradienten (Abb. 17) die Weite w_a bei gegebener Dotierung (bzw. Frequenz) fixiert ist (Abb. 20), kann bei den Quasi-Read-Dioden die Weite der Lawinenzone nach Maßgabe von N_1, w_1 (bzw. $N_1 a$) mehr oder minder frei eingestellt werden. Lawinenprozeß und Driftvorgang sind daher bei diesen Dioden wirkungsvoll entkoppelt. Die Parameter N_1, w_1 (bzw. $N_1 a$) sind dann so zu wählen, daß der Lawinenprozeß nur innerhalb der Hochfeldzone (Weite w_1) stattfindet. Im Hinblick auf einen großen Wirkungsgrad (vgl. Abschnitt 1.3.7) muß die Lawinenzone und deshalb w_1 möglichst klein (typischerweise 0.5 µm im X-Band) gewählt werden.

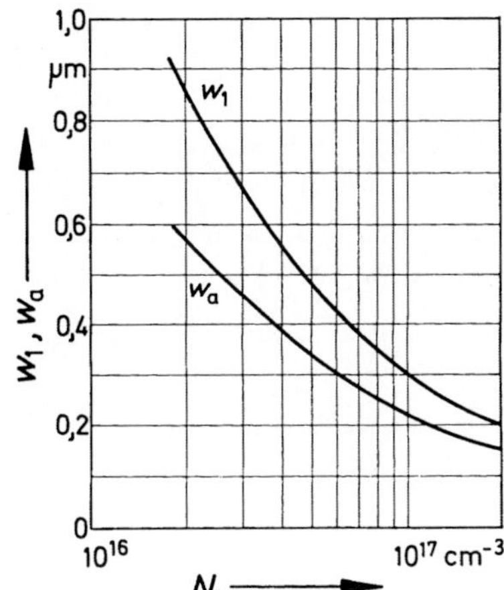

Abb. 33. Weite w_1 der Hochfeldzone und Weite w_a der Lawinenzone als Funktion der Dotierung N_1 [45]

Die Dimensionierung und die Beschreibung von Quasi-Read-Dioden wird nun am Beispiel der Struktur mit Stufendotierung (High-Low-Struktur) durchgeführt. Wird die Dotierung N_1 der Hochfeld-Zone (Abb. 32a) erhöht, so steigt der Feldgradient und w_1 sowie die zugehörige Weite w_a der Lawinenzone nimmt entsprechend ab (vgl. Abb. 33; [45]). Die notwendige Bedingung $w_a \leqq w_1$ ist nur erfüllt, solange das Feld E_i am Übergang von der Hochfeld- zur Niederfeldzone (Abb. 32a) $E_i \leqq 2{,}5 \cdot 10^5$ V/cm ist [45]. Wählt man im Hinblick auf wirkungsvolle Modulation des Feldprofils $E_i = 2{,}5 \cdot 10^5$ V/cm, so kann damit und mit gegebener Weite w_2 die Dotierung $N_2 = \varepsilon E_i / e\, w_2$ der Niederfeldzone festgelegt werden (vgl. weiter unten).

Nach (1.3/35) nimmt die Kleinsignallawinenfrequenz $f_a = \omega_a / 2\pi$ mit $(\alpha')^{\frac{1}{2}}$ zu. Als Folge der Durchbruchbedingung (z. B. (1.3/11), nimmt mit abnehmendem w_1 die Ionisationsrate α und damit α' zu. [10, 20]. Eine Erhöhung der Dotierung N_1 bewirkt deshalb eine Erhöhung von f_a (Abb. 34; [46]). Nun ist aber f_a die untere Grenze für das Auftreten eines negativen HF-Wirkwiderstandes (Abschnitt 1.3.5).

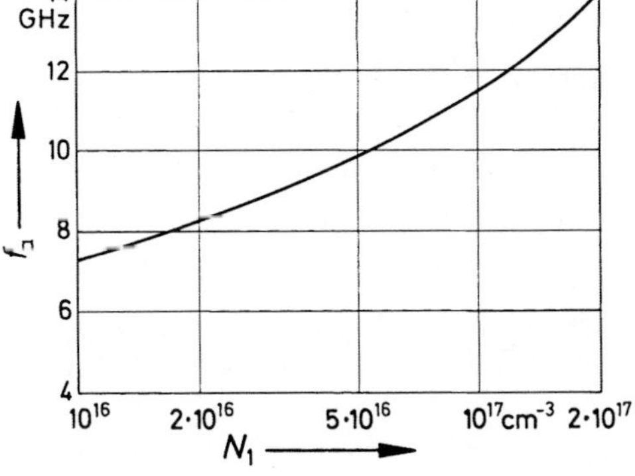

Abb. 34. Kleinsignallawinenfrequenz f_a als Funktion der Dotierung N_1 (nach Blakey [46])

Die Lawinenfrequenz setzt daher eine obere Grenze für N_1. Beispielsweise ergibt sich bei einer Betriebsfrequenz von 10 GHz als obere Grenze für $N_1 = 5 \cdot 10^{16}\,\mathrm{cm}^{-3}$.

Im dynamischen Zustand und bei Anwesenheit des Lawinenimpulses (Driftphase) ist das momentane Feldprofil in Abb. 35 gezeigt. Neu im Vergleich zu p^+n-Dioden (Abschnitt 5.1.2) ist hier lediglich der durch die hochdotierte Zone bedingte zusätzliche Spannungsabfall ΔU_H (für $N_2 = N_1$ ist $\Delta U_H = 0$; vgl. Abb. 22). Bei sinusförmiger Aussteuerung gilt während der Driftphase:

$$U(t) = U_0 - \hat{U} \sin \omega t = \Delta U_H + \frac{1}{2} s w_t^2 - \Delta E w_q + E_s w_s. \qquad (1.5/27)$$

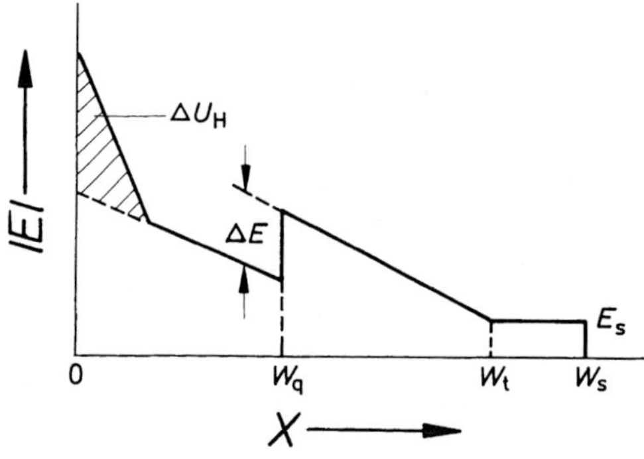

Abb. 35. Momentaner Feldverlauf bei Stufendotierung („High-Low"-Struktur)

Die in Abschnitt 1.5.1.2 aufgeführten Gleichungen (1.5/9) bis (1.5/15), die den Driftvorgang beschreiben, bleiben erhalten, wenn nur $U(t)$ durch $U(t) - \Delta U_H$ ersetzt wird und für $v(E_s)$ (1.5/10) bzw. $v(E_{s_0})$ (1.5/14) die Charakteristik für GaAs (1.2/11) angewendet wird.

Der hohe Wirkungsgrad der Quasi-Read-Diode wird nur bei entsprechend großen Amplituden $\hat{U}$ erreicht. Bei großer Aussteuerung wird sowohl der zeitliche Verlauf des Influenzstromes, als auch dessen Stromflußwinkel beeinflußt. Der Stromflußwinkel wird durch den Großsignallaufwinkel Θ_S beschrieben, der sich einstellt, wenn der Lawinenimpuls gerade in die neutrale Zone einläuft, wenn also gilt

$$w_q(t) = w_t(t).$$

Zur Lösung dieser Gleichung ist es bei GaAs hinreichend genau, wenn in (1.5/9) E_s vernachlässigt wird. Mit der Voraussetzung, daß sich der Lawinenimpuls mit gesättigter Geschwindigkeit v_s bewegt und daß die Weite der Lawinenzone klein ist gegenüber der Driftzone, gilt näherungsweise für den Kleinsignal-Laufwinkel

$$\Theta = \omega(w - w_a)/v_s \approx \omega w_2/v_s. \qquad (1.5/28)$$

In Abb. 36 ist $w_t(t)$ und $w_q(t)$ mit $m = \hat{U}/U_0$ als Parameter für $\Theta = 1{,}2\,\pi$, $J_0 = 500\,\mathrm{A/cm^2}$ und $\Delta U_H/U_0 = 0{,}25$ dargestellt ($w_a = 0$). Der Großsignallaufwinkel wird durch den ersten Schnittpunkt von $w_q(t)$ mit $w_t(t)$ bestimmt. Die Horizontale stellt den Kleinsignalfall dar ($m = 0$) und ergibt den Schnittpunkt $\Theta_{s_1} = \Theta = 1{,}2\,\pi$ (Punkt 1). Der Schnittpunkt 2 ergibt bei einer mittleren Aussteuerung $m = 0{,}4$ $\Theta_{s_2} \approx 1{,}6\,\pi$. Mit zunehmender Aussteuerung m wächst also Θ_s für $\Theta > \pi$ (im

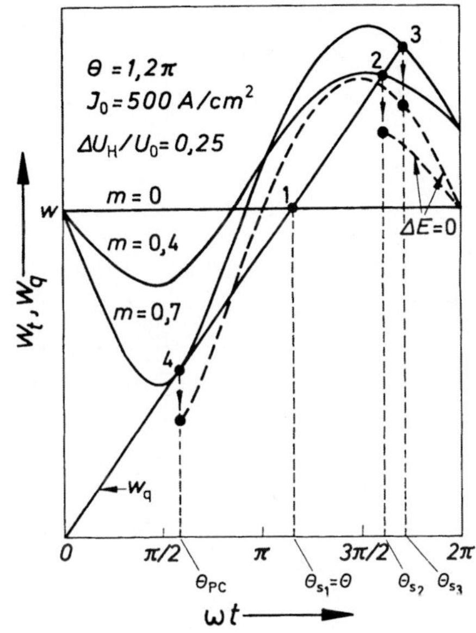

Abb. 36. Zeitlicher Verlauf der Weite w_t der Raumladungszone und des Ortes w_q des Lawinenimpulses (Θ: Kleinsignallaufwinkel; Θ_s: Großsignallaufwinkel; Θ_{pc}: Großsignallaufwinkel bei Einsatz des PC-Modus).

Gegensatz zu $\Theta \leqq \pi$, wobei Θ_s mit m kontinuierlich abnimmt; Abb. 24). Bei $m = 0{,}7$ tritt schließlich ein Grenzfall ein: Der Großsignallaufwinkel springt dann von seinem maximalen Wert $\Theta_{s_3} \approx 1{,}75\,\pi$ (Punkt 3) auf den kleinen Wert $\Theta_{pc} < \pi$ (Punkt 4). Diese diskontinuierliche Änderung von Θ_s wird „Premature-Collection"-Modus (PC-Modus) genannt [6]. Da im Punkt 4 die w_q-Gerade die w_t-Kurve gerade tangiert, ist mit Θ_{pc} der Einsatz des PC-Modus gegeben. Bei weiterer Erhöhung von m nimmt Θ_s ab. Die gestrichelten Kurven in Abb. 36 stellen $w_t(t)$ für $\Delta E = 0$ dar. Diese Kurven werden durchlaufen, wenn der Lawinenimpuls in der neutralen Zone einläuft. An den Schnittpunkten von w_q mit w_t (Punkte 2, 3 und 4) erfolgt dann ein Sprung von $w_t(\Delta E \neq 0)$ auf $w_t(\Delta E = 0)$, wobei die Weite der Raumladungszone durch das Fehlen der Lawinenimpulsraumladung entsprechend schrumpft.

Der Sprung im Laufwinkel macht sich auch in einer abrupten Zunahme des Wirkungsgrades bemerkbar [6, 7]. In Abb. 37 ist η als Funktion der Amplitude $\hat{U}$ dargestellt [6]. Im normalen Laufzeitbetrieb ($\hat{U} \leqq 20\,\mathrm{V}$) ist der Wirkungsgrad wegen des großen Kleinsignallaufwinkels ($\Theta = 1{,}3\,\pi$) gering (vgl. Abb. 2). Für $\hat{U} > 20\,\mathrm{V}$ springt η im PC-Modus auf Werte von über 20%.

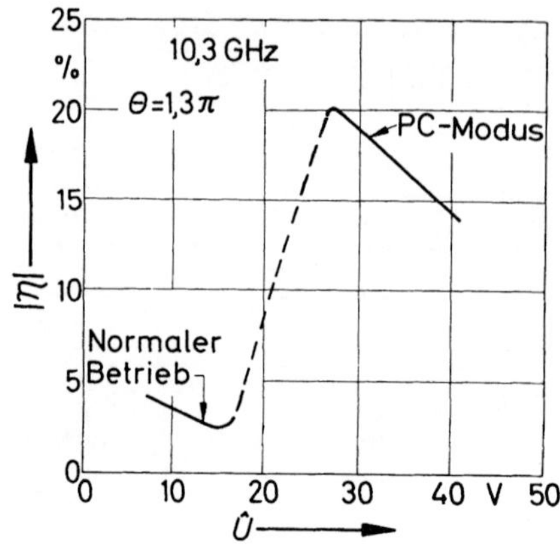

Abb. 37. Wirkungsgrad als Funktion der HF-Amplitude $\hat{U}$ einer GaAs-Quasi-Read-Diode (nach Kuvås und Schroeder [6])

Eine qualitative Erklärung für den im PC-Modus erzielbaren hohen Wirkungsgrad erhält man aus dem zeitlichen Verlauf des Influenzstromes, der in Abb. 38a für die gleichen Parameter wie in Abb. 36 dargestellt ist. Bei mittlerem Spannungshub

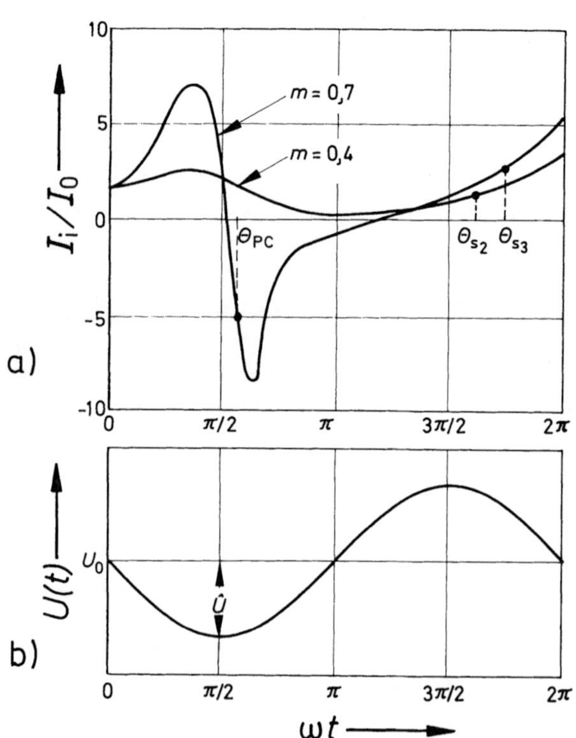

Abb. 38. a) Influenzstrom $I_i(t)$; **b**) Diodenspannung $U(t)$

($m = 0{,}4$; vgl. auch Abb. 23) ist I_i stets positiv; wegen des großen Laufwinkels (Θ_{s_2} in Abb. 36) ist der Wirkungsgrad entsprechend gering, weil für $\Theta_s \geqq \pi$ der Influenzstrom mit der Wechselspannung $U(t)$ (Abb. 38b) in Phase ist und dadurch Verluste erzeugt. Wird m auf 0,7 erhöht, so nimmt $\Theta_s (= \Theta_{s_3})$ nach Abb. 36 weiter zu. Bei dieser Aussteuerung ist nun I_i im Bereich $\pi/2 < \omega t < 3\pi/2$ stark negativ, so daß wegen des Spannungsverlaufs $U(t)$ bereits im Bereich $\pi/2 < \omega t < \pi$ kräftige Verluste entstehen. Trotz der starken Überhöhung von I_i für $0 \leqq \omega t \leqq \pi/2$ nimmt deshalb der Wirkungsgrad mit zunehmender HF-Amplitude ab (Abb. 37). Im Beispiel ist für $m = 0{,}7$ gerade der Einsatz des PC-Modus gegeben. Der Laufwinkel Θ_s des Lawinenimpulses und damit der Stromflußwinkel des Influenzstromes springen daher von Θ_{s_3} auf den kleinen Wert Θ_{pc}. Dadurch wird der Verlustanteil von I_i wesentlich beschnitten oder sogar vermieden und es trägt im wesentlichen der bei $m = 0{,}7$ stark überhöhte Anteil von I_i vorteilhaft zum Wirkungsgrad bei (ohne Modulation ist $I_i = \frac{2\pi}{\Theta} I_0 = 1{,}67\, I_0 = \text{const}$; für $m = 0{,}7$ liegt das Maximum von I_i bei $7 \cdot I_0$). Der Wirkungsgrad springt deshalb beim Übergang zum PC-Modus auf entsprechend hohe Werte (20% in Abb. 37).

Aus dieser Darstellung folgt als ein entscheidender Beitrag zur Erhöhung des Wirkungsgrades beim PC-Modus ($\Theta > \pi$) im Vergleich zum normalen Lawinenlaufzeitdioden Betrieb ($\Theta \leqq \pi$): Bei vergleichbarem Großsignallaufwinkel Θ_s ($< \pi$) ist der Spannungshub im PC-Modus relativ groß (m zwischen 0,6 und 0,8); beim normalen Betrieb ist jedoch m auf mittlere Werte beschränkt (m zwischen 0,3 und 0,5; Abb. 24). Entsprechend verhält sich dann der Influenzstrom (vgl. Abb. 23 für $m = 0{,}4$, $\Theta = \pi$ und Abb. 38a für $m = 0{,}7$ und $\Theta = 1{,}2\pi$) und somit der Wirkungsgrad.

Eine wesentliche Bedingung zum Auftreten des PC-Modus ist die Wahl eines Kleinsignallaufwinkels $\Theta < \pi$. In der Praxis liegt Θ zwischen $1{,}1\,\pi$ und $1{,}3\,\pi$ [6, 7]. Damit ist bei gegebener Frequenz nach (1.5/28) auch die Weite w_2 der niedrig dotierten Zone festgelegt. Beispielsweise ergeben sich für 10 GHz für w_2 Werte zwischen 3,3 µm und 3,9 µm. Mit der Festlegung des Feldes E_i am Übergang von der Hochfeld- zur Niederfeldzone (Abb. 32a) auf $2{,}5 \cdot 10^5$ V/cm ist mit w_2 auch der Feldgradient in der Niederfeldzone und damit die Dotierung N_2 festgelegt. Aus $N_2 = \varepsilon E_i / e\, w_2$ folgt bei 10 GHz eine Dotierung N_2 zwischen $3{,}8 \cdot 10^{15}\,\text{cm}^{-3}$ und $4{,}5 \cdot 10^{15}\,\text{cm}^{-3}$.

Eine weitere Voraussetzung für den PC-Modus ist eine GaAs ähnliche $v(E)$-Charakteristik (von Constant et al. [7] wurde klar dargelegt, daß hierzu die für Si charakteristische $v(E)$-Kennlinie ungeeignet ist). Der als Folge der Modulation der Raumladungszone auftretende Serienwiderstand R_s der neutralen Zone ist selbst bei großen Aussteuerungen bei GaAs vernachlässigbar klein (Abb. 25), weil das Feld E_s in der neutralen Zone auf Werte im Niederfeldbereich der $v(E)$-Kennlinie beschränkt bleibt ($E_s \leq E_c = 4 \cdot 10^3$ V/cm). Im Hinblick auf eine möglichst wirkungsvolle Modulation des Feldprofils ist es deshalb bei diesen Dioden sinnvoll, Durchreichfaktoren $F < 1$ anzustreben. Nach Blakey et al. [47] liegt der optimale Durchreichfaktor bei $F_{opt} \approx 0{,}7$.

Ferner gilt, daß die Geschwindigkeit $\dot{w}_t$, mit der die Weite der Raumladungszone moduliert wird, nicht die Geschwindigkeit $v(E_s)$ der in die neutrale Zone eingeschwemmten Ladungsträger überschreiten darf. Aus Abb. 36 ist aber zu entnehmen, daß im PC-Modus $\dot{w}_{t_{max}}$ (bei $\omega t = \pi$; gestrichelte Kurve für $m = 0{,}7$ und $\Delta E = 0$) größer als die Sättigungsgeschwindigkeit v_s ist (Neigung der Geraden $w_q(t)$). Diese Bedingung kann wiederum nur mit einem Material realisiert werden, das wie GaAs ein Maximum in der $v(E)$-Charakteristik aufweist (bei GaAs ist $v_{max}/v_s \approx 2$). Ein unter diesen Gesichtspunkten durchgeführter Materialvergleich zeigt [7, 12], daß InP ($v_{max}/v_s \approx 2{,}4$) im Hinblick auf großen Wirkungsgrad (43 % bei 12 GHz) GaAs überlegen sein sollte.

Schließlich beeinflußt die $v(E)$-Kennlinie von GaAs in günstiger Weise auch den Driftprozeß des Lawinenimpulses durch Geschwindigkeitsmodulation (im Bereich negativer differentieller Beweglichkeit; vgl. Abschnitt 1.4.4) und durch Ausbildung von Akkumulationsdomänen [26].

In Tabelle 4 sind typische Daten und experimentelle Ergebnisse von GaAs Quasi-Read-Dioden zusammengestellt.

Tabelle 4. Dimensionierung und Ergebnisse von GaAs Quasi-Read-Dioden.

Typ	N_1 cm^{-3}	$N_1 a$ cm^{-2}	w_1 µm	N_2 cm^{-3}	f GHz	P W	η %	Lit.
Low-High-Low	–	$1{,}8 \cdot 10^{12}$	0,3	$6 \cdot 10^{15}$	10,4	2,9	35,6	[43]
Low-High-Low	–	$2 \cdot 10^{12}$	0,22	$1{,}65 \cdot 10^{15}$	3,3	3,4	37	[44]
High-Low	$7 \cdot 10^{16}$	–	0,4	$3 \cdot 10^{15}$	10,6	1,0	21,3	[48]
High-Low	$2{,}3 \cdot 10^{16}$	–	1	$2{,}3 \cdot 10^{15}$	6,7	10,5	27,9	[49]
High-Low	$3 \cdot 10^{16}$	–	0,6	$1{,}7 \cdot 10^{15}$	6,1	5,6	24,6	[50]
High-Low	10^{17}	–	0,3	$5 \cdot 10^{15}$	10	3,4	26	[51]

1.6 Trapattbetrieb und parametrische Betriebsarten

1.6.1 Trapattbetrieb

Der Trapattbetrieb (*Tra*pped *P*lasma *A*valanche *T*riggered *T*ransit) [52] wird mit Lawinenlaufzeitdioden im ausgeprägten Großsignalbereich angeregt. Damit können hohe Wirkungsgrade (bis zu 75 % [53]) und Impulsleistungen (z. B. 1,2 kW mit fünf in Serie geschalteten Dioden [54]) erzielt werden. Allerdings findet diese günstige Leistungsumsetzung bei relativ niedrigen Frequenzen (500 MHz bis 10 GHz) statt, die für eine gegebene Diode nicht durch die Lawinenfrequenz (Abschnitt 1.3.5) begrenzt sind, sondern wesentlich durch die Wechselwirkung mit dem Lastkreis bestimmt werden.

Zu Beginn eines Trapattzyklus sei die Diodenspannung merklich größer als die Durchbruchspannung U_0 (maximal etwa $2 \cdot U_0$; das Verhältnis von maximaler Diodenspannung zu Durchbruchspannung wird auch Überspannung genannt [55]). Dadurch wird in der Lawinenzone eine kräftige Raumladung erzeugt, die in der Umgebung des *pn*-Übergangs das Feld praktisch auf Null reduziert (Abb. 39a; nach Abschnitt 1.4.1 wird damit der Injektionsmechanismus ungünstig beeinflußt und der gewöhnliche Lawinenlaufzeitmechanismus wird praktisch unterbunden). Vor der erzeugten Raumladung wird jedoch das Feld soweit erhöht, daß nunmehr auch in diesen Bereich Stoßionisation auftritt. Die Lawinenzone schnürt sich deshalb von *pn*-Übergang ab und wandert mit einer Schockfront durch die

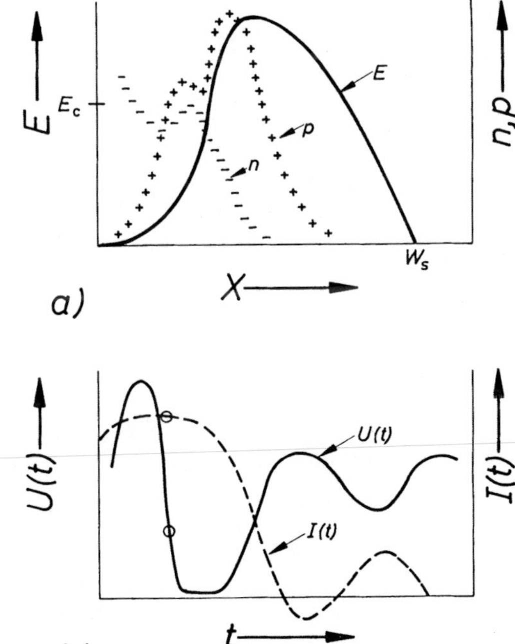

Abb. 39. Trapatt-Betrieb einer n^+pp^+-Diode **a**) Feld- und Ladungsträgerverteilung (zum Zeitpunkt ○ in *b*)); **b**) Diodenspannung $U(t)$ und Strom $I(t)$; nach Evans [55]

Raumladungszone der Diode [55] und läßt hinter sich ein dichtes Elektronen-Loch-Plasma in einem schwachen Feld. In diesem Zustand fließt ein kräftiger Konvektionsstrom (der Verschiebungsstrom ist dann praktisch Null). Die Ladungsträger im Plasma werden jedoch entsprechend ihrer geringen, feldstärkeabhängigen Geschwindigkeit abgesaugt. Während des Plasmaabbaus steigt das Feld und der Verschiebungsstrom an. Die Diode wird dadurch wieder aufgeladen und bleibt auf einem hohen Spannungsniveau, auch wenn der Diodenstrom verschwindend klein ist. Wird der Diode von der Beschaltung die erforderliche Überspannung zugeführt, so kann sich der Vorgang wiederholen.

In Abb. 39b ist der zeitliche Verlauf von Spannung und Strom an der Diode dargestellt. Daraus geht hervor, daß der Strom groß ist, wenn die Spannung klein ist und umgekehrt. Die Diode wirkt also wie ein Schalter und ergibt dadurch die hohen Wirkungsgrade beim Trapattbetrieb.

Der Abschnürvorgang der Lawinenzone und die Ausbildung einer Lawinen-Schockfront wird mit den Kontinuitätsgleichungen für Elektronen und Löcher (1.3/1) und (1.3/2) und mit der Stromerhaltungsgleichung (1.3/9) beschrieben. Es wird angenommen [56], daß die Ströme und das Feld in der Schockfront nur eine Funktion von $(x - v_a t)$ sind, wobei v_a die Geschwindigkeit der Schockfront ist. Somit wird aus $\partial/\partial t = - v_a\ \partial/\partial x$ und die Summe von (1.3/1) und (1.3/2) (Lawinengleichung (1.3/4)) und die Differenz von (1.3/1) und (1.3/2) (Kontinuitätsgleichung der Raumladung) lauten [57]:

$$- v_a \frac{\partial J_c}{\partial x} = v_s \frac{\partial}{\partial x}(J_p - J_n) + 2\alpha v_s J_c, \tag{1.6/1}$$

$$- v_a \frac{\partial}{\partial x}(J_p - J_n) = v_s \frac{\partial}{\partial x} J_c. \tag{1.6/2}$$

Ferner lautet die Stromerhaltungsgleichung

$$J_t = J_c - \varepsilon v_a \frac{\partial E}{\partial x}. \tag{1.6/3}$$

Mit der Annahme, daß der Sättigungsstrom innerhalb der abgeschnürten Lawinenzone vernachlässigt werden kann, ergibt das Integral von (1.6/2)

$$v_a (J_n - J_p) = v_s J_c. \tag{1.6/4}$$

Mit dieser Lösung und zusammen mit der Poisson-Gleichung (für eine $n^+ pp^+$-Diode) lautet (1.6/3):

$$\begin{aligned} J_t &= J_c - e v_a \left(\frac{J_n - J_p}{e v_s} - N_A\right) \\ &= e v_a N_A, \end{aligned} \tag{1.6/5}$$

wobei N_A die Dotierung der p-Zone ist. Wird $\partial(J_p - J_n)/\partial x$ in der Lawinengleichung durch den entsprechenden Ausdruck von (1.6/2) ersetzt, so erhält man eine Differentialgleichung für J_c

$$\left(\frac{v_a}{v_s} - \frac{v_s}{v_a}\right) \frac{\partial J_c}{\partial x} = - 2\alpha J_c, \tag{1.6/6}$$

die mit der Randbedingung gelöst wird, daß am Übergang von der Schockfront zur Raumladungszone an der Stelle $x = x_1$ (Abb. 40) nur der Sättigungsstrom J_s (und der Verschiebungsstrom) existiert. Ist α innerhalb der Lawinenzone konstant, jedoch außerhalb Null, so lautet die Lösung von (1.6/6)

$$J_c(x) \simeq J_s \exp k(x_1 - x) \qquad \text{für } x < x_1 \tag{1.6/7}$$

mit

$$k = \frac{2\alpha v_a/v_s}{1 - (v_s/v_a)^2}. \tag{1.6/8}$$

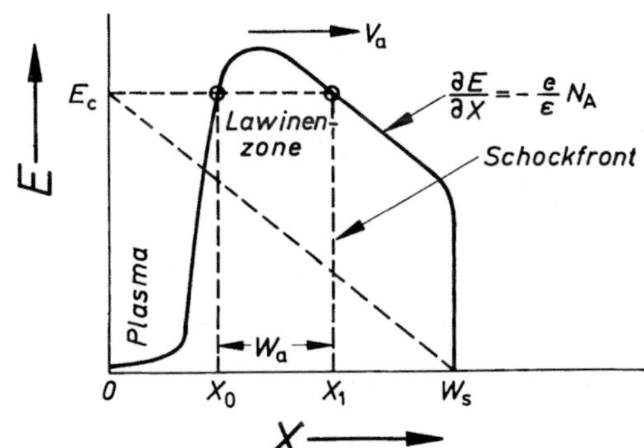

Abb. 40. Feldverteilung in einer n^+pp^+-Diode nach Ausbildung einer Lawinenschockfront

(1.6/7) beschreibt den durch den Lawinenprozeß bedingten exponentiellen Anstieg von J_c. Mit dieser Lösung von $J_c(x)$ kann mit (1.6/3) auch die Feldverteilung $E(x)$ in der Lawinenzone ermittelt werden

$$E(x) - E_c = [J_s(1 - \exp k(x_1 - x)) + J_t k(x_1 - x)]/\varepsilon v_a k \tag{1.6/9}$$

mit der Festlegung, daß bei $x = x_1$ die Durchbruchfeldstärke E_c herrscht (Abb. 40). Innerhalb der Lawinenzone ist $E(x) \geqq E_c$. Die Weite $w_a = x_1 - x_0$ der Lawinenzone ist so definiert, daß an der Stelle $x = x_0 < x_1$ das Feld $E(x_0)$ wieder den Wert E_c annimmt und daher nach (1.6/9) angenähert durch

$$k w_a \approx \frac{J_s}{J_t} \exp k w_a \tag{1.6/10}$$

gegeben ist.

Damit das hinter der Lawinenzone ($x < x_0$) entstandene Elektronen-Loch-Plasma bei geringer Feldstärke eingefangen bleibt („Trapped Plasma"), muß der Feldgradient das Vorzeichen wechseln und bei $x = x_0$ stark positiv sein (Abb. 40):

$$\left.\frac{\partial E}{\partial x}\right|_{x = x_0} \simeq \frac{(w_a k - 1)}{\varepsilon v_a} J_t = (w_a k - 1) e N_A/\varepsilon. \tag{1.6/11}$$

Daraus folgt zunächst, daß k positiv sein muß. Dies ist nach (1.6/8) erfüllt, wenn gilt

$$v_a > v_s \,, \tag{1.6/12}$$

wenn sich also die Lawinenzone schneller bewegt als die erzeugten Ladungsträger. Ferner muß $w_a k \gg 1$ gelten, wobei allerdings w_a sehr viel kleiner als die Diodenlänge w_s sein muß.

Die Gleichungen (1.6/5), (1.6/8), (1.6/10) und (1.6/11) enthalten grundsätzliche Dimensionierungsvorschriften für Dioden zur Realisierung des Trapattbetriebs. Beispielsweise folgt mit $J_s/J_t = 10^{-6}$ aus (1.6/10) für $k\,w_a = 17$; nimmt man für α einen mittleren Wert von $5 \cdot 10^4\,\mathrm{cm}^{-1}$ an und setzt für $v_a/v_s = 6$, so ermittelt man aus (1.6/8) für $w_a \approx 0{,}3\,\mu\mathrm{m}$. Mit der Festsetzung $w_a = 0{,}1\,w_s$ wird $w_s = 3\,\mu\mathrm{m}$. Die Sättigungsstromdichte J_s ist proportional w und für Si annähernd durch $J_s = 1{,}6 \cdot 10^2\,w_s(\mathrm{cm})$ gegeben [58]. Demnach ist $J_s = 4{,}8 \cdot 10^{-2}\,\mathrm{A/cm}^2$ und $J_t = 4{,}8 \cdot 10^4\,\mathrm{A/cm}^2$. Aus (1.6/5) folgt schließlich für die Dotierung $N_A = 6 \cdot 10^{15}\,\mathrm{cm}^{-3}$.
Es sei darauf hingewiesen, daß Trapattdioden vorzugsweise für Durchreichfaktoren $F > 1$ (bis zu $F = 5$, [55]) dimensioniert werden, weil die zum Abschnüren der Lawinenzone erforderliche Überspannung dann merklich reduziert wird.

Für den Trapattbetrieb muß die Diode mit Hilfe einer geeigneten Schaltung mit der erforderlichen Überspannung gezündet werden. Wegen der hohen Stromdichten ($> 10^4\,\mathrm{A/cm}^2$) kann die Diode nur gepulst betrieben werden (Impulsdauer: 0,5 bis 50 µs; Wiederholfrequenz: 10 bis 200 kHz). Zum Anschwingen ist eine große Anstiegsrate $\mathrm{d}U/\mathrm{d}t$ des Spannungsimpulses erforderlich [59], damit Bedingung (1.6/5) $I_t = A\,e\,v_a\,N_A = C\,\mathrm{d}U/\mathrm{d}t$ erfüllt ist (C ist die Diodenkapazität im Durchbruch; für $C = 2\,\mathrm{pF}$ und $N_A = 6 \cdot 10^{15}\,\mathrm{cm}^{-3}$ muß $\mathrm{d}U/\mathrm{d}t$ z.B. größer als 450 V/ns sein [59]). Bevor die Diode zum erstenmal zündet, setzt für die Dauer von etwa 1 ns im allgemeinen eine kräftige Schwingung im Lawinenlaufzeitmodus ein [60] (Trapattschwingungen werden bei Frequenzen unterhalb der Lawinenfrequenz erzeugt, bei denen die Diode keinen negativen HF-Wirkwiderstand besitzt). Nach der Zündung bricht die Spannung an der Diode durch die Ausbildung des Plasmas zusammen. In diesem Zustand wirkt die Diode wie ein Kurzschluß. Befindet sich die Diode in einer Koaxialleitung (Abb. 41), die nach $l = \lambda/2$ mit einem Tiefpaß abgeschlossen ist, so ist die von der Diode im Kurzschluß reflektierte Spannungswelle dem Betrag nach praktisch gleich der vom Tiefpaß reflektierten Welle; diese besitzt jedoch entgegengesetztes Vorzeichen. An der Diode können dadurch

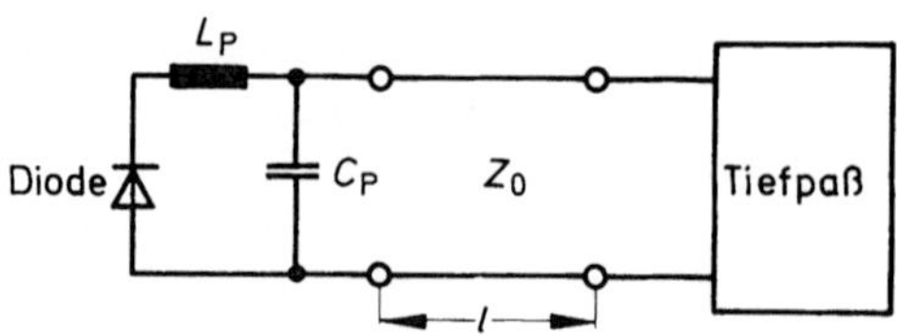

Abb. 41. Trapattschaltkreis mit Koaxialleitung (Z_0) und Tiefpaß (L_p und C_p sind die parasitären Reaktanzen der Diodenzuleitungen; nach Evans [61])

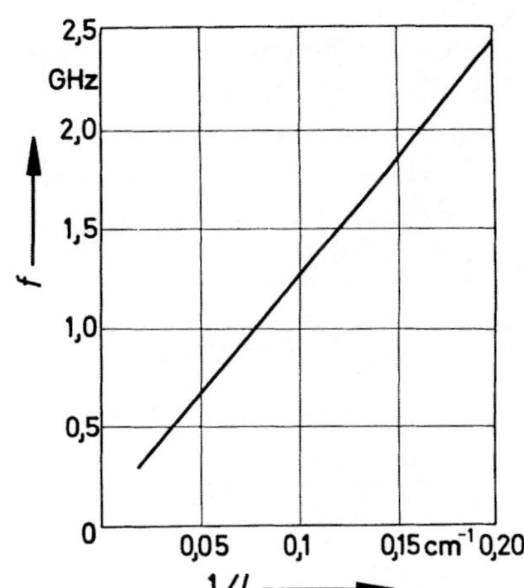

Abb. 42. Trapattfrequenz f als Funktion der Länge l der Koaxialleitung (nach Evans [61])

Spannungsamplituden von über 100 V entstehen [60], welche die erforderliche Überspannung ergeben und somit zu einer stationären Trapattschwingung führen. Die sich einstellende Trapattfrequenz hängt ab von der doppelten Laufzeit ($\sim l$) zwischen Diode und Tiefpaß, von der Aufbauzeit des Plasmas, der Zeit zum Aufladen der Diode sowie von der Verzögerungszeit durch die parasitären Reaktanzen der Diodenzuleitungen [60]. Für eine gegebene Diode kann deshalb die Trapattfrequenz in einfacher Weise durch Veränderung der Länge l der Koaxialleitung abgestimmt werden (Abb. 42).

1.6.2 Parametrische Betriebsarten

Die Lawinenlaufzeitdiode ist ein stark nichtlineares Bauelement. Sie besitzt nicht nur einen aussteuerungsabhängigen negativen Wirkwiderstand (Abschnitt 1.3.6), sondern wirkt auch als nichtlinearer Energiespeicher. Insbesondere führt die exponentielle Abhängigkeit des Lawinenstromes von der Feldstärke zu ausgeprägten parametrischen Effekten [62]. Da sich der Lawinenstrom induktiv verhält, läßt sich die Lawinenzone durch eine nichtlineare Induktivität darstellen (aus 1.3/54):

$$L_a(u) = u\,\tau_a\,\omega_a/2\,I_0\,\alpha'\,\omega_a(u) \tag{1.6/13}$$

worin u die normierte Amplitude der Lawinenspannung (1.3/51) und I_0 der Gleichstrom ist.

Bei Modulation der Weite der Raumladungszone (Abschnitt 1.5.1.2) verhält sich die Lawinenlaufzeitdiode auch noch wie eine nichtlineare Kapazität

$$C(U) = A\,\varepsilon/\sqrt{\frac{2}{s}\,U(t)}\,. \tag{1.6/14}$$

Da $C(U)$ nur von der Wurzel aus der Diodenspannung $U(t)$ abhängt, (vgl. 1.5/13)) ist diese Nichtlinearität schwächer ausgeprägt als bei der nichtlinearen Induktivität L_a und wird deshalb im folgenden nicht berücksichtigt.

Eine Behandlung der parametrischen Effekte durch die Lawinenzone zeigt [23], daß neben der Fundamentalresonanz bei $\omega = \omega_a$ (vgl. Resonanz für R_D in (1.3/46)) auch Resonanzen bei

$$\omega = (p/q)\,\omega_a \tag{1.6/15}$$

auftreten können (p, q sind ganze Zahlen; [63]). Danach ergeben sich subharmonische Resonanzen für $q = 1$: $\omega = p\,\omega_a$ und harmonische Resonanzen für $p = 1$: $\omega = \omega_a/q$. Die Stärke dieser Resonanzen, die von u und der Amplitude des Gesamtstromes abhängt, nimmt mit zunehmenden Ordnungszahlen p und q ab. Ausgeprägte Resonanzen erscheinen bei der ersten subharmonischen Schwingung ($p = 2$; $q = 1$) und bei der zweiten harmonischen Schwingung ($p = 1$; $q = 2$).

Wird der Schaltkreis so ausgeführt, daß sich neben der Grundschwingung $\omega \gtrapprox \omega_a$ auch Schwingungen bei der ersten Subharmonischen oder der zweiten Harmonischen ausbilden können (z. B. durch Abschluß mit einem Blindwiderstand bei diesen Frequenzen), so wird bei geeigneter Phasenlage und Überlagerung der beiden Schwingungen [57, 64] ein günstigerer Verlauf z. B. der resultierenden Diodenspannung im Vergleich zum Influenzstrom erzielt und damit eine Steigerung der Ausgangsleistung bei der Grundschwingung erreicht. Swan [65] gelang mit einer Ge-Diode bei 6 GHz eine Steigerung der Leistung von 0,2 W (normaler Lawinenlaufzeitmodus) auf 0,6 W durch zusätzliche Abstimmung auf die zweite Harmonische bei gleichzeitiger Erhöhung des Wirkungsgrades von 4% auf 10%.

Die Existenz harmonischer Resonanzen kann auch zur wirkungsvollen Frequenzumsetzung benützt werden. Roland et al. [66] erzielten eine Vervielfachung von 1 GHz auf 35 GHz mit einem Hochfrequenzwirkungsgrad von 5%.
Wird die Diode nicht mit einer Frequenz, sondern mit zwei Frequenzen $\omega_p \gtrapprox \omega_a$ und ω_2 erregt, dann treten durch Mischung an $L_a(u)$ Spektralkomponenten aller Kombinationsfrequenzen ω_i

$$\omega_i = m\,\omega_p \pm n\,\omega_2 \tag{1.6/16}$$

auf. Bei einer solchen Anordnung wirkt die Diode gleichzeitig als nichtlineares Mischerelement und als Lokaloszillator oder als Pumpe bei ω_p [67]. In dieser Betriebsart können mit Lawinenlaufzeitdioden selbstschwingende parametrische Aufwärts- und Abwärtsmischer mit beträchtlichem Gewinn realisiert werden [67, 68].

1.7 Betriebsverhalten

In diesem Abschnitt werden Instabilitäten im Gleichstromkreis und das Rauschen von Lawinenlaufzeitdioden beschrieben. Beide Erscheinungen hängen sowohl von Diodenparametern als auch von den Eigenschaften der äußeren Beschaltung ab.

1.7.1 Instabilitäten im Gleichstromkreis

Lawinenlaufzeitdioden besitzen den Nachteil, daß im Gleichstromkreis niederfrequente Instabilitäten auftreten können, die zu erhöhtem Modulationsrauschen am Träger, zu Schwingungen im Gleichstromkreis und schließlich zur Zerstörung der Diode führen. Brackett [69] hat diese Instabilitäten analysiert und Lösungswege zu deren Unterdrückung angegeben. Die Ursache dieser Instabilitäten ist die HF-Gleichrichtung (Abschnitt 1.4.2), die dazu führt, daß mit zunehmender HF-Amplitude die im dynamischen Betrieb auftretende Gleichspannung $\bar{U}_0$ reduziert wird. Die Gleichspannung $\bar{U}_0$ setzt sich aus drei Anteilen zusammen [69]

$$\bar{U}_0 = U_0 + \Delta U_{\mathrm{RL}} + \Delta \bar{U}_{\mathrm{a}}. \tag{1.7/1}$$

Darin ist U_0 die Durchbruchspannung, $\Delta U_{\mathrm{RL}} = w_{\mathrm{d}}^2\, I_0/2\, A\, \varepsilon\, v_{\mathrm{s}}$ ist die nach der Poisson-Gleichung resultierende Spannungszunahme, wenn als Folge des Lawinenimpulses der Gleichstrom I_0 durch die Driftzone (Weite w_{d}) fließt. Der dritte Term $\Delta \bar{U}_{\mathrm{a}} = -\, \alpha''\, \hat{U}_{\mathrm{a}}^2/4\, \alpha'\, w_{\mathrm{a}}$ (vgl. (1.4/9) für $J_{\mathrm{s}} = 0$) ist durch die HF-Gleichrichtung gegeben. Aus (1.7/1) folgt für den NF-Widerstand

$$R_{\mathrm{t}} = \frac{\mathrm{d}\bar{U}_0}{\mathrm{d}I_0} = R_{\mathrm{RL}} - \frac{\alpha''\, \hat{U}_{\mathrm{a}}}{2\, \alpha'\, w_{\mathrm{a}}} \frac{\mathrm{d}\hat{U}_{\mathrm{a}}}{\mathrm{d}I_0}, \tag{1.7/2}$$

worin $R_{\mathrm{RL}} = w_{\mathrm{d}}^2/2\, A\, \varepsilon\, v_{\mathrm{s}}$ der Raumladungswiderstand der Diode ist [10]. Überwiegt der zweite Term in (1.7/2), so wird $R_{\mathrm{t}} < 0$ und es können im Gleichstromkreis Schwingungen angefacht werden. Dies hängt jedoch von der Größe $\mathrm{d}\hat{U}_{\mathrm{a}}/\mathrm{d}I_0$ ab. $\hat{U}_{\mathrm{a}}$ und I_0 sind aber nach der Schwingbedingung

$$R_{\mathrm{D}}(\hat{U}_{\mathrm{a}}, I_0, \omega) + R_{\mathrm{L}}(\omega) = 0 \tag{1.7/3}$$

nicht voneinander unabhängig. In (1.7/3) ist R_{D} der negative Großsignalwiderstand der Diode (vgl. (1.3/56) und R_{L} ist der Lastwiderstand des HF-Kreises.
Bei $\omega = \mathrm{const}$ folgt aus (1.7/3)

$$\frac{\mathrm{d}\hat{U}_{\mathrm{a}}}{\mathrm{d}I_0} = -\frac{\partial R_{\mathrm{D}}/\partial I_0}{\partial R_{\mathrm{D}}/\partial \hat{U}_{\mathrm{a}}}. \tag{1.7/4}$$

Nun ist aber $\partial R_{\mathrm{D}}/\partial I_0 < 0$ und $\partial R_{\mathrm{D}}/\partial \hat{U}_{\mathrm{a}} > 0$ und somit $\mathrm{d}\hat{U}_{\mathrm{a}}/\mathrm{d}I_0$ in (1.7/2) positiv. Eine positive Schwankung von I_0 bewirkt durch Amplitudenmodulation eine

Erhöhung von R_D und somit eine entsprechende Erhöhung von $\hat{U}_a$, damit (1.7/3) erfüllt bleibt. Eine Zunahme von $\hat{U}_a$ hat aber eine Abnahme der Gleichspannung zur Folge, wodurch schließlich R_t negativ werden kann.
Typische, experimentell ermittelte Werte für R_t sind nach Brackett [69]: $R_t = -12\,\Omega$ für Si und $R_t = -122\,\Omega$ für GaAs, womit Culshaw et al. [8] bestätigt werden, daß bei GaAs die HF-Gleichrichtung ausgeprägter ist.
Die obere Frequenzgrenze, bei der sich Schwingungen im Gleichstromkreis ausbilden können, hängt wesentlich von der Bandbreite und damit von der Güte des Mikrowellenkreises ab. Diese Frequenzgrenze liegt typischerweise bei einigen 10 bis 100 MHz. Mit Hilfe von Kleinsignal- und Stabilitätskriterien konnte Brackett [69] nachweisen, daß mit einer Konstantstromquelle und einem Serienwiderstand R_s Stabilität gewährleistet wird, wenn

$$R_s > |R_t| \tag{1.7/5}$$

ist. Allerdings muß bei dieser Stabilisierung der Leistungsverlust in R_s in Kauf genommen werden.

1.7.2 Rauschen

Die Lawinenlaufzeitdiode ist wegen der internen Ladungsträgermultiplikation ein stark rauschendes Bauelement. Dabei ist das Schrotrauschen $2eI_0B$ (B ist die Bandbreite) der Erregerstrom für den Lawinenprozeß. Aus der Lawinengleichung (1.3/8) folgt für das Quadrat des primären Rauschstromes [70]

$$\overline{i_n^2} = \frac{2eI_0B}{(\omega\tau_i)^2} \tag{1.7/6}$$

worin τ_i die mittlere Zeit zwischen zwei ionisierenden Stößen ist. Für ein homogenes Feld in der Lawinenzone (Weite w_a) lautet τ_i [71]

$$\tau_i = w_a(1/v_n + 1/v_p)\sqrt{k}\,[(k+1)a - 2(k-1)]/a(k-1)^2 \tag{1.7/7}$$

mit $k = \alpha_n/\alpha_p$ und $a = \ln k$. Für GaAs mit $\alpha_n = \alpha_p$ und $v_n = v_p = v_s$ wird $\tau_i = \tau_a = w_a/v_s$ (vgl. (1.3/9). In Abb. 43 ist τ_i als Funktion von w_a für GaAs und Si aufgetragen. Bei vergleichbarem w_a ist für GaAs demnach τ_i etwa um den Faktor 5 größer als bei Si und wegen (1.7/6) ist $\overline{i_n^2}$ um den Faktor 25 kleiner. Bei gegebener Frequenz und Dotierung kann das zugehörige w_a aus Abb. 20 entnommen werden und mit Hilfe von Abb. 43 τ_i für GaAs und Si (p^+n) und Si (n^+p) bestimmt werden.

Der glättende Einfluß der Ladungsträgerdiffusion auf das Lawinenrauschen wurde von Hulin und Goedbloed [72] als additive Zeitkonstante τ_{Diff} ($\tau_{Diff} \approx 0{,}7$ ps für Si (p^+n) und $\tau_{Diff} \approx 3{,}2$ ps für GaAs) zu τ_i bestimmt.
Der primäre Rauschstrom (1.7/6) erzeugt an den Diodenklemmen die Leerlaufrauschspannung [73]:

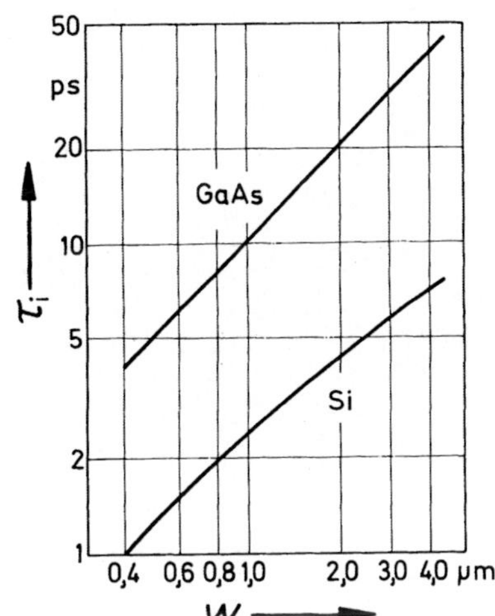

Abb. 43. Mittlere Stoßzeit τ_i als Funktion der Weite w_a der Lawinenzone für GaAs und Si [71]

$$\overline{u_n^2} = \frac{2\,e\,I_0}{(\omega\,\tau_i)^2}\,\frac{\left[\left(\frac{1-\cos\theta}{\theta}\right)^2 + \left(\frac{w_a}{w_d} + \frac{\sin\theta}{\theta}\right)^2\right]}{[\omega\,C_d\,(1-\omega_a^2/\omega^2)]^2} \cdot B\,. \tag{1.7/8}$$

Für $\omega \ll \omega_a$ hat $\overline{u_n^2}$ ein Plateau und ist proportional $1/I_0$. Für $\omega = \omega_a$ tritt Resonanz auf. Im interessierenden Bereich $\omega > \omega_a$, in dem ein negativer HF-Wirkwiderstand auftritt, fällt $\overline{u_n^2}$ wie $1/\omega^4$ und nimmt etwa proportional I_0 zu.

Mit der Kleinsignalrauschspannung kann nun das Verstärkerrauschen ermittelt werden. Dazu wird zweckmäßig das Kleinsignalrauschmaß

$$M_0 = \frac{F-1}{1-1/G} = \frac{\overline{u_n^2}/B}{4\,k\,T_0\,|\,R_D\,|} \tag{1.7/9}$$

verwendet (F ist die Rauschzahl, G ist die Verstärkung, R_D ist der negative Diodenwirkwiderstand (1.3/47)). Für das Kleinsignalrauschmaß M_0 (und angenähert für die Rauschzahl F) folgt der Ausdruck

$$M_0 = \frac{e\,I_0\left[\left(\frac{1-\cos\theta}{\theta}\right)^2 + \left(\frac{w_a}{w_d} + \frac{\sin\theta}{\theta}\right)^2\right]\theta}{2\,k\,T_0\,(\omega_a\,\tau_i)^2\,\omega\,C_d\,(1-\omega_a^2/\omega^2)\,(1-\cos\theta)}\,. \tag{1.7/10}$$

Wegen $\omega_a^2 \sim \alpha'\,I_0$ ist für $\omega \gg \omega_a$ das Rauschmaß M_0 unabhängig von I_0 und es nimmt mit zunehmendem α' und τ_i^2 ab. Das Verstärkerrauschmaß ist deshalb bei GaAs-Dioden geringer als bei Si-Dioden [71]. Die experimentell ermittelten Werte von M_0 liegen für Si im X-Band zwischen 30 und 50 dB [75, 76], während für GaAs der relativ geringe Wert von 17 dB [77] erzielt wurde.

Bezüglich der Frequenzabhängigkeit hat M_0 eine Resonanz bei $\omega \approx \omega_a$ [19] und ein tiefes, schmales Minimum bei einer Frequenz, die etwa einem Laufwinkel von $2\,\pi$ entspricht.

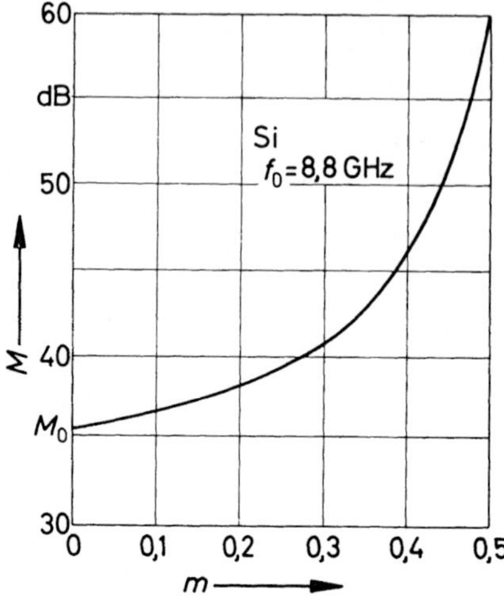

Abb. 44. Oszillatorrauschmaß M einer Si-Diode als Funktion des Spannungshubes m (M_0: Kleinsignalrauschmaß; nach Cowley et al. [78])

Im Oszillatorbetrieb wird das Oszillatorrauschen durch das Großsignalrauschmaß M beschrieben, das in Abb. 44 als Funktion des Spannungshubs m dargestellt ist [78]. Ausgehend vom Kleinsignalwert von 36 dB wächst M mit zunehmendem m rasch an und erreicht bei $m = 0{,}5$ den Wert von 60 dB. Diese starke Zunahme des Rauschens mit der Aussteuerung ist hauptsächlich auf die Aussteuerungsabhängigkeit des primären Rauschstromes zurückzuführen. [79]. Im Großsignalbetrieb besteht der Lawinenstrom aus kurzen Stromimpulsen (vgl. Abb. 7) mit einem minimalen Strom $I_{\min}$, wenn die Lawinenspannung ansteigend die Durchbruchspannung erreicht und Lawinendurchbruch einsetzt. Da sich die Stromimpulse von dem niedrigeren Wert von $I_{\min}$ aufbauen, ist es verständlich, daß Schwankungen in $I_{\min}$ in gleicher Weise verstärkt werden [80]. Je größer also die Aussteuerung ist, desto geringer ist $I_{\min}$ und um so mehr tritt das Rauschen in Erscheinung. Für den modifizierten primären Rauschstrom folgt bei Berücksichtigung des zeitlichen Verlaufs des Lawinenstromes (Abschnitt 1.3.6) der Ausdruck [79]

$$\overline{i_n^2}(u) = \frac{2\,e\,I_0}{(\omega\,\tau_i)^2} \cdot I_0^2(u)\,B \tag{1.7/11}$$

worin $I_0(u)$ die modifizierte Besselfunktion nullter Ordnung ist. Wegen $M(u) \sim I_0^2(u)$ ist daher das Oszillatorrauschmaß stark von der Aussteuerung und damit von der Oszillatorleistung abhängig. In Abb. 45 ist für verschiedene Diodenstrukturen M als Funktion der Leistung P aufgetragen [81]. Konventionelle Lawinenlaufzeitdioden (mit konstantem Dotierungsprofil, Abschnitt 1.5.1) zeigen eine relativ starke Abhängigkeit des Rauschmaßes von der Leistung (vgl. auch Abb. 44), wobei GaAs-Dioden um mehr als 15 dB geringer rauschen als Si-Dioden. GaAs-Quasi-Read-Dioden rauschen zwar bei geringer Leistung stärker als konventionelle GaAs-Dioden, dafür ist jedoch M praktisch von P unabhängig. Dieser Befund wird von Mircea et al. [82] damit erklärt, daß Quasi-Read-Dioden mit sperrendem Schottky-

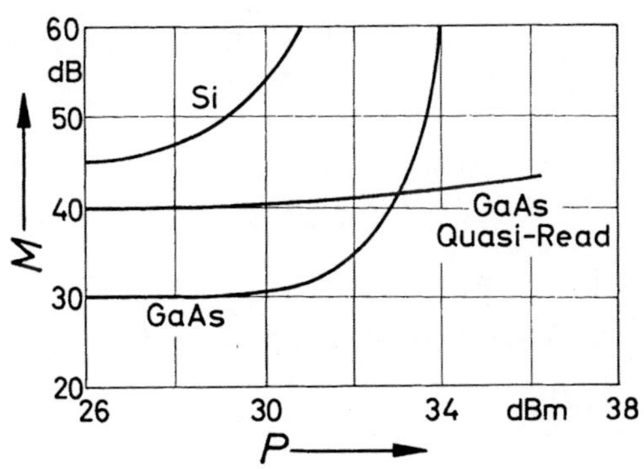

Abb. 45. Oszillatorrauschmaß M als Funktion der Oszillatorleistung P für konventionelle Si- und GaAs-Dioden sowie für GaAs-Quasi-Read-Dioden (f zwischen 8 und 11 GHz; nach Gewartowski [81])

Kontakt (vgl. Abschnitt 1.8) merkliche Tunnelemission und damit erhöhten Sperrstrom aufweisen. Dadurch wird entsprechend der minimale Lawinenstrom I_{min} erhöht und somit die Zunahme des primären Rauschstromes bei hohen Ansteuerungen (1.7/11) weitgehend vermieden. Abbildung 46 zeigt das Rauschmaß für verschiedene Si-Strukturen. Obwohl n^+p-Strukturen wegen der geringeren Weite der Lawinenzone (vgl. Abb. 20) einen größeren primären Rauschstrom (1.7/6) erwarten lassen [83], ist deren Rauschmaß um etwa 7 bis 8 dB geringer als bei der komplementären p^+n-Struktur [84]. Bemerkenswert ist, daß das Rauschverhalten von Si-Doppeldriftdioden [85] im Vergleich zu herkömmlichen Si-Dioden merklich besser ist. Die Ursache hierfür ist, daß Doppeldriftdioden einen größeren negativen Wirkwiderstand besitzen, wodurch nach (1.7/9) das Rauschmaß entsprechend reduziert wird (dies gilt auch für das unterschiedliche Rauschmaß von Si (n^+p) und Si (p^+n)-Dioden). Obwohl das Rauschmaß sich besonders zum Vergleich des Rauschverhaltens verschiedener Dioden eignet, da M nur von den Diodenparametern nicht aber von Lastkreisparametern abhängt, wird das Eigenrauschen des Oszillators in der Literatur häufig durch die zugehörigen Frequenz- und Amplitudenschwankungen beschrieben. Das FM-Eigenrauschen im

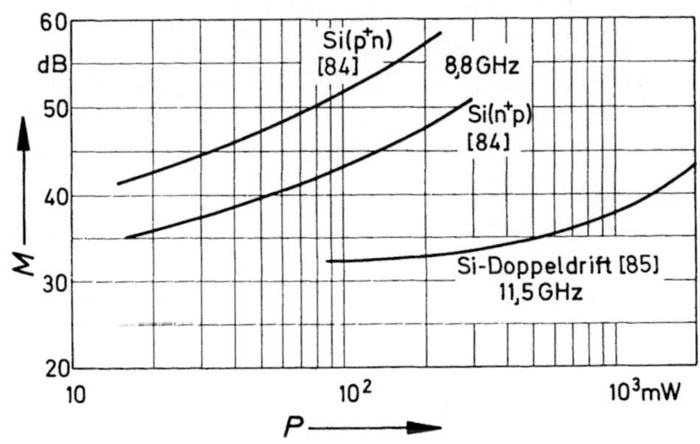

Abb. 46. Oszillatorrauschmaß M in Abhängigkeit von der Oszillatorleistung P für Si (p^+n)-, Si (n^+p)- und Si-Doppeldriftdioden

Einseitenband wird durch den mittleren Frequenzhub Δf_{rms} angegeben, der mit M in einfacher Weise zusammenhängt

$$\Delta f_{\mathrm{rms}} = \frac{f}{Q_{\mathrm{ex}}} \sqrt{\frac{k\, T_0\, M}{P}} \tag{1.7/12}$$

(Q_{ex} ist die externe Oszillatorgüte, P ist die Oszillatorleistung und f ist die Oszillatorfrequenz; experimentell wird gewöhnlich Δf_{rms} bestimmt [83] und mit (1.7/12) auf M umgerechnet).

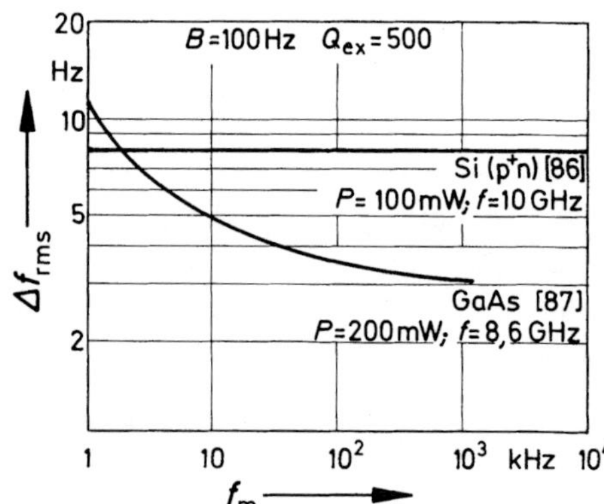

Abb. 47. Mittlerer Frequenzhub Δf_{rms} als Funktion der Frequenzablage f_{m} vom Träger für Si- und GaAs-Dioden

Abbildung 47 zeigt das typische FM-Rauschspektrum Δf_{rms} als Funktion der Frequenzablage f_{m} (Abstand von der Oszillatorfrequenz) für GaAs- und Si-Dioden. Während entsprechend (1.7/12) Δf_{rms} bei Si bis nahe an den Träger praktisch unabhängig von f_{m} ist („weißes" FM-Rauschen), nimmt Δf_{rms} bei GaAs-Dioden bei kleinem f_{m} beträchtlich zu. Mircea et al. [87] zeigten, daß bei GaAs-Dioden mit Schottky-Kontakt der Leerlaufrauschspannung (1.7/8) eine $1/f$-Rauschkomponente überlagert ist. Dieses Niederfrequenzrauschen wird nach Maßgabe der Modulationssteilheit der Diodenimpedanz als Modulationsrauschen [83] in der Umgebung des Trägers dem Oszillatoreigenrauschen überlagert (vgl. auch Abschnitt 1.7.1).

Das AM-Eigenrauschen wird als Rausch-Träger-Verhältnis (im Einseitenband) angegeben

$$\left(\frac{N}{C}\right)_{\mathrm{AM}} = \frac{\frac{1}{2} k\, T_0\, M\, B}{P\,(1 + Q_{\mathrm{ex}} f_{\mathrm{m}}/f_0)^2}\,. \tag{1.7/13}$$

Das AM-Rauschspektrum ist für Si-Dioden für $f_{\mathrm{m}} \ll f/Q_{\mathrm{ex}}$ (10 bis 100 MHz) ebenfalls weiß und fällt bei sehr hohen Frequenzablagen mit 6 dB pro Oktave ab. Das Leistungsverhältnis liegt typischerweise zwischen -100 und -140 dB. Der

Vergleich zwischen FM- und AM-Eigenrauschen ist möglich, indem Δf_{rms} in ein entsprechendes Rausch-Träger-Verhältnis (im Einseitenband) umgewandelt wird:

$$\left(\frac{N}{C}\right)_{\mathrm{FM}} = \frac{1}{2}(\Delta f_{\mathrm{rms}}/f_{\mathrm{m}})^2 . \tag{1.7/14}$$

Ist beispielsweise $\Delta f_{\mathrm{rms}} = 10\,\mathrm{Hz}$, $f_{\mathrm{m}} = 100\,\mathrm{kHz}$, so ist $(N/C)_{\mathrm{FM}} \approx -80\,\mathrm{dB}$. Erfahrungsgemäß liegt bei Lawinenlaufzeitdioden das AM-Rauschen etwa 20–40 dB unter dem FM-Rauschen und kann somit für die meisten Anwendungen vernachlässigt werden.

Eine effektive Reduktion des FM-Rauschens wird entweder durch Ankoppelung an einen externen Resonator hoher Güte [88, 89] oder durch Phasensynchronisation mit einem rauscharmen Signal [88, 90] erzielt.

1.8 Herstellungsverfahren

Als Ausgangsmaterial wird üblicherweise stark dotiertes n^+-Substrat (Si oder GaAs) mit einer etwa 6 bis 10 µm dicken n-Epitaxieschicht (X-Band) verwendet. Für eine p^+nn^+-Diode (Abschnitt 1.5.1) wird eine stark p^+-dotierte Zone etwa 0,5 bis 1,5 µm eindiffundiert (Abb. 48a). Der p^+n-Übergang kann auch mit einem

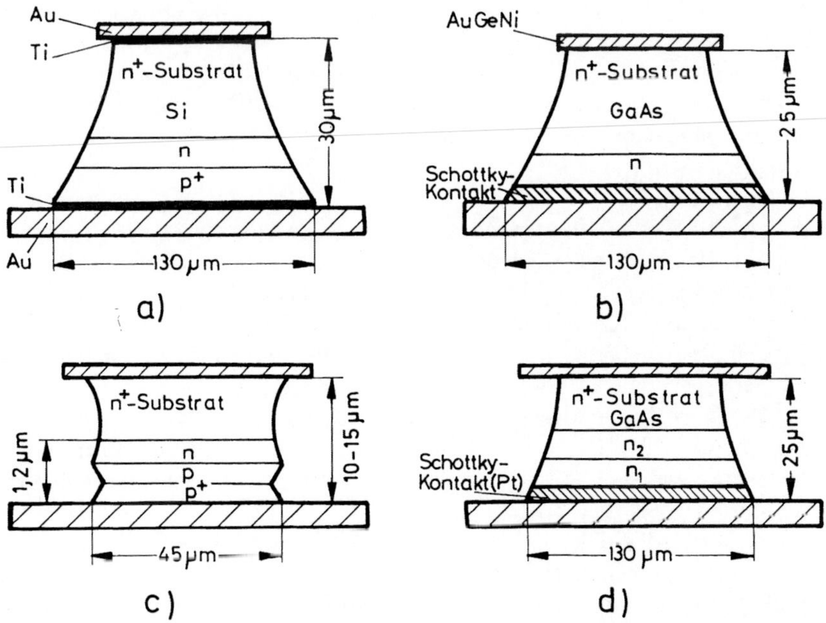

Abb. 48. Ausführungsformen von Lawinenlaufzeit-Dioden. **a)** Diffundierte Si-Mesadiode (X-Band); **b)** GaAs-Diode mit Schottky-Kontakt (X-Band); **c)** Si-Doppeldrift-Dioden (50 GHz); **d)** GaAs-Dioden mit Stufen-Dotierung („High-Low", X-Band)

Doppelepitaxieprozeß hergestellt werden. Besonders vorteilhaft ist die Anwendung der Ionenimplantation zur Erzeugung des $p^+ n$-Übergangs. Durch Beschuß der Si-n-Epitaxieschicht mit Borionen (60 kV) wird eine sehr dünne (0,3 μm) p^+-Zone erzeugt [91]. Da der $p^+ n$-Übergang viel näher an der Oberfläche ist als bei der diffundierten Diode, wird damit eine bessere Wärmeabfuhr erzielt.
Die ohmschen Kontakte für die hochdotierten Zonen werden bei Si durch Aufdampfen von Ti und Au, bei GaAs durch Bedampfen mit AuGeNi (n^+) und CrAu (p^+) erzeugt. Auf der p^+-Seite wird die Wärmesenke durch elektrolytisches Abscheiden von Au und Ag (Au, Ag, Au) aufgebracht (ca. 30 μm).
Die Mesaätzung erfolgt von der n^+-Seite her (Abb. 48a). Durch die spezifische Neigung der Mesaseiten wird das elektrische Feld an der Peripherie des pn-Übergangs reduziert und damit vorzeitiger Randdurchbruch vermieden.
Zur Vermeidung von schädlichen Bahnwiderständen (Abschnitt 1.5.1.2) und inhomogener Stromverteilung durch den Skineffekt bei sehr hohen Frequenzen [92] muß das n^+-Substrat möglichst dünn sein (5 bis 15 μm). Freyer [30] hat mit einer besonderen Ätz- und Diffusionstechnik Si-Lawinenlaufzeitdioden ohne Substrat hergestellt.
Abbildung 48b zeigt eine typische GaAs-Lawinenlaufzeitdiode mit sperrendem Schottky-Kontakt. Bei dieser Anordnung liegt die Lawinenzone, in der die meiste Wärme erzeugt wird, direkt am Metall-Halbleiter-Übergang. Die Verlustwärme kann dann noch leichter abgeführt werden. Als Schottky-Kontaktmaterial wird bei GaAs entweder Pt [93], Ni [94] oder NiCr [95] bei Si vorwiegend Pt [96, 97] verwendet.
Eine typische Si-Doppeldriftdiode (Abschnitt 1.5.2) für das mm-Wellengebiet [41] ist in Abb. 48c dargestellt. Das Einbringen der p-Zone in die nur 1,2 μm dicke Epitaxie-Schicht erfolgt durch eine 0,7 μm tiefe Borimplantation. Der p^+-Kontakt (0,2 μm) wird entweder durch eine zweite Implantation oder durch eine flache Bordiffusion erzeugt.
Die typische Struktur einer GaAs-Diode mit Stufendotierungsprofil („High-Low"; Abschnitt 1.5.3) für das X-Band ist in Abb. 48d gezeigt [98]. Auf dem n^+-GaAs Substrat wird z. B. mit der Gasphasenepitaxie eine 4 μm starke n_2- Epitaxieschicht ($n_2 = 5 \cdot 10^{15}\,\mathrm{cm}^{-3}$) abgeschieden. Die dünne (etwa 0,5 μm), höher dotierte n_1-Schicht wird entweder durch einen zweiten Epitaxieschritt [42], durch Diffusion [99] oder durch Ionenimplantation [98] (z. B. mit S-Ionen, 30 bis 300 kV) hergestellt. Im gezeigten Beispiel wird die Raumladungszone in der n_1- und n_2-Zone mit einem sperrenden Pt-Schottky-Kontakt erzeugt.

In ähnlicher Weise werden GaAs-Dioden mit Stufenfeldprofil („Low-High-Low") hergestellt. Die erforderliche kräftige Donatorflächenladung $N_1 a$ (an der Stelle w_1, vgl. Abb. 32b) wird ebenfalls mit Ionenimplantation realisiert (z. B. mit Si-Ionen, 250 kV, $N_1 = 10^{17}\,\mathrm{cm}^{-3}$, [44]). Auch bei dieser Struktur wird häufig Pt als Schottky-Kontakt verwendet, da Pt das einzige Metall zu sein scheint, das den hohen Stromdichten ($\approx 10^3\,\mathrm{A/cm}^3$) und Betriebstemperaturen (150 bis 200 °C) standhält. Jedoch ist dieser sperrende Kontakt bei höheren Temperaturen nicht mehr stabil, weil dann Pt in das GaAs diffundiert, mit GaAs Verbindungen eingeht und somit die aktive Zone allmählich zerstört. Ein weiterer Nachteil von Schottky-Kontakten ist, daß wegen der bei diesen Dioden relativ hohen Feldstärke am

Metall-Halbleiter-Übergang (insbesondere bei „High-Low"-Strukturen) eine merkliche Erhöhung des Sättigungsstromes durch Feldemission [100] auftritt, wodurch infolge erhöhter HF-Gleichrichtung (Abschnitt 1.4.2) der Wirkungsgrad erheblich reduziert wird. Trotz der einfacheren Herstellung von Schottky-Kontakten ist es aus diesen Gründen zweckmäßiger, bei GaAs-Dioden („High-Low" and „Low-High-Low") einen p^+-Kontakt (durch Zn-Diffusion, Epitaxie oder Implantation) zu verwenden.

Die Dioden werden so in ein Mikrowellengehäuse mit einem Lot einlegiert (Dioden für das Millimeterwellengebiet werden ohne Gehäuse in den Oszillator eingebaut), daß die Verlustwärme von der Lawinenzone möglichst gut in die Wärmesenke abgeführt werden kann. Dazu wird zweckmäßigerweise der *pn*-Übergang oder Schottky-Kontakt auf die Wärmesenke gebracht („upside-down"-Technik). Die Verlustleistung in der Diode $P_0(1 - |\eta|)$ (P_0 = Gleichleistung) muß gleich der Wärmeleistung sein, die an die Wärmesenke transportiert werden kann. Für $|\eta| < 1$ gilt

$$P_0 = \Delta\vartheta / R_\Theta \tag{1.8/1}$$

worin $\Delta\vartheta$ die Temperaturdifferenz zwischen *pn*-Übergang (bzw. Schottky-Kontakt) und Wärmesenke und R_Θ der Wärmewiderstand (K/W) ist. Für die vereinfachte Diode mit Schichtkontakt und Wärmesenke in Abb. 49 gilt:

$$R_\Theta = \frac{w_0}{A\varkappa_0} + R_{\Theta\mathrm{K}} + \frac{1}{4r\varkappa_s}. \tag{1.8/2}$$

Darin ist A der Diodenquerschnitt und $\varkappa_0$ die Wärmeleitfähigkeit des p^+-Kontaktes. Die Größe

$$R_{\Theta\mathrm{K}} = \frac{1}{A}\sum_{\nu=1}^{n} w_\nu/\varkappa_\nu$$

stellt den Ersatzwärmewiderstand des Schichtkontaktes dar, wenn dieser aus n Metallschichtfolgen (w_ν, $\varkappa_\nu$ ist die Dicke bzw. Wärmeleitfähigkeit der ν-ten Schicht) zusammengesetzt ist. Der letzte Term in (1.8/2) ist der thermische Engewiderstand. Für typische Metallkontakte [38] und bei kleinem w_0 (bei Ionenimplantation und Schottky-Kontakt) überwiegt dieser Beitrag. Für eine Cu-Wärmesenke ($\varkappa_s = \varkappa_{cu}$ = 3,9 W/cmK) und eine Diodenfläche von $10^{-4}\,\mathrm{cm}^2$ ist dann $R_{\Theta\mathrm{Cu}} \approx 11{,}4$ K/W.

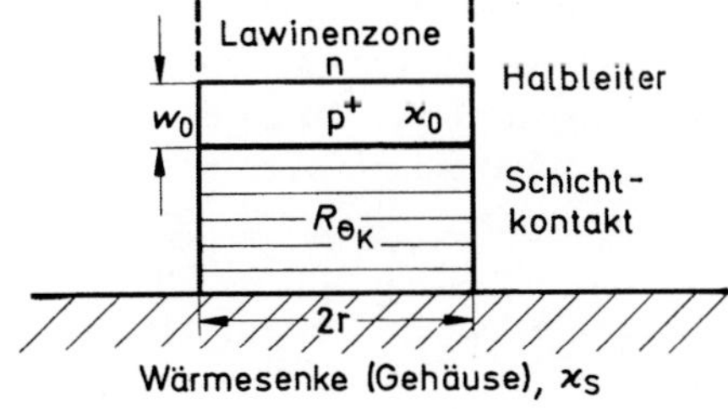

Abb. 49. Lawinenzone mit Schichtkontakt und Gehäuse-Wärmesenke

Der Engewiderstand kann reduziert werden, wenn anstelle einer Cu-Wärmesenke Diamant (Typ IIa, $\varkappa_{\text{Diamant}} \approx 10$ bis 20 W/cmK) verwendet wird [38, 101]. Bei gleicher Diodenfläche ist dann $R_{\Theta_{\text{Diamant}}} = 2$ bis 4 K/W.
Andere Möglichkeiten zur Reduzierung des Engewiderstandes bestehen darin, daß bei gegebener Fläche A mehrere Dioden mit kleiner Fläche parallel geschaltet werden [37, 38] oder daß Dioden mit Ringkontakt [102] angewendet werden.
Bei konventionellen Cu-Wärmesenken liegt für X-Band-Dioden der gesamte Wärmewiderstand R_Θ sowohl für GaAs als auch für Si typischerweise zwischen 10 und 30 W/K. Ist die Temperaturdifferenz $\Delta\vartheta = 200\,°\text{C}$, so tritt nach (1.8/1) in der Diode eine Verlustleistung zwischen 6 und 20 W auf.

1.9 Anwendungen

Die Anwendungsbereiche von Lawinenlaufzeitdioden werden einerseits durch die jeweiligen Systemanforderungen und andererseits durch die Diodeneigenschaften, wie z. B. Leistung, Betriebsfrequenz und Rauschen, bestimmt.
Wegen des unvermeidlichen, großen Rauschens scheiden Lawinenlaufzeitdioden in empfindlichen Empfängern von vornherein aus. Aufgrund der erzielbaren großen Verstärkung und Leistung, finden deshalb Lawinenlaufzeitdioden hauptsächlich in Oszillatoren und Leistungsverstärkern Anwendung. Da der GaAs-Feldeffekttransistor mit seinen günstigen Eigenschaften bereits das X-Band erobert hat, bleibt der Lawinenlaufzeitdiode in der Zukunft wesentlich das Millimeterwellengebiet vorbehalten. In den verschiedenen Bändern im Bereich zwischen 30 GHz und 240 GHz wird die Lawinenlaufzeitdiode eingesetzt (bzw. geplant) als Ersatz der Wanderfeldröhre mittlerer Leistung, als Vorverstärker für Wanderfeldröhrenverstärker, in Sendern bei der Satelliten-Nachrichtenübertragung, in Doppler-Radar- und Radiometersystemen, in elektronisch schwenkbaren Antennen, in Lokaloszillatoren und in durchstimmbaren Sendern für die Meßtechnik.
Abbildung 50 zeigt den typischen Aufbau eines 50 GHz Oszillators [103]. Die Lawinenlaufzeitdiode wird ohne Gehäuse in den Hohlleiter eingebaut. Die Deckscheibe erzeugt auf der Diode einen Druckkontakt und bildet zugleich den eigentlichen Resonator für die Diode. Die Betriebsfrequenz wird hauptsächlich durch die Geometrie der Deckscheibe bestimmt. Mit dem Kurzschlußschieber kann die Frequenz einige Prozent mechanisch abgestimmt werden. Wird eine hohe Frequenzstabilität verlangt, so wird der Oszillator an einen Transmissions- oder Reflexionsresonator mit hohem Q ($\Delta f_{\text{rms}} \sim 1/Q$) angekoppelt. Der Abstimmbereich wird dann jedoch entsprechend eingeengt.

Elektronische Abstimmung bei Resonatoren mit mittlerem Q erfolgt entweder mit Varaktoren oder YIG-Kugeln. Abbildung 51 zeigt die Leistung und den Frequenzgang eines mit einem Varaktor abgestimmten Oszillators [103] mit einer Modulationssteilheit von nur etwa 15 MHz/V. Wegen der relativ kleinen Frequenzänderung wird deshalb Varaktorabstimmung vorwiegend bei frequenzmodulierten Quellen angewandt. Mit YIG-Kugeln läßt sich die Frequenz über eine Oktave abstimmen. Der zur Abstimmung erforderliche Elektromagnet ist jedoch langsam. Die Hauptanwendung solcher Quellen liegt daher bei wobbelbaren

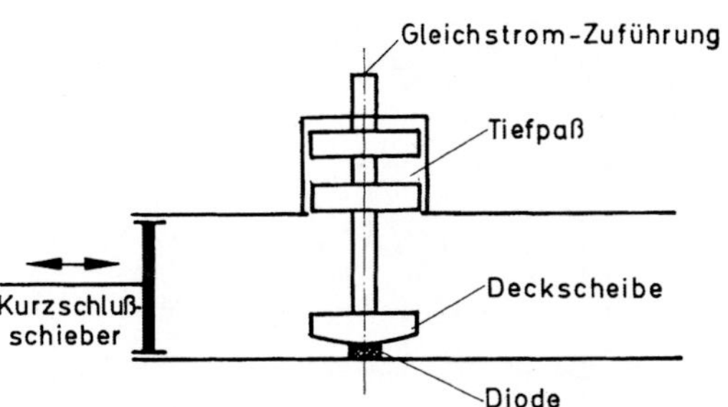

Abb. 50. Schema eines 50 GHz Hohlleiter Oszillators (nach Lee et al. [103])

Generatoren. Wenn, wie bei sehr hohen Frequenzen (ab etwa 90 GHz), Abstimmung mit Varaktoren und YIG-Kugeln erschwert wird, erfolgt elektronische Abstimmung über die Lawinenfrequenz (vgl. Abschnitt 1.3.5) mit dem Gleichstrom mit Bandbreiten bis zu 10%.

Oszillatoren mit Lawinenlaufzeitdioden werden meist als mitgezogene Oszillatoren ausgelegt, insbesondere wenn phasenmodulierte Signale verarbeitet werden. Das rauscharme Synchronisationssignal wird häufig von einem Gunn-Oszillator (Kapital 3) geliefert. Das FM-Eigenrauschen wird dadurch in der Umgebung des Trägers auf das geringe FM-Rauschen des Synchronisationssignales reduziert. Der Mitziehbereich (etwa 2–3 GHz bei 60 GHz [104]) muß dann größer als die Signalbandbreite sein.

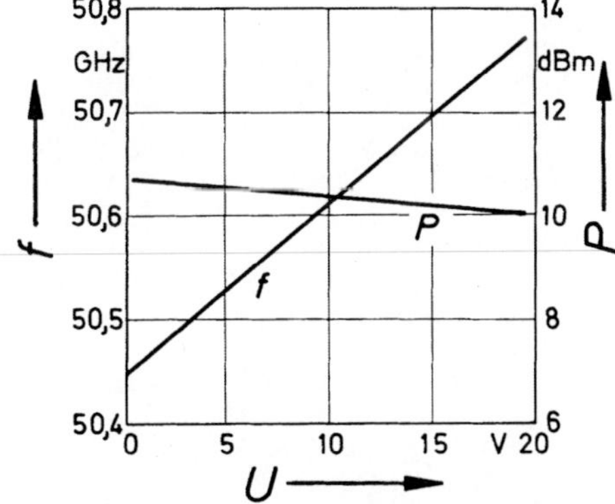

Abb. 51. Leistung und Frequenz als Funktion der Varaktorsperrspannung des 50 GHz Oszillators von Abb. 50 (nach Lee et al. [103])

Zur Leistungsverstärkung werden Lawinenlaufzeitdioden entweder in stabilen Reflexionsverstärkern oder in mitgezogenen Oszillatoren angewendet. Abb. 52 zeigt die Ausgangsleistung als Funktion der Eingangsleistung eines 60 GHz-Verstärkers [104] mit der Kleinsignalverstärkung von 10 dB und einer Verstärkung von etwa 3 dB bei Sättigung sowie einem Wirkungsgrad $\eta = (P_{aus} - P_{ein})/P_0$ von maximal 5,4%.

Erfolgt Leistungsverstärkung, indem die gleiche Anordnung [104] als mitgezogener Oszillator betrieben wird, dann ist die Ausgangsleistung durch die Oszillator-Begrenzerwirkung praktisch unabhängig von der Eingangsleistung, jedoch steigt auf Kosten der Bandbreite entsprechend die Verstärkung (> 20 dB).

Im unteren Bereich der Frequenzskala, von etwa 0,5 GHz bis 10 GHz wird die Lawinenlaufzeitdiode im Trapattmodus (Abschnitt 1.6.1) in speziellen Anwendun-

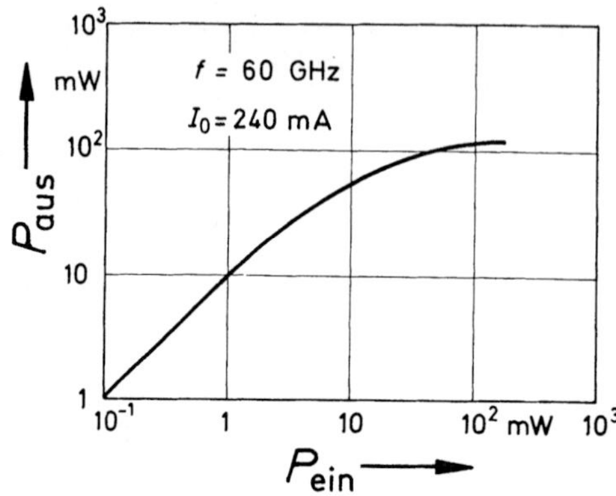

Abb. 52. Ausgangsleistung P_{aus} als Funktion der Eingangsleistung P_{ein} eines Verstärkers bei 60 GHz (nach Kuno und English [104])

gen, wie z. B. in elektronisch schwenkbaren Antennen und in Transpondern ihren besonderen Platz einnehmen. Denn Wirkungsgrade bis zu 75% und Impuls-Leistung von 1,2 kW werden in diesem Frequenzbereich derzeit von keinem anderen Halbleiterbauelement erzeugt.

Literatur zu Kapitel 1

1. Read, W. T.: A proposed high-frequency, negative resistance diode. Bell Syst. Tech. J. 37 (1958) 401–446
2. Johnston, R. L.; De Loach, B. C.; Cohen, B. G.: A silicon diode microwave oscillator. Bell Syst. Tech. J. 44 (1965) 369–372
3. Scharfetter, D. L.; Evans, W. J.; John ton, R. L.: Double-drift-region (p^+pnn^+) avalanche diode oscillators. Proc. IEEE 58 (1970) 1131–1133
4. Prager, H. J.; Chang, K. K. N.; Weisbrod, S.: High-power, high efficiency silicon avalanche diodes at ultra high frequencies. Proc. IEEE 55 (1967) 586–587
5. Salmer, G.; Pribetich, J.; Farayre A.; Kramer, B.: Theoretical and experimental study of GaAs Impatt oscillator efficiency. J. Appl. Phys. 44 (1973) 314–324
6. Kuvås, R. L.; Schroeder, W. E.: Premature collection mode in Impatt diodes. IEEE ED-22 (1975) 549–558
7. Constant, E.; Mircea, A.; Pribetich, J.; Farayre, J.: Effect of transferred-electron velocity modulation in high-efficiency GaAs Impatt-diodes. J. Appl. Phys. 46 (1975) 3934–3940
8. Culshaw, B.; Giblin, R. A.; Blakey, P. A.: Avalanche diode oscillators. London: Taylor and Francis 1978
9. Kuvås, R. L.; Immorlica, A. A.; Luddington, B. W.; Szalkowski, F. J.: Heterojunction Impatt diodes: Theoretical performance and material development studies. Proc. 6th Biennial Cornell Electrical Eng. Conf., Aug. 16–18, 1977, pp 247–253.
10. Sze, S. M.: Physics of semiconductor devices. New York: Wiley and Sons 1969
11. Schroeder, W. E.; Haddad, G. I.: Nonlinear properties of Impatt devices. Proc. IEEE 61 (1973) 153–182
12. Bauhahn, P.; Haddad, G. I.: Impatt device simulation and properties. IEEE Trans. ED-24 (1977) 634–642
13. Blakey, P. A.: Culshaw B.; Giblin, R. A.: Comprehensive models for the analysis of high-efficiency GaAs Impatt's. IEEE Trans. ED-25 (1978) 674–682
14. Gilden, M.; Hines, M. E.: Electronic tuning effects in the Read microwave avalanche diode. IEEE Trans. ED-13 (1966) 169–175.
15. Kuvås, R.; Lee, C. A.: Carrier diffusion in semiconductor avalanches. J. Appl. Phys. 41 (1970) 3108–3116
16. Hulin, R.: Großsignalmodell von Lawinenlaufzeitdioden. Diss. TU Braunschweig 1973
17. Statz, H.; Haus, H. A.; Pucel, R. A.: Large-signal dynamic loss in Gallium Arsenide Read avalanche diodes. IEEE ED-25 (1978) 22–33

18. Misawa, T.: Impatt diodes. Semiconductors and semimetals 7 (1971) Part B. New York: Academic Press
19. Gummel, H. K.; Blue, J. L.: A small-signal theory of avalanche noise in Impatt-diodes. IEEE Trans. ED-14 (1967) 563–580
20. Hulin, R.; Claassen, M.; Harth, W.: Circuit representation of avalanche region of Impatt diodes for different carrier velocities and ionisation rates for electrons and holes. Electron. Lett. 6 (1970) 849–850
21. Tager, A. S.: The avalanche-transit diode and its use in microwaves. Sov. Phys. Usb. 9 (1967) 892–912
22. Unger, H.-G. und Harth, W.: Hochfrequenz-Halbleiterelektronik. Stuttgart: Hirzel 1972
23. Harth, W.: Resonance and parametric effects in Impatt diodes. IEEE Trans. ED-17 (1970) 282–289
24. Misawa, T.: Saturation current and large-signal operation of a Read-diode. Solid State Electron. 13 (1970) 1363–1368
25. Blakey, P. A.; Culshaw, B.; Giblin, R. A.: Flat-field approximation: A model for drift region in high-efficiency Impatts. Solid State Electron Devices 1 (1977) 57–61
26. Culshaw, B.; Blakey, P. A.; Giblin, R. A.: Chargelimited domains in Gallium-Arsenide avalanche diodes. Electron. Lett. 11 (1975) 102–104
27. Schroeder, W. E.; Haddad, G. I.: Avalanche region width in various structures of Impatt-diodes. Proc. IEEE 59 (1971) 1245–1248
28. Van Iperen, B. B.; Tjassens, H.: Influence of carrier velocity saturation in the unswept layer on the efficiency of avalanche transit time diodes. Proc. IEEE 59 (1971) 1032–1033
29. Freyer, J.; Harth, W.: Unveröffentlichtes Manuskript 1978
30. Freyer, J.: Double-diffused Impatt diodes without substrate for X-Band frequencies. Solid State Electron. 19 (1976) 419–420
31. Van Iperen, B. B.; Tjassens, H.: Measurement of largesignal impedance, optimum a. c. voltage and efficiency in Si pnn^+, npp^+ and GaAs Schottky barrier avalanche transit time diodes. Proc. MOGA Conference, Amsterdam 1970, 7-27-7-32 Amsterdam: Kluwer-Deventer 1970
32. Kovel, S. R.; Gibbons, G.: The effect of unswept epitaxial material on the microwave efficiency of Impattdiodes. Proc. IEEE 55 (1967) 2066–2067
33. Küpper, P.; Freyer, J.: Unveröffentlichtes Manuskript.
34. Van Iperen, B. B.; Tjassens, H.; Goedbloed, J. J.: On the relation between microwave series resistance, capacitance and output power of Impatt-diodes. Proc. IEEE 57 (1969) 1341–1342
35. Scharfetter, D. L.: Power-impedance-frequency limitations of Impatt oscillators calculated from a scaling approximation. IEEE ED-18 (1971) 536–543
36. Sze. S. M.; Ryder, R. M.: Microwave avalanche diodes. Proc. IEEE 59 (1971) 1140–1154
37. Swan, C. B.; Misawa, T.; Marinaccio L.: Composite avalanche diode structures for increased power capability. IEEE ED-14 (1967) 584–589
38. Höfflinger, B.: Recent development on avalanche diode oscillators. Microwave J. 12 (1969) 101–115
39. Scharfetter, D. L.; Evans, W. J.; Johnston, R. L.: Double-drift-region (p^+pnn^+) avalanche oscillators. Proc. IEEE 58 (1970) 1131–1133
40. Lekholm, A.; Mayr, J.: Computer optimisation of double-drift-region Impatt-diodes. Electron. Lett. 9 (1973) 64–66
41. Seidel, T. E.; Davis, R. E.; Jglesias, D. E.: Double-drift-region ion implanted millimeter-wave Impatt-diodes. Proc. IEEE 59 (1971) 1222–1228
42. Kim, C. K.; Mathei, W. G.; Steele, R.: GaAs Read Impatt diode oscillators. Proc. 4th Biennial Cornell Electrical Eng. Conf. 1973, Aug. 14–16, pp. 299–305
43. Goldwasser, R. E.; Rosztoczy, F. E.: High-efficiency GaAs lo-hi-lo Impatt devices by liquid phase epitaxy for X-band. Appl. Phys. Lett. 25 (1974) 92–94
44. Bozler, C. O.; Donelly, J. P.; Murphy, R. A.; Laton, R. W.; Sudbury, R. W.: High-efficiency ion-implanted lo-hi-lo GaAs Impatt-diodes. Appl. Phys. Lett. 29 (1976) 123–125
45. Claassen, M.; Küpper, P.; Harth, W.: Design considerations for GaAs high-low Impatt-diodes. Int. J. Electron. 44 (1978) 145–150
46. Blakey, P. A.: Design criteria for the „Hi"-doping density in Hi-Lo high efficiency Impatts. Electron. Lett. 12 (1976) 329–330
47. Blakey, P. A.; Culshaw, B.; Giblin, R. A.: Criterion for the optimum punchthrough factor of Gallium-Arsenid Impattdiodes. Electron. Lett. 12 (1976) 284–286

48. Huish, P. W.: Observed behaviour of high-efficiency Impatt diodes over a 30% frequency range. Electron. Lett. 13 (1977) 178–179
49. Kobayashi, K.; Hirachi, Y.; Toyama, Y.: High-power GaAs Impatt diodes. Fujitsu Sci. Tech. J. 12 (1976) 107–119
50. Hirachi, Y.; Kobayashi, K.; Ogasawara, K.; Toyama, Y.: A new concept for high-efficiency operation of high-low-type GaAs Impatt-diodes. IEEE ED-25 (1978) 666–674
51. Wissemann, W.R.; Shaw, D.W.; Adams, D.W.; Hasty, T.E.: GaAs Schottky-Read diodes for X-band operation. IEEE ED-21 (1974) 317–323
52. Scharfetter, D.L.; Bartelink, D.J.; Gummel, H.K.; Johnston, R.L.: Computer simulation of low-frequency high-efficiency oscillation in germanium Impatt-diodes. IEEE ED-15 (1968) 691
53. Kostichack, D. F.: UHF avalanche diode ascillator providing 400 watts peak power and 75 percent efficiency. Proc. IEEE 58 (1970) 1282–1283
54. Liu, S.G.; Risko, J.J.: Fabrication and performance of kilowatt L-band avalanche diodes. RCA Rev. 31 (1970) 3–19
55. Evans, W.J.: Computer experiments on Trapatt diodes. IEEE MTT-18 (1970) 862–871
56. Bartelink, D.J.; Scharfetter, D. L.: Avalanche shock fronts in *pn*-junctions. Appl. Phys. Lett. 14 (1969) 320–323
57. Carroll, J. E.: Hot electron microwave generators. London: Arnold 1970
58. De Loach, B. C.; Scharfetter, D. L.: Device physics of Trapatt oscillators. IEEE ED-17 (1970) 9–21
59. Yanai, H.; Torizuka, N.; Yamada, N.; Okkubo, K.: Experimental analysis for the large amplitude, high-efficiency mode of ascillation with Si-avalanche diodes. IEEE ED-17 (1970) 1067–1076
60. Khochnevis-Rad, M.; Lomax, R.J.; Haddad, G.I.: Transient analysis of the Trapatt mode in avalanche diodes. Solid State Electron. 21 (1978) 1245–1252
61. Evans, W.J.: Circuits for high-efficiency avalanchediode oscillators. IEEE MTT-17 (1969) 1060–1067
62. Mouthaan, K.: Characterization of nonlinear interactions in avalanche transit-time oscillators, frequency multipliers and frequency dividers. IEEE MTT-18 (1980) 853–862
63. Bogoliubov, N.N.; Mitropolski, J.A.: Asymptotische Methoden in der Theorie der Nichtlinearen Schwingungen. Berlin: Akademie-Verlag 1965
64. Schroeder, W.E.; Haddad, G.I.: Effect of harmonic and subharmonic signals on avalanche-diode oscillator performance. IEEE MTT-18 (1970) 327–331
65. Swan, C. B.: Impatt oscillator performance improvement with second-harmonic tuning. Proc. IEEE 56 (1968) 1616–1617
66. Rolland, P.A.; Salmer, G.; Derycke, A.; Michel J.: Very-high-rank avalanche diode frequency multiplier. Proc. IEEE 61 (1973) 1757–1758
67. Evans, W.J.; Haddad, G. I.: Frequency conversion in Impatt-diodes. IEEE ED-16 (1969) 78–87
68. Grace, M. I.: Down conversion and sideband translation using avalanche transit time oscillators. Proc. IEEE 55 (1967) 2065–2066
69. Brackett, C.A.: The elimination of tuning-induced burnout and bias-circuit oscillations in Impatt oscillators. Bell Syst. Tech. J. 52 (1973) 271–306
70. Hines, M. E.: Noise theory of the Read type avalanche diode. IEEE ED-13 158–163
71. Claassen, M.: Small-signal noise performance of Impattdiodes made from Silicon, Germanium and Gallium-Arsenide. Proc. MOGA Conference, Amsterdam 1970, 12–36 – 12–40 Amsterdam: Kluwer-Deventer 1970
72. Hulin, R.; Goedbloed, J.J.: Influence of carrier diffusion on the intrisic response time of semiconductor avalanches. Appl. Phys. Lett. 21 (1972) 69–71
73. Goedbloed, J.J.: Noise in Impatt-diodes. Philips Res. Repts. Suppl. (1973) No 7.
74. Haus, H.A.; Statz, H.; Pucel, R.: Optimum noise measure of Impatt-diodes. IEEE MTT-19 (1971) 801–813
75. Scherer, E. E.: A multistage high-power avalanche amplifier at X-band. IEEE SC-4 (1969) 396–399

76. De Loach, B. C.; Johnston, R. L.: Avalanche transittime microwave oscillators and amplifiers. IEEE ED-13 (1966) 181–186
77. Kuno, H. J.; Collard, J. R.; Gobat, A. R.: Microwave amplification with GaAs avalanche diodes. Electron. Lett. 4 (1968) 540–542
78. Cowley, A. M.; Fazarinc, F. A.; Mall, R. D.; Hamilton, S. A.; Yen, C.-S.; Zettler, R. A.: Noise and power saturation in singly tuned Impatt oscillators. IEEE SC-5 (1970) 338–345
79. Vlaardingerbroek, M. T.: On the signal dependence of avalanche noise generation. IEEE ED-22 (1975) 309–313
80. Sjölund, A.: Noise in impatt oscillators at large r. f. amplitudes. Electron. Lett. 7 (1971) 161–162
81. Gewartowski, J. W.: Progress with cw Impatt diode circuits at microwave frequencies. IEEE MTT 27 (1979) 434–442
82. Mircea, A.; Constant, E.; Perichon, R.: FM noise of high-efficiency GaAs Impatt oscillators. Appl. Phys. Lett. 26 (1975) 245–248
83. Müller, R.: Rauschen. Halbleiter-Elektronik Bd. 15. Berlin, Heidelberg, New York: Springer 1979
84. Freyer, J.: Herstellung und Untersuchung von doppelt diffundierten Silizium-Lawinenlaufzeitdioden für X-Band Frequenzen. Diss. TU München 1977
85. Snapp, C. P.; Pfund, G.; Padell, A. F.: Design, performance and behaviour of pulsed and cw Silicon doubledrift Impatts. Conf. Proc. 4th European Microwave Conference, Montreux 1974, pp 168–172
86. Hewlett-Packard, Application Note 935
87. Mircea, A.; Perichon, R.: Origines et mécanismes du bruit de fond dans les diodes à avalanche et à temps de transit. Acta Electronica 17 (1974) 165–170
88. Ondria, J. G.; Collinet, J.-C. R.: Noise-reduction techniques of high-frequency oscillator-high order multipliers and avalanche-diode-type microwave sources. IEEE SC-4 (1969) 65–70
89. Harth, W.; Ulrich, G.: Q-dependence of Impatt diode f. m. noise. Electron. Lett. 5 (1969) 7–9
90. Josenhans, J. G.: Noise spectra of Read diode and Gunn oscillators. Proc. IEEE 54 (1966) 1478–1479
91. Ying, R. S.; Mankarous, R. S.; English, R. G.; Bower, D. E.; Coerver, L. O.: Characterization of ion-implanted Impatt oscillators. IEEE SC-3 (1968) 225–231
92. De Loach, B. C.: Thin skin Impatts. IEEE MTT-18 (1970) 72–74
93. Lee, Y. S.; Kim, C. K.: Two-watt GaAs Schottky-barrier Impatt diodes. Proc. IEEE 58 (1970) 1153–1154
94. Kim, C. K.; Armstrong, L. D.: GaAs Schottky-barrier avalanche diodes. Solid State Electron. 13 (1970) 53–56
95. Huang, H.-C.; Levine, P. A.; Gobat, A. R.; Klatskin, J. B.: High-efficiency operation of GaAs Schottky-barrier Impatts. Proc. IEEE 60 (1972) 464–465
96. Sze, S. M.; Lepselter, M. P.; Macdonald, R. W.: Metal semiconductor Impatt diode. Solid State Electron. 12 (1969) 107–109
97. De Nobel, D.; Kock, H. G.: A silicon Schottky barrier avalanche transit time diode. Proc. IEEE 57 (1969) 2088
98. Berenz, J. J.; Ying, R. S.; Lee, D. H.: C. w. operations of ion-implanted GaAs Read-Type Impatt diodes. Electron. Lett. 10 (1974) 157–158
99. Küpper, P.; Freyer, J.: High efficiency diffused GaAs flat profile Impatt-diodes at 18 GHz. Int. J. Electron. 47 (1979) 469–474
100. Chive, M.; Constant, E.; Levebvre, M.; Pribetich, J.: Effects of tunneling on high-efficiency avalanche diodes. Proc. IEEE 63 (1975) 824–826
101. Swan, C. B.: Improved performance of Silicon avalanche oscillators mounted on Diamond heat sinks. Proc. IEEE 55 (1967) 1617–1618
102. Marinaccio, L. P.: Ring-geometry Impatt oscillator diodes. Proc. IEEE 56 (1968) 1588–1589
103. Lee, T. P.; Standley, R. D.; Misawa, T.: A 50-GHz Silicon Impatt diode oscillator and amplifier. IEEE ED-15 (1968) 741–747
104. Kuno, H. J.; English, D. L.: Nonlinear and largesignal characteristics of millimeter-wave Impatt amplifiers. IEEE MTT-21 (1973) 703–706

2 Barittdioden

Barittdioden (engl. Akronym für *b*arrier-*i*njection-*t*ransit-*t*ime) sind reine Laufzeitbauelemente. Das zugrunde liegende Prinzip ist schon in den Theorien der Vakuumlaufzeitdioden entwickelt worden. So zeigte J. Müller [1] bereits 1934, daß ein raumladungsbegrenzter Strom, der zwischen zwei Elektroden fließt, zu einem negativen Hochfrequenzwiderstand führen kann. Shockley [2] übertrug 1954 diese Idee auf entsprechende Halbleiterstrukturen. Obwohl die Vorzüge auf der Hand lagen – periodische Ladungsträgerinjektion in Verbindung mit reiner Laufzeitverzögerung – gelang Coleman und Sze [3] erst 1971 die erste technologische Realisierung einer Barittdiode.

Da bei der Barittdiode Lawinenmultiplikation vermieden wird, gelten hier nicht mehr die günstigen Phasenbeziehungen zwischen Wechselspannung und Wechselstrom wie bei der Lawinenlaufzeitdiode (Abschnitt 1.1). Als Folge davon ist die erzeugte Wirkleistung bei Barittdioden prinzipiell geringer als bei Lawinenlaufzeitdioden. Die Abwesenheit des Lawinendurchbruchs bringt aber auch einen großen Vorteil der Barittdiode mit sich, nämlich wesentlich geringeres Rauschen als bei der Lawinenlaufzeitdiode.

Barittdioden werden derzeit ausschließlich aus Silizium hergestellt. Eine theoretische Studie [4] zeigt, daß die Hochfrequenzeigenschaften von Barittdioden durch Verwendung von GaAs nicht wesentlich verbessert werden.

2.1 Wirkungsweise

Abbildung 53 zeigt die Struktur, Feldverteilung sowie die zeitlichen Verläufe von Spannung und Strom einer typischen Barittdiode. Als Beispiel ist die bekannte p^+np^+-Transistorstruktur (Abb. 53a) gewählt, bei der die Basis, die aktive n-Zone, nicht kontaktiert ist. Ist die n-Zone der Weite w homogen mit N_D Donatoren dotiert, so ergibt sich nach der Poisson-Gleichung (1.2/6) mit der gewählten Polung der angelegten Gleichspannung U_0 die Feldverteilung nach Abb. 53b. Danach ist der p^+n-Übergang 1 in Flußrichtung und der p^+n-Übergang 2 in Sperrichtung vorgespannt. In diesem Zustand fließt nur der geringe, durch Rekombination und Generation in der Raumladungszone vor dem p^+n-Übergang 2 erzeugte Sättigungsstrom, der im folgenden vernachläßigt wird. Auch der in Flußrichtung gepolte p^+n-Übergang 1 ist in diesem Zustand stromlos, da die hier auftretende

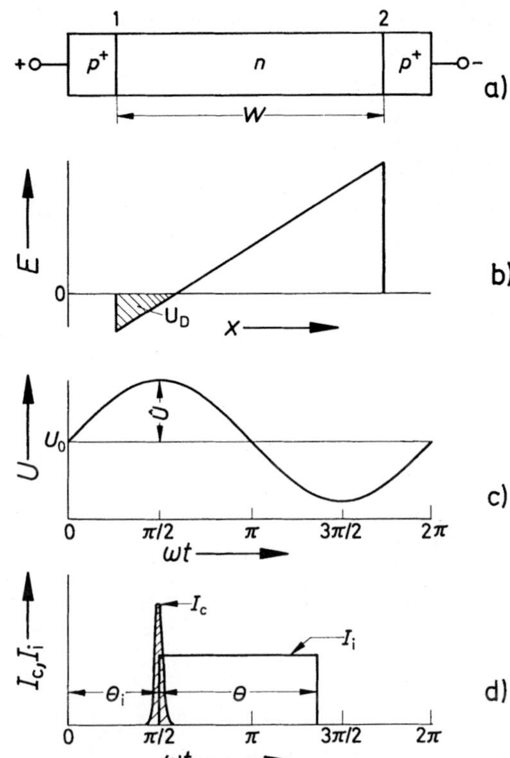

Abb. 53. Schema einer Baritt-Diode. **a**) Struktur; **b**) Feldverteilung; **c**) Diodenspannung; **d**) Injektionsstrom I_c und Influenzstrom I_i

Diffusionsspannung U_D bewirkt, daß sich Diffusions- und Feldstrom gerade kompensieren.

Wird jedoch die angelegte Spannung erhöht, so werden vom p^+ n-Übergang 1 Löcher in die n-Zone injiziert und es fließt ein Strom, der mit der Spannung über mehrere Größenordnungen exponentiell ansteigt. Erfolgt die Spannungserhöhung periodisch, z. B. sinusförmig mit der Amplitude $\hat{U}$ (Abb. 53c), so erfolgt auch die Löcherinjektion periodisch. Weil der Strom extrem steil mit der Spannung ansteigt, hat der am p^+ n-Übergang 1 injizierte Löcherstrom I_c (Abb. 53d) angenähert den Verlauf einer periodischen δ-Funktion, die jeweils im Spannungsmaximum auftritt. Der Strominjektionsmechanismus ist deshalb bei der Barittdiode in Phase mit der Spannung und die zugehörige Injektionsphase $\Theta_i = \pi/2$. Während der injizierte Stromimpuls durch die Weite w der aktiven Zone driftet, fließt im Außenkreis der Influenzstrom I_i (vgl. Abschnitt 1.3.4). Mit der vereinfachenden Annahme, daß die Löcher mit gesättigter Geschwindigkeit v_s driften, ist der Influenzstrom während des Laufwinkels Θ zeitlich konstant (Abb. 53d).
Damit ($\Theta_i = \pi/2$) folgt für den Wirkungsgrad einer idealisierten Barittdiode nach (1.1/4) [5]

$$\eta = \frac{\hat{U}}{U_0} \sin \Theta/\Theta . \tag{2.1/1}$$

Wirkleistung kann nur erzeugt werden ($\eta < 0$), wenn $\sin \Theta < 0$ ist. Dies erfolgt für Laufwinkel Θ im Bereich $\pi \leqq \Theta \leqq 2\pi$.

Im Vergleich zur Lawinenlaufzeitdiode (π-Modus) muß der Laufwinkel bei der Barittdiode fast doppelt so groß gewählt werden. Denn zu Beginn des Influenzstromes ($\pi/2 \leqq \omega t \leqq \pi$) treten als Folge des Injektionsmechanismus unvermeidliche Verluste auf, da Strom und Spannung in Phase sind (Abb. 53c und d), die zunächst im Bereich $\pi \leqq \omega t \leqq 2\pi$ kompensiert werden müssen, wenn Strom und Spannung um 180° außer Phase sind. Diese verhältnismäßig ungünstige Leistungsumsetzung ist der wesentliche Nachteil der Barittdiode.

Der Betrag des Wirkungsgrads hat ein Maximum bei

$$\Theta_{max} = 1{,}43\,\pi \approx 3\,\pi/2 \tag{2.1/2}$$

mit

$$|\eta_{max}| = 0{,}22\,\hat{U}/U_0 . \tag{2.1/3}$$

Für einen Spannungshub von $\hat{U}/U_0 = 0{,}5$ folgt deshalb für $|\eta_{max}| = 11\,\%$ [6, 7]. Dieser Wert wird praktisch jedoch nicht erreicht, da die Injektion im allgemeinen vorzeitig erfolgt und $\Theta_i = \pi/2$ erst bei relativ hohen Amplituden $\hat{U}$ erreicht wird. Die Amplitude aber unterliegt bestimmten Begrenzungen. Diese nachteiligen Einflüsse auf den Wirkungsgrad und auf die Leistungserzeugung werden im Abschnitt 2.3 im Detail behandelt.

Es sei darauf hingewiesen, daß Injektion in Phase und der gleiche Laufwinkel (2.1/2) in hochdotierten *pn*-Dioden (in sogenannten Tunnett-Dioden [8]) und Schottky-Dioden [9] auftritt, wenn anstelle des Lawinendurchbruchs die Tunnelinjektion überwiegt.

2.2 Gleichstromverhalten

In Abb. 54 ist für verschiedene Gleichspannungen U_0 der Feldverlauf in der *n*-Zone (Weite *w*) einer p^+np^+-Diode gezeigt. Bei relativ kleinem U_0 (Verlauf (1)) bildet sich vor dem p^+n-Übergang 2 eine ausgeräumte Zone, danach folgt eine neutrale Zone ($E = 0$), an die sich die Raumladungszone des in Flußrichtung gepolten p^+n-

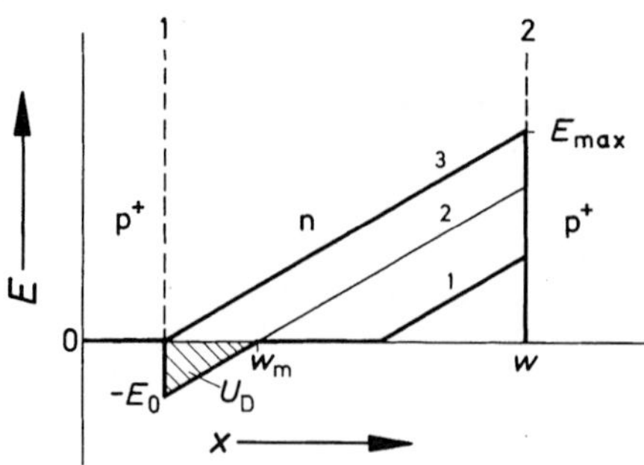

Abb. 54. Feldverlauf in der aktiven Zone einer p^+np^+-Diode für verschiedene Gleichspannungen U_0. (1) $U_0 < U_{DR}$ (U_{DR}: Durchreichspannung); (2) $U_0 = U_{DR}$; (3) $U_0 = U_{FB}$ (U_{FB}: Flachbandspannung)

Überganges 1 anschließt. Der Spannungsabfall in dieser Zone entspricht der Diffusionsspannung U_D. Bei Erhöhung von U_0 wächst die Sperrschicht auf Kosten der neutralen Zone weiter in die aktive Zone, bis sich bei der Durchreichspannung $U_0 = U_{DR}$ (Verlauf (2)) beide Raumladungszonen berühren. An der Stelle $x = w_m$ ist die Feldstärke Null und es bildet sich dort ein Spannungsminimum aus. Bei vernachläßigtem Sperrstrom fließt in diesem Zustand ($U_0 = U_{DR}$) kein Strom, da sich Diffusionsstrom und Feldstrom im Gebiet für $x \leqq w_m$ gerade kompensieren [10]. Wird nun U_0 über U_{DR} erhöht, dann überwiegt der Löcherdiffusionsstrom. Jetzt können nach Maßgabe des Spannungsminimums mehr oder weniger Löcher diese Potentialbarriere durch thermische Emission überwinden. Sie werden durch die im Gebiet $w_m \leqq x \leqq w$ herrschende positive Feldstärke als kräftiger Löcherstrom abgesaugt. Wird U_0 bis zur Flachbandspannung U_{FB} erhöht (Verlauf (3)), so verschwindet die Barriere und es fließt ein praktisch unbegrenzter Diffusionsstrom durch die aktive Zone. In diesem Zustand erfolgt jedoch Strombegrenzung durch die Raumladung der injizierten Ladungsträger (Raumladungsbegrenzung; eine ausführliche Beschreibung der verschiedenen Transportmechanismen wurde von Sze et al. [11] und Chu et al. [12] durchgeführt).

Die an der Stelle des Spannungsminimums U_m fließende Löcherstromdichte J_p ist durch

$$J_p = A^* T \exp(-e U_m / k T) \tag{2.2/1}$$

gegeben (A^* ist die effektive Richardson-Konstante: 10 bis 100 A/cm² K [12]).

Für $U_{DR} \leqq U_0 \leqq U_{FB}$ gilt für die Feldstärke E_0 an der Stelle $x = 0$:

$$E_0 = -(U_{FB} - U_0)/w. \tag{2.2/2}$$

Der Betrag des Spannungsminimums folgt aus der Lösung der Poisson-Gleichung (1.2/6)

$$U_m = (w E_0)^2 / 4 U_{FB} = (U_{FB} - U_0)^2 / 4 U_{FB}. \tag{2.2/3}$$

Ist $s = e N_D / \varepsilon$ der Feldgradient, so ergibt sich für die Flachbandspannung nach Abb. 54:

$$U_{FB} = \frac{1}{2} s w^2 = \frac{1}{2} e N_D w^2 / \varepsilon \tag{2.2/4}$$

(in Abb. 59 ist U_{FB} als Funktion von N_D und w dargestellt). Die Durchreichspannung U_{DR} folgt aus (2.2/3) mit $U_m = U_D$:

$$U_{DR} = U_{FB} - 2\sqrt{U_{FB} U_D}. \tag{2.2/5}$$

Die Löcherstromdichte J_p in (2.2/1) ist somit im Bereich $U_{DR} \leqq U_0 \leqq U_{FB}$ bei vernachlässigter Raumladung vollständig bestimmt:

$$J_p = A^* T \exp[-(U_{FB} - U_0)^2 / 4 U_{FB} k T]. \tag{2.2/6}$$

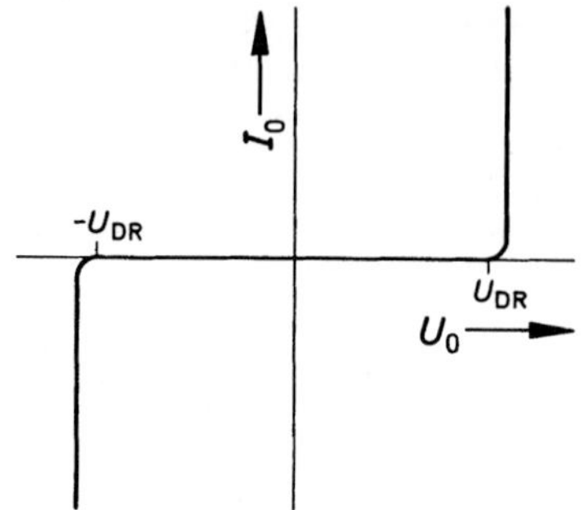

Abb. 55. Strom-Spannungskennlinie einer symmetrischen p^+np^+-Diode (U_{DR}: Durchreichspannung)

In Abb. 55 ist schematisch die Strom-Spannungskennlinie einer p^+np^+-Diode dargestellt ($I_0 = A \cdot J_p$; A ist der Diodenquerschnitt). Ist die Struktur symmetrisch, dann ist auch die Strom-Spannungs-Kennlinie symmetrisch. Wird jedoch das p^+-Gebiet am p^+n-Übergang 1 durch einen geeigneten Metallkontakt ersetzt (Mnp^+-Struktur; [13, 14]), dann muß die rechte Seite von (2.2/6) mit dem Faktor $\exp(-e\,\Phi_p/k\,T)$ multipliziert werden, worin Φ_p die Barriere für Löcher am Metall-Halbleiter-Übergang ist. Die Strom-Spannungs-Kennlinie ist dann wegen unterschiedlicher Durchreichspannungen nicht mehr symmetrisch. Symmetrie wird wieder erreicht, wenn beide p^+-Zonen durch gleiche Metallkontakte ersetzt werden (MnM-Struktur [3, 15]). Darüber hinaus sind noch die entsprechenden komplementären Strukturen mit einer p-leitenden aktiven Zone möglich (Elektroneninjektion).

2.3 Hochfrequenzeigenschaften

Das Kleinsignalverhalten von Barittdioden im Mikrowellengebiet wurde in zahlreichen Arbeiten (z. B. [10, 16–21]) eingehend untersucht. Es wurde gezeigt und auch experimentell nachgewiesen [10, 19], daß bei realistischen Randbedingungen am injizierenden Kontakt im Bereich des optimalen Laufwinkels (2.1/2) stets ein negativer Kleinsignalwirkwiderstand (bis zu $-5\ \Omega$) auftritt. Auf eine Diskussion des Kleinsignalverhaltens wird hier verzichtet, da sich im Hinblick auf Anwendungen (Abschnitt 2.6) das Interesse bei Barittdioden hauptsächlich dem Oszillatorbetrieb zuwendet. Darüber hinaus kann bei Barittdioden nicht unbedingt vom Kleinsignalverhalten auf den Großsignalbetrieb geschlossen werden [22]).

Für das Folgende wird ausschließlich Spannungseinprägung vorausgesetzt. Die an der Diode angelegte Spannung $U(t)$ ist

$$U(t) = U_0 + \hat{U} \sin \omega t \tag{2.3/1}$$

($\hat{U}$ ist die HF-Amplitude und ω die Kreisfrequenz). Für die Feldstärke E_d am Ort $x = w_d$ in der aktiven Zone folgt aus Abb. 56 mit (2.3/1):

$$E_d(t) = [U(t) - U_{FB}(1 - 2\,w_d/w) - \Delta E(w - w_q)]/w\,. \qquad (2.3/2)$$

Dabei wurde auch der durch die injizierte Raumladung erzeugte Feldsprung ΔE am Ort $x = w_q$ berücksichtigt (vgl. auch Abschnitt 1.4.1). Für das Potentialminimum $U_m(t)$ folgt daraus mit $E_d = -E_0$ und $w_d = 0$ (vgl. (2.2/3)):

$$U_m(t) = [U_{FB} + \Delta E(w - w_q) - U(t)]^2/4\,U_{FB}\,. \qquad (2.3/3)$$

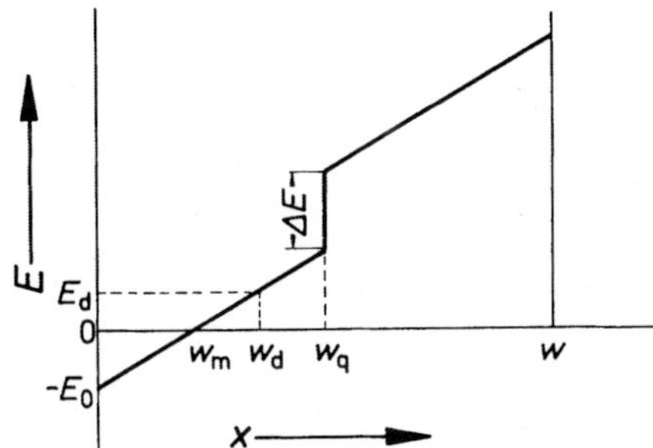

Abb. 56. Feldverlauf in der aktiven Zone mit Feldsprung ΔE der injizierten Raumladung

Der Injektionsstrom J_p (2.2/6) wird nun durch die zeitabhängige Barriere an der Stelle $x = w_m$ ausgesteuert (durch die Existenz von ΔE wird die Barriere zusätzlich erhöht und somit der Strom raumladungsbegrenzt). Zur Vereinfachung liegt es daher nahe, den Ort des Potentialminimums $x = w_m$ als virtuelle Injektionsebene einzuführen [10] (Abb. 57a). Da w_m nur einen Bruchteil von w darstellt, wird für das Folgende der Bereich $0 \leqq x \leqq w_m$ vernachlässigt. Die Durchreichspannung entspricht in dieser Näherung der Flachbandspannung $U_{DR} \approx U_{FB}$.
Mit der Annahme, daß die Feldstärke in dieser Injektionsebene während der Injektion stets Null ist ([22]; reine Raumladungsbegrenzung), gilt nach Abb. 57a (Verlauf (2))

$$U(t) = U_{FB} + \Delta E\,w\,. \qquad (2.3/4)$$

Stromeinsatz erfolgt zu einem Zeitpunkt, wenn (mit $\Delta E = 0$) gilt: $U_0 + \hat{U}_1 \sin \Theta_1 = U_{FB}$. Daraus folgt für die Phase des Stromeinsatzes Θ_1 [23]

$$\sin \Theta_1 = (U_{FB} - U_0)/\hat{U} \qquad (2.3/5)$$

(vgl. Punkt (1) in Abb. 57b und den Feldverlauf (1) in Abb. 57a).

Der zeitliche Verlauf des Stromes $I_c(t)$ in der Injektionsebene folgt aus (2.3/4) [22]:

$$I_c(t) = \varepsilon A\,\Delta\dot{E} = C_0\,\omega\,\hat{U}\cos\omega t \text{ für } \Theta_1 \leqq \omega t \leqq \Theta_2 \qquad (2.3/6)$$

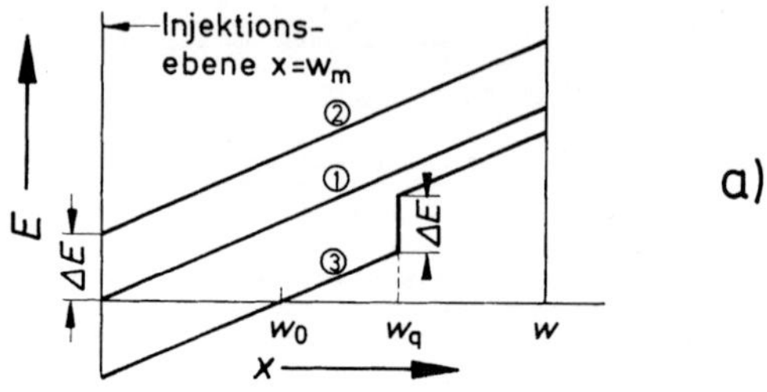

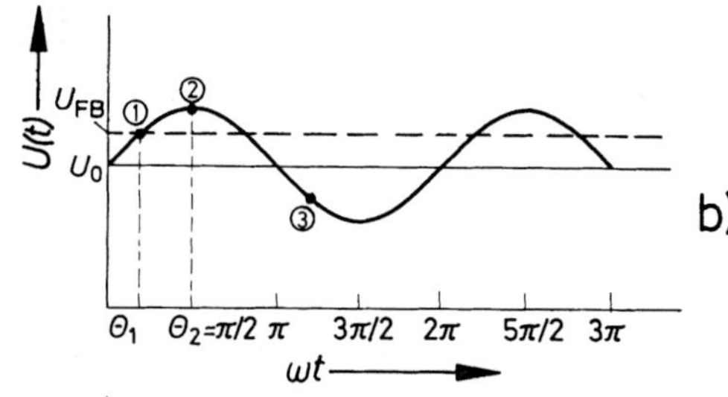

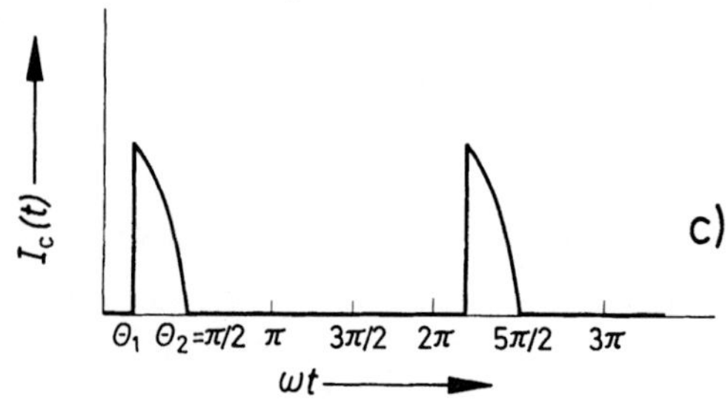

Abb. 57. Dynamisches Verhalten einer Barittdiode. **a**) Momentaner Feldverlauf; **b**) Diodenspannung; **c**) Injizierter Strom

(darin ist $C_0 = A\,\varepsilon/w$ die Kaltkapazität der Diode). Der zeitliche Verlauf von $I_c(t)$ ist in Abb. 57c dargestellt. Daraus ist ersichtlich, daß die Injektion im Spannungsmaximum bei $\Theta_2 = \pi/2$ beendet ist, da $I_c(t)$ positiv sein muß. Im Anschluß an die Injektionsphase driften die Stromimpulse durch die aktive Zone. Die zugehörige Feldverteilung während der negativen Phase der Diodenspannung (Punkt (3) in Abb. 57b) zeigt den Verlauf (3) in Abb. 57a. Der als konzentriert angenommene Stromimpuls am Ort $x = w_q$ erzeugt dort den Feldsprung ΔE. Im Gegensatz zum Gleichstromfall (Verlauf (1) in Abb. 54) bricht bei Anwesenheit von Hochfrequenzspannungen das Feld nicht zusammen. Selbst wenn die Diodenspannung kleiner als die Durchreichspannung ist, bleibt die aktive Zone frei von Majoritätsträgern, vorausgesetzt, die Rekombinations- und Generationslebensdauer ist größer als die Hochfrequenzperiode.

Der zeitliche Mittelwert der injizierten Stromimpulse ist gleich dem Gleichstrom I_0

$$I_0 = \frac{1}{2\pi}\int_{\Theta_1}^{\Theta_2} I_c(t)\,\mathrm{d}(\omega t) = C_0\,\hat{U}(1 - \sin\Theta_1)/T = C_0(\hat{U} + U_0 - U_{FB})/T \tag{2.3/7}$$

(T ist die Periodendauer).

Für die Stromeinsatzphase Θ_1, die im Bereich $0 \leqq \Theta_1 \leqq \pi/2$ liegt, folgt daraus

$$\sin \Theta_1 = 1 - I_0 T/C_0 \hat{U}. \tag{2.3/8}$$

Für $\hat{U} \to \infty$ wird $\Theta_1 = \Theta_2 = \pi/2$ und aus dem injizierten Stromimpuls wird ein δ-Impuls. Allerdings folgt bei gegebenem I_0 aus (2.3/8) für $\Theta_1 = 0$ eine untere Schranke für die Amplitude

$$\hat{U}_{\min} = I_0 T/C_0, \tag{2.3/9}$$

womit auch der Geltungsbereich des hier dargestellten Großsignalmodells abgegrenzt ist.
Als weitere Vereinfachungen werden eingeführt, daß der Injektionsstrom durch periodische δ-Impulse angenähert wird

$$I_c(t) = I_0 T \delta(t - t_i) \tag{2.3/10}$$

und daß die Injektion dieser δ-Impulse während der gemittelten Injektionsphase Θ_i [23]

$$\Theta_i = \omega t_i = (\Theta_1 + \Theta_2)/2 \tag{2.3/11}$$

stattfindet.
Mit der Voraussetzung, daß die Ladungsträger in den injizierten Stromimpulsen unmittelbar die gesättigte Geschwindigkeit v_s erreichen, folgt für den Influenzstrom I_i (vgl. Abschnitt 1.3.4)

$$I_i(t) = I_0 \frac{T}{w} \int_0^w \delta(t - t_i - x/v_s)\,\mathrm{d}x = (2\pi/\Theta) I_0 \quad \text{für } \Theta_i \leqq \omega t \leqq \Theta_i + \Theta \tag{2.3/12}$$
$$= 0 \qquad \text{sonst}$$

worin

$$\Theta = \omega \tau \tag{2.3/13}$$

der Laufwinkel und τ die Laufzeit durch aktive Zone bedeuten.
Der Verschiebungsstrom I_v

$$I_v(t) = C_0 \dot{U}(t) = \omega C_0 \hat{U} \cos \omega t \tag{2.3/14}$$

ist durch die konstante Kaltkapazität $C_0 = \varepsilon A/w$ bestimmt. Bei bekanntem Influenzstrom I_i wird die umgesetzte HF-Leistung P_D nach (1.3/26) bestimmt

$$P_D = \frac{I_0 \hat{U}}{\Theta} \int_{\Theta_i}^{\Theta_i + \Theta} \sin \omega t\, \delta(\omega t) = -I_0 \hat{U} g(\Theta, \Theta_i) \tag{2.3/15}$$

worin die Phasenfunktion $g(\Theta, \Theta_i)$ durch

$$g(\Theta, \Theta_i) = [\cos(\Theta_i + \Theta) - \cos\Theta_i]/\Theta \tag{2.3/16}$$

gegeben ist.

Aus der Beziehung $P_D = \frac{1}{2}\hat{I}_t^2 R_D(\hat{U})$ kann der negative Großsignalwiderstand $R_D(\hat{U})$ gewonnen werden, wenn man voraussetzt, daß die Amplitude $\hat{I}_t$ des Gesamtstromes durch die Amplitude $\hat{I}_v = \omega C_0 \hat{U}$ des Verschiebungsstromes angenähert werden kann (gewöhnlich ist der Verschiebungsstrom wesentlich größer als der Konvektionsstrom):

$$R_D(\hat{U}) = \frac{-2I_0}{(\omega C_0)^2 \hat{U}} g(\Theta, \Theta_i). \tag{2.3/17}$$

Bei gegebenem I_0 nimmt also der Betrag von R_D umgekehrt mit der HF-Aussteuerung ab. Es ist jedoch zu beachten, daß gemäß (2.3/7) die Amplitude $\hat{U}$ linear vom Gleichstrom I_0 abhängt. Dadurch kann R_D allein durch I_0 dargestellt werden:

$$R_D(I_0) = \frac{-2I_0}{(\omega C_0)^2} g(\Theta, \Theta_i)/[U_{FB} - U_0 + I_0 T/C_0]. \tag{2.3/18}$$

Diese Gleichung stellt die quasistatische Strom-Spannungs-Kennlinie dar [23], wobei im Oszillatorbetrieb R_D als Folge der Schwingbedingung $R_D + R_L = 0$ als Parameter zu betrachten ist (R_L ist der konstante Lastwiderstand). Aus (2.3/18) folgt dann, daß U_0 mit zunehmendem Strom I_0 abnimmt. Der Einfluß der Dotierung auf $R_D(\hat{U})$ wurde in [22] untersucht. In der Praxis werden je nach Diodenparametern und äußerer Beschaltung im Oszillatorbetrieb Werte von R_D bis zu $-1{,}5\ \Omega$ erreicht.

Aus (2.3/15) folgt für den Wirkungsgrad

$$|\eta| = \frac{\hat{U}}{U_0} g(\Theta, \Theta_i). \tag{2.3/19}$$

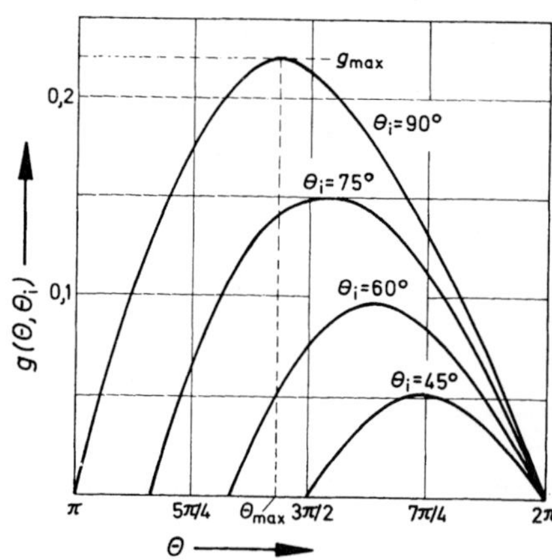

Abb. 58. Phasenfunktion $g(\Theta, \Theta_i)$ des Wirkungsgrades als Funktion des Laufwinkels Θ mit Θ_i als Parameter

Sowohl P_D als auch R_D und η sind wesentlich durch die Phasenfunktion $g(\Theta, \Theta_i)$ bestimmt, die in Abb. 58 als Funktion des Laufwinkels Θ und mit der

Injektionsphase Θ_i als Parameter dargestellt ist. Für die günstige Injektionsphase $\Theta_i = \pi/2$ ergibt sich wieder der bereits in Abschnitt 2.1 abgeleitete Verlauf $g = -\sin\Theta/\Theta$ mit $g_{max} = 0{,}22$ bei $\Theta_{max} = 1{,}43\,\pi$. Bei verfrühter Injektion ($\pi/4 \leqq \Theta_i \leqq \pi/2$) nimmt g (und damit P_D, R_D und η) rasch ab und das Frequenzband, in dem die Diode Wirkleistung abgibt, wird entsprechend schmaler.

Mit der Annahme, daß die injizierten Ladungsträger mit Sättigungsgeschwindigkeit driften, wird zwar erreicht, daß die Ausdrücke für P_D, η und R_D relativ übersichtlich werden; jedoch wird dabei vernachlässigt, daß sich die Ladungsträger im Niederfeldbereich mit einer ortsabhängigen, relativ geringen Geschwindigkeit bewegen. Die Laufzeit τ ist dann nicht durch w/v_s gegeben, sondern ist gemäß der Feldstärkeverteilung und der Geschwindigkeit-Feldstärke-Charakteristik entsprechend größer (der Einfluß nichtgesättigter Geschwindigkeit der Ladungsträger auf den Influenzstrom wird am Ende dieses Abschnittes diskutiert).
Die Laufzeit τ ergibt sich aus

$$\tau = \int_0^w 1/v\,\mathrm{d}x\,. \tag{2.3/20}$$

An der Stelle $x = 0$ besitzen die Ladungsträger die Diffusionsgeschwindigkeit v_{Diff} [10], die sich der Geschwindigkeit-Feldstärke Charakteristik $v(E)$ überlagert. Der Zusammenhang zwischen v und dem Ort folgt aus der Feldstärkeverteilung $E(x) = e\,N_D\,x/\varepsilon$. Verwendet man für $v(E)$ die Näherung [24]

$$v(E) = \mu_p\,E/(1 + \mu_p\,E/v_s) \tag{2.3/21}$$

worin μ_p die Löcherbeweglichkeit in der n-Zone ist, so folgt für die Laufzeit als Näherung

$$\tau \approx \frac{\varepsilon}{\mu_p\,e\,N_D}\ln\left(\frac{\mu_p\,e\,N_D\,w}{\varepsilon\,v_{Diff}}\right) + w/v_s \tag{2.3/22}$$

(Ähnliche Abschätzungen der Laufzeit wurden in [4] und [25] angegeben).
In Abb. 59 ist für $\tau = \Theta_{max}/2\pi f = 0{,}71/f$, $v_{Diff} = 5\cdot 10^5\,\mathrm{cm/s}$ [10] und $\mu_p = 400\,\mathrm{cm^2/Vs}$ [4] die Dotierung N_D als Funktion der Weite w der aktiven Zone mit der Betriebsfrequenz f als Parameter dargestellt. Für ein gegebenes Wertepaar N_D, w ist damit auch die Flachbandspannung $U_{FB} \sim N_D\,w^2$ (2.2/4) bei gegebener Frequenz festgelegt (in Abb. 59 ist auch N_D als Funktion von w für verschiedene Flachbandspannungen eingetragen). Aus Abb. 59 ist ersichtlich, daß mit zunehmender Dotierung N_D, wenn also der Feldgradient ansteigt, der Einfluß des Niederfeldbereichs abnimmt und im Grenzfall ($N_D \to \infty$) die Laufzeit durch w/v_s gegeben ist. Für N_D (und w) besteht jedoch durch die Durchbruchbedingung $E_{max} = E_c$ (E_{max} ist die Feldstärkespitze am p^+n-Übergang 2, vgl. Abb. 54; E_c ist die Durchbruchfeldstärke, vgl. Abb. 18b) eine obere Grenze, die in Abb. 59 als gestrichelte Kurve eingetragen ist.

Leistung und Wirkungsgrad sind umso größer, je größer die Hochfrequenzamplitude $\hat{U}$ ist. Es existieren jedoch für $\hat{U}$ bestimmte obere Grenzen [23], die nicht

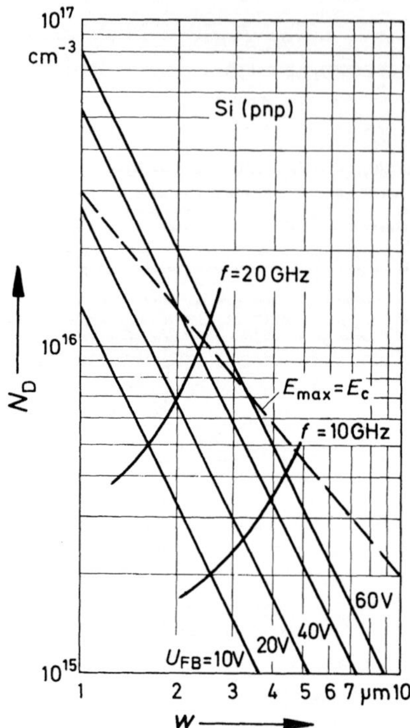

Abb. 59. Dotierung N_D als Funktion der Weite w der aktiven Zone mit der Frequenz f und der Flachbandspannung U_{FB} als Parameter

überschritten werden können, ohne daß der spezifische Mechanismus der Leistungserzeugung bei Barittdioden unterbunden wird.

Bei großen Amplituden und während der negativen Phase der Diodenspannung $U(t)$ kann der Fall auftreten, daß der Nulldurchgang des Feldes bei $x = w_0$ (vgl. Abb. 57a, Verlauf (3) und Punkt (3) in Abb. 57b) den momentanen Ort des Stromimpulses bei $x = w_q$ einholt [23, 26]. Durch Feldumkehr wird ein Teil der beweglichen Ladungsträger gezwungen, zur Injektionsebene zurückzudriften. Die Folge ist, daß Leistung und Wirkungsgrad bei weiterer Erhöhung von $\hat{U}$ abrupt abnehmen.

Der zeitliche Verlauf des Feldnulldurchganges folgt aus (2.3/2) mit $E_d = 0$ und $w_d = w_0$:

$$w_0(t) = w\,[U_{FB} - U(t) + \Delta E(w - w_q)]/2\,U_{BF}. \qquad (2.3/23)$$

Ist $t = t_i$ der Zeitpunkt der Injektion und bewegen sich die Ladungsträger mit $v = v_s$, dann ist der momentane Ort $w_q(t)$ des Stromimpulses durch

$$w_q(t) = v_s(t - t_i) \qquad (2.3/24)$$

gegeben. Der erste Schnittpunkt von

$$w_0(t) = w_q(t) \qquad (2.3/25)$$

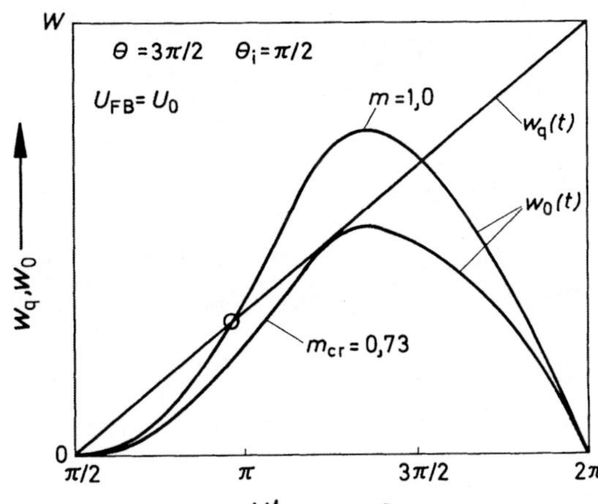

Abb. 60. Zeitlicher Verlauf des Ortes w_0 der Feldumkehr und des Ortes w_q des Stromimpulses

ergibt bei gegebener Amplitude den Laufwinkel, bei dem Feldumkehr am Ort des Stromimpulses auftritt. In Abb. 60 sind für $U_{FB} = U_0$, $\Theta = 3\pi/2$ und $\Theta_i = \omega t_i = \pi/2$ $w_0(t)$ und $w_q(t)$ mit $m = \hat{U}/U_0$ als Parameter aufgetragen. Für $m = 1{,}0$ erfolgt relativ rasch Feldumkehr am Ort des Stromimpulses. Für $m = m_{cr} = 0{,}73$ tritt gerade Berührung zwischen $w_0(t)$ und $w_q(t)$ ein. In diesem Beispiel gilt daher $m < m_{cr} = 0{,}73$, damit der Effekt der Feldumkehr vermieden wird und der Laufwinkel $\Theta = 3\pi/2$ voll ausgenützt wird. Es sei jedoch darauf hingewiesen, daß bei Berücksichtigung der nicht gesättigten Geschwindigkeit im Niederfeldbereich Feldumkehr am Ort des Stromimpulses bei merklich kleinerem m einsetzt [26].

Zur Vermeidung des störenden Lawinenrauschens (Abschnitt 1.7.2) darf in der aktiven Zone kein Lawinendurchbruch auftreten. Die maximale Feldstärke E_{max} tritt am sperrenden p^+n-Übergang 2 auf (Abb. 54). E_{max} folgt aus (2.3/2) für $E_d = E_{max}$ und $w_d = w$:

$$E_{max} = [U(t) + U_{FB} - \Delta E(w - w_q)]/w. \tag{2.3/26}$$

E_{max} ist am größten im Spannungsmaximum $U(t) = U_0 + \hat{U}$ und für $w_q = w$. Ist E_c die Durchbruchfeldstärke (Abb. 18b), so gilt für $\hat{U}$ als weitere einschränkende Bedingung [23]:

$$\hat{U} < E_c w - U_{FB} - U_0. \tag{2.3/27}$$

In (2.3/27) entspricht $E_c w$ der doppelten Durchbruchspannung U_c (Abb. 18a) der Diode. Im Interesse einer hohen Ausgangsleistung ist die Dotierung der aktiven Zone so hoch wie möglich zu wählen [27, 28], jedoch so, daß Durchbruch gerade vermieden wird. Setzt man daher beispielsweise $U_{FB} \approx U_0 = 0{,}9\, U_c$, so folgt als obere Grenze für den Spannungshub $m_{max} \simeq 0{,}2$.

Für eine gegebene Diode wird die maximal zulässige Amplitude durch denjenigen Mechanismus, Feldumkehr oder Lawinendurchbruch begrenzt, der zuerst einsetzt.

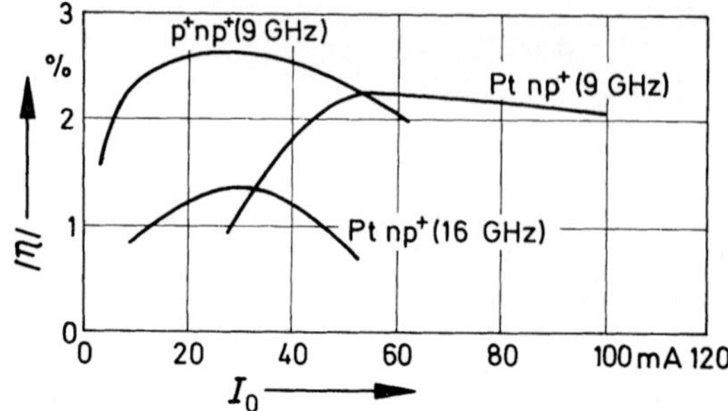

Abb. 61. Wirkungsgrad in Abhängigkeit vom Gleichstrom I_0 für verschiedene Barittdioden [31, 32]

Die experimentell ermittelten, maximalen Amplituden von X-Band-Barittdioden liegen zwischen 10 V ($U_0 \approx 80$ V [29]) und 18 V ($U_0 \approx 70$ V [28]). Somit ergibt sich ein Spannungshub m zwischen 0,12 und 0,26. Der maximale Wirkungsgrad $|\eta_{max}|$ von Barittdioden liegt demnach mit (2.1/3) nur zwischen 2,6 % und 5,7 %. Abb. 61 zeigt den gemessenen Wirkungsgrad als Funktion des Gleichstromes für verschiedene Barittdioden bei 9 GHz und 16 GHz ([31, 32]; die Verluste durch den Serienwiderstand sind darin enthalten). Der maximale Wirkungsgrad liegt bei etwa 2,5 % für X-Band-Dioden und sinkt auf 1,5 % bei 16 GHz. Der Wirkungsgrad steigt zunächst bei kleinen Strömen an, durchläuft ein flaches Maximum und nimmt bei großen Strömen wieder ab. Für die gleichen Dioden ist in Abb. 62 die Ausgangsleistung als Funktion des Diodenstroms gezeigt. Bei sorgfältiger Dimensionierung und Technologie (Abschnitt 2.5) lassen sich mit *Ptnp*⁺-Barrittdioden (Injektion erfolgt am Pt-Schottky-Kontakt) im X-Band Hochfrequenzleistungen über 150 mW erreichen, wenn die Dotierung maximal zu $N_D = 2{,}5 \cdot 10^{15}\,\mathrm{cm}^{-3}$ gewählt wird. (Lawinendurchbruch wird dann noch vermieden).

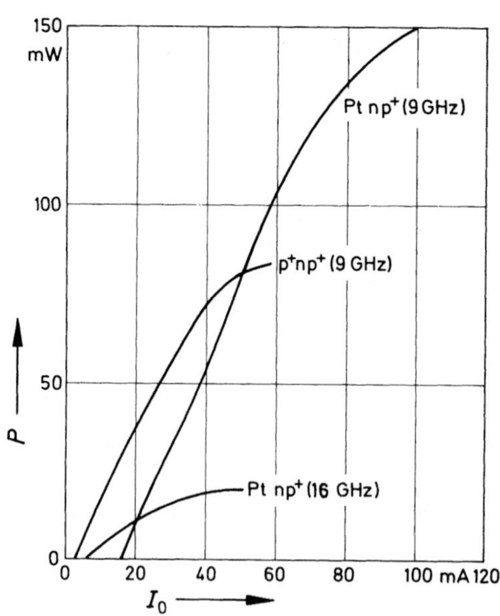

Abb. 62. Ausgangsleistung P als Funktion des Gleichstromes I_0 für verschiedene Barittdioden (vgl. Abb. 60; [31, 32])

Bei den diffundierten p^+np^+-Dioden ist N_D etwas geringer, nämlich $1{,}5 \cdot 10^{15}\,\text{cm}^{-3}$. Dementsprechend und auch wegen ungünstigerer Injektionseigenschaften (vgl. Abschnitt 2.5) sinkt bei gleicher Frequenz die Ausgangsleistung auf 80 mW. Bei 16 GHz ergeben sich Leistungen von nur etwas über 20 mW.

Nach dem Startstrom, der durch den negativen Kleinsignalwiderstand bestimmt ist, steigt bei kleinen Strömen P_D (und $|\eta|$) zunächst mit dem Gleichstrom rasch an, weil nach (2.3/7) auch die HF-Amplitude zunimmt. Bei großen Strömen erleidet P_D durch zunehmende Raumladungsbegrenzung (2.3/3) und durch verfrühten Stromeinsatz (2.3/8) eine Sättigung ($|\eta|$ nimmt ab). Der nachteilige Effekt der Raumladungsbegrenzung tritt bei höherer Dotierung erst bei entsprechend größeren Strömen und damit größeren Ausgangsleistungen auf. Aus einem Großsignalmodell [26, 33] folgt, daß der Gleichstrom $I_{0_{\max}}$ für maximale Ausgangsleistung proportional der Dotierung N_D ist,

$$I_{0_{\max}} \simeq 0{,}15\, A\, e\, N_D\, v_S\,. \tag{2.3/28}$$

Ausgangsleistung und Wirkungsgrad werden ferner vermindert durch den Serienwiderstand des Substrats und der Kontakte [30] sowie durch erhöhte Temperatur [34, 35]. Bei höheren Temperaturen nimmt die Ladungsträgerbeweglichkeit merklich ab. Die Driftgeschwindigkeit der Stromimpulse wird dadurch im Niederfeldbereich ebenfalls reduziert und der nachteilige Effekt der Feldumkehr tritt bereits bei kleineren HF-Amplituden ein. In Abb. 63 sind die besten Werte der maximalen Ausgangsleistung verschiedener Barittdioden als Funktion der Frequenz zusammengestellt (Stand 1977, [31]). Daraus ist ersichtlich, daß die Leistung wie bei allen Laufzeitelementen (vgl. Abschnitt 1.5.1.2 und 1.5.2) mit etwa $1/f^2$ abnimmt. Das Pf^2-Produkt von Barittdioden ist allerdings im Vergleich zu Lawinenlaufzeitdioden (hauptsächlich als Folge des geringen Wirkungsgrads) um den Faktor 10 bis 20 geringer (vgl. Abb. 28).

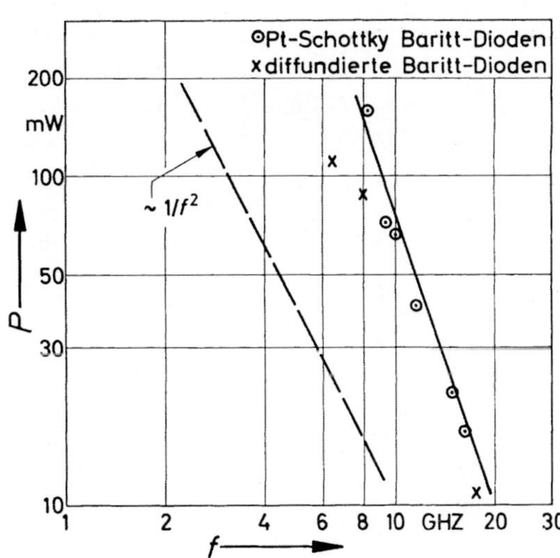

Abb. 63. Ausgangsleistung P verschiedener Barittdioden als Funktion der Frequenz (Stand 1977; [31])

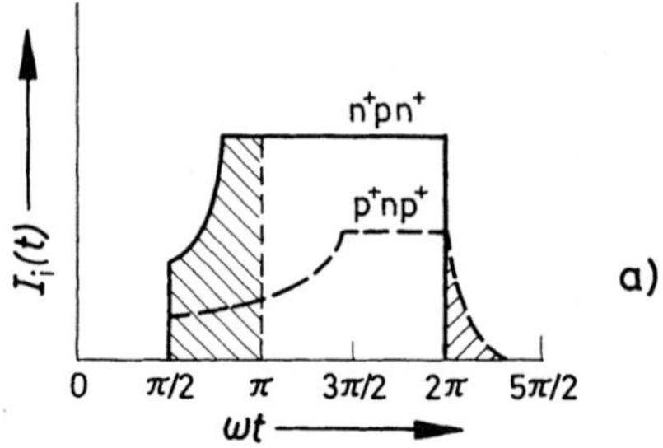

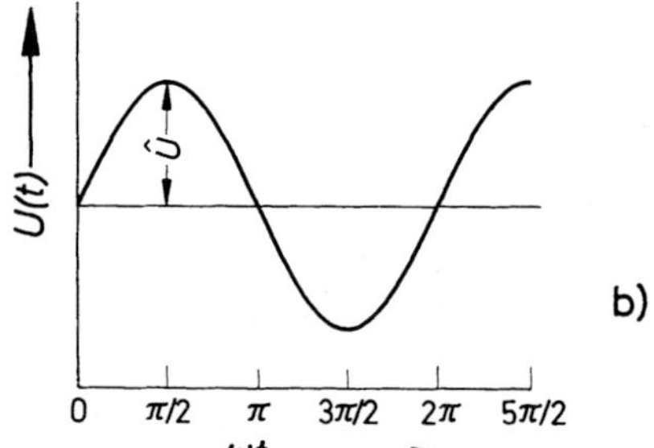

Abb. 64. Einfluß der Geschwindigkeitsmodulation auf den Influenzstrom bei n^+pn^+- und p^+np^+-Dioden. **a**) Influenzstrom $I_i(t)$; **b**) Diodenspannung $U(t)$

Die Diskussion der Hochfrequenzeigenschaften beschränkte sich auf experimentell bewährte p^+np^+- und Mnp^+-Dioden. Abschließend wird nun ein qualitativer Vergleich mit komplementären Strukturen (z.B. n^+pn^+-Dioden) und mit Mehrschichtstrukturen (z.B. $p^+n\nu n^+$-Dioden) durchgeführt.

Bei den komplementären n^+pn^+-Dioden werden Elektronen injiziert, die den Niederfeldbereich wegen der relativ großen Elektronenbeweglichkeit ($\mu_n \approx 1200\,\mathrm{cm^2/Vs}$) entsprechend schnell durchdriften. Die Laufzeit in der Niederfeldzone wird dadurch verkürzt (2.3/22) und bei gleichem Laufwinkel wird die Betriebsfrequenz erhöht. Da die Elektronen in relativ kurzer Zeit die gesättigte Geschwindigkeit erreichen, ist der zeitliche Verlauf des Influenzstromes I_i angenähert rechteckförmig (Abb. 64a) wie im idealisierten Verlauf ohne Geschwindigkeitsmodulation (Abb. 53d). Der schraffierte Bereich des Influenzstromes in Abb. 64a kennzeichnet dessen Verlustphase (I_i ist dabei in Phase mit $U(t)$; Abb. 64b). Die resultierenden Verluste sind bei der p^+np^+-Diode wegen der geringeren Löcherbeweglichkeit wesentlich kleiner (Abb. 64a, gestrichelter Verlauf). Es ist jedoch zu bedenken, daß dann wegen der größeren Laufzeit in der Niederfeldzone der Einfluß der Geschwindigkeitsmodulation auf die injizierten Stromimpulse wesentlich wird. Die injizierten Ladungsträgerpakete fließen dadurch auseinander und verlieren an Amplitude [36]. Als Folge davon erreicht der Influenzstrom nicht seine volle Höhe und fließt noch im verlustbringenden Bereich $\omega t > 2\pi$ (Abb. 64a). Die vorher genannten Vorteile einer p^+np^+-Diode gegenüber einer n^+pn^+-Diode werden dadurch mehr oder weniger reduziert. Nach rechnergestützten Modellen [36] ist im X-Band der Wirkungsgrad von n^+pn^+-Dioden ($|\eta| = 2{,}6\,\%$) geringfügig größer als bei den komplementären p^+np^+-Dioden ($|\eta| = 2{,}3\,\%$).

Da der Einfluß der Dotierung auf das HF-Verhalten im wesentlichen nur auf den Niederfeldbereich beschränkt bleibt, das restliche Gebiet, in dem die Ladungsträgergeschwindigkeit gesättigt ist, jedoch zur Vermeidung des Lawinendurchbruchs gering dotiert sein kann, sollten $p^+ n \nu p^+$-Strukturen [6] (und deren komplementäre $n^+ p \pi n^+$-Struktur) wegen der größeren zulässigen Aussteuerung einen höheren Wirkungsgrad und größere Ausgangsleistung besitzen [4, 36]. Die wenigen vorliegenden Experimente [35, 37, 38] konnten jedoch diese Überlegungen bisher nicht bestätigen.

2.4 Rauschen

Bei Barittdioden tragen drei primäre Rauschquellen zum Hochfrequenzrauschen bei: Diffusionsrauschen durch die thermische Bewegung der Ladungsträger in der aktiven Zone, Schrotrauschen durch den Injektionsmechanismus und niederfrequentes Halbleiterrauschen.
Für das Quadrat der Leerlaufrauschspannung als Folge des Diffusionsrauschens ergibt sich im Kleinsignalbereich der Ausdruck [39]

$$\overline{u_n^2} = 4 e^2 A B \int_0^w D_p(x) p_0(x) \, |\underline{F}(x)|^2 \, dx . \tag{2.4/1}$$

Darin ist A der Diodenquerschnitt, B ist die Bandbreite, $D_p(x)$ ist die ortsabhängige Diffusionskonstante der injizierten Löcher, $p_0(x)$ ist die injizierte Löcherdichte und $\underline{F}(x)$ ist durch

$$\underline{F}(x) = 1/A\,\varepsilon \int_x^w \exp j(\underline{\Phi}(x) - \underline{\Phi}(x'))\, dx \tag{2.4/2}$$

definiert, mit

$$\underline{\Phi}(x) = \int_0^x (\omega - j\,\omega_c(x'))/v_0(x')\, dx', \tag{2.4/3}$$

worin

$$\omega_c(x) = e\, p_0(x)\, \mu_d(x)/\varepsilon \tag{2.4/4}$$

die dielektrische Relaxationskreisfrequenz, $\mu_d(x)$ die differentielle Beweglichkeit der Löcher und $v_0(x)$ die Löcherdriftgeschwindigkeit ist (die komplexe Funktion $\underline{F}(x)$ entspricht dem von Shockley et al. [40] eingeführten „Impedanzfeldvektor“). Es ist bemerkenswert, daß $\overline{u_n^2}$ nach (2.4/1) nur von den Materialparametern, jedoch nicht von Randbedingungen abhängt.

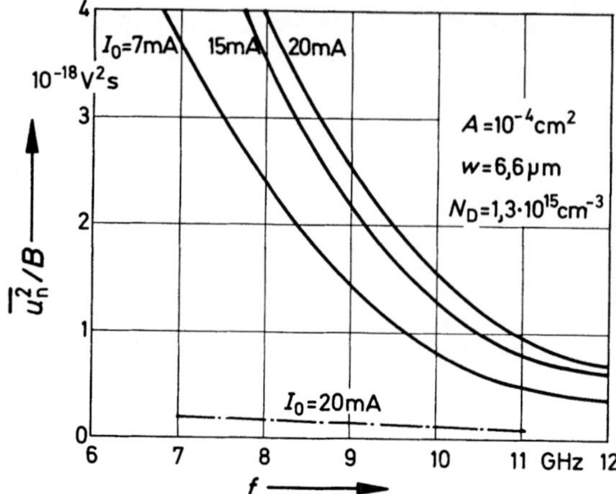

Abb. 65. Spektrale Dichte $\overline{u_n^2}/B$ der Leerlaufrauschspannung als Funktion der Frequenz f mit I_0 als Parameter (strichpunktierter Verlauf nach (2.4/5); [39])

In Abb. 65 ist die spektrale Dichte $\overline{u_n^2}/B$ als Funktion der Frequenz f mit dem Gleichstrom I_0 als Parameter für $N_D = 1{,}3 \cdot 10^{15}\,\mathrm{cm}^{-3}$ aufgetragen ($\mu_p = 480\,\mathrm{cm^2/Vs}$; $D_p = \mu_p k\,T/e$; $v_0(x) = \mu_p E_0(x)/(1 + \mu_p E_0(x)/v_S)$). Man erkennt den starken Abfall von $\overline{u_n^2}$ mit zunehmender Frequenz und eine angenäherte Proportionalität zwischen $\overline{u_n^2}$ und I_0. Der Einfluß der Dotierung N_D auf $\overline{u_n^2}$ ist gering [39]; es zeigt sich eine Tendenz zur Abnahme von $\overline{u_n^2}$ mit wachsendem N_D. Für $\omega > \omega_c$ und mit der Annahme, daß sich die Ladungsträger mit gesättigter Geschwindigkeit v_s bewegen, folgt aus (2.4/1) der bereits von Statz et al. [41] abgeleitete einfache Ausdruck für $\overline{u_n^2}$:

$$\overline{u_n^2} = \frac{8\,e\,D_p\,I_0\,B}{(w\,C_0)^2\,w\,v_S}(1 - \sin\Theta/\Theta), \tag{2.4/5}$$

dessen Verlauf ($\overline{u_n^2}/B$) in Abb. 65 strichpunktiert eingezeichnet ist. Die Vernachlässigung des Niederfeldbereiches führt insbesondere bei niedrigen Frequenzen zu erheblichen Abweichungen.

Mit der Kenntnis von $\overline{u_n^2}$ und des negativen Kleinsignalwirkwiderstandes R_D, kann das Kleinsignalrauschmaß M_0 angegeben werden (vgl. Abschnitt 1.7.2)

$$M_0 = \frac{\overline{u_n^2}/B}{4\,k\,T_0\,|R_D|}, \tag{2.4/6}$$

das in Abb. 66 als Funktion der Frequenz mit I_0 als Parameter dargestellt ist ([39]; $\overline{u_n^2}/B$ wurde von Abb. 65 übernommen). Diese Kurven zeigen ein Minimum (8,5 dB bei $I_0 = 7$ mA; 11 dB bei I_0 20 mA) bei Frequenzen, die durch die starke Abnahme von $\overline{u_n^2}$ mit f etwa 1 GHz oberhalb der Frequenzen für optimalen negativen Widerstand liegen ($\Theta \approx \Theta_{max}$).

Das Rauschmaß als Folge des Schrotrauschens wurde von Haus et al. [42] für Barittdioden mit Schottky-Kontakt berechnet. Da das Rauschmaß in diesem Fall

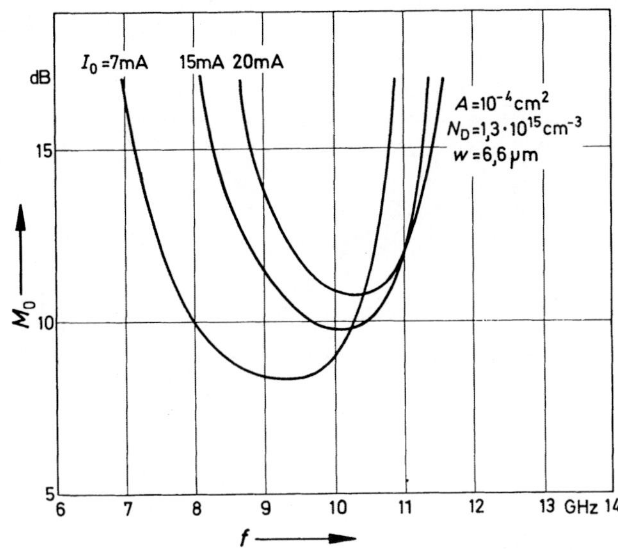

Abb. 66. Kleinsignalrauschmaß M_0 als Funktion der Frequenz mit I_0 als Parameter (vgl. auch Abb. 65; [39])

sehr klein ist, wird der Einfluß des Schrotrauschens auf das Rauschverhalten von Barittdioden im folgenden vernachlässigt.
Experimentell wurde bei p^+np^+-Dioden im Verstärkerbetrieb ein minimales Rauschmaß von 10,5 dB erzielt [35].

Für das Rauschverhalten im Oszillatorbetrieb existiert derzeit keine geschlossene Theorie. Unter der Annahme, daß bei Barittdioden die Leerlaufrauschspannung weniger von der Aussteuerung $\hat{U}$ abhängt als der Großsignalwirkwiderstand $R_D(\hat{U})$ ((2.3/17), (2.3/18)), kann auch (2.4/1) wiederum zur Bestimmung des Großsignalrauschmaßes M herangezogen werden:

$$M(\hat{U}) = \frac{\overline{u_n^2}/B}{4kT_0 \,|\, R_D(\hat{U}) \,|}. \tag{2.4/7}$$

Nimmt man an, daß $\overline{u_n^2}$ proportional I_0 ist (vgl. (2.4/5)), so könnte man mit (2.3/18) vermuten, daß M linear mit dem Strom ansteigt ($M \sim (U_{FB} - U_0 + I_0 T/C)$). Der experimentell ermittelte Verlauf von M als Funktion von I_0 einer Pt-np^+-Diode ist in Abb. 67 gezeigt ([32]; die Messung erfolgte bei einer Frequenzablage f_m vom Träger von 500 kHz). Im Gegensatz zu den obigen Annahmen durchläuft das Rauschmaß ein Minimum und verläuft erst bei größeren Strömen annähernd linerar mit I_0. Der Anstieg von M bei kleinen Strömen hängt wie der mittlere Frequenzhub Δf_{rms} des FM-Oszillatorrauschens (der ebenfalls in Abb. 67 gezeigt ist) eng zusammen mit dem hochmodulierten Halbleiterrauschen (vgl. unten). Bemerkenswert für HF-Anwendungen ist das geringe Oszillatorrauschmaß von Barittdioden ($M_{min} \approx 17$ dB), das wesentlich geringer als bei Lawinenlaufzeitdioden

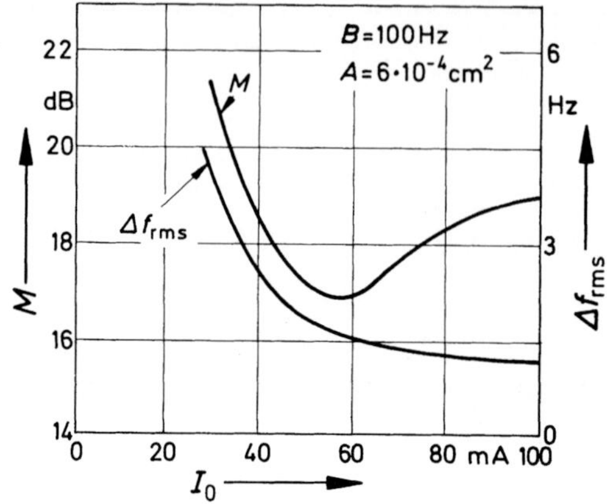

Abb. 67. Großsignalrauschmaß M und mittlerer Frequenzhub Δf_{rms} einer $Ptnp^+$-Barittdiode als Funktion des Gleichstromes I_0 [32]

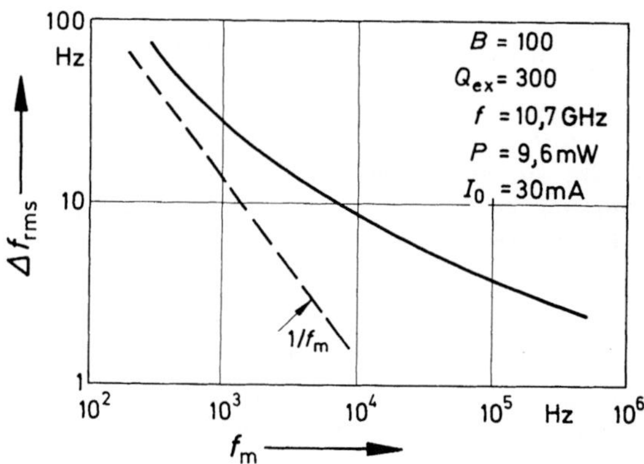

Abb. 68. Mittlerer Frequenzhub Δf_{rms} einer $Pdnp^+$-Barittdiode als Funktion der Frequenzablage f_m vom Träger [14]

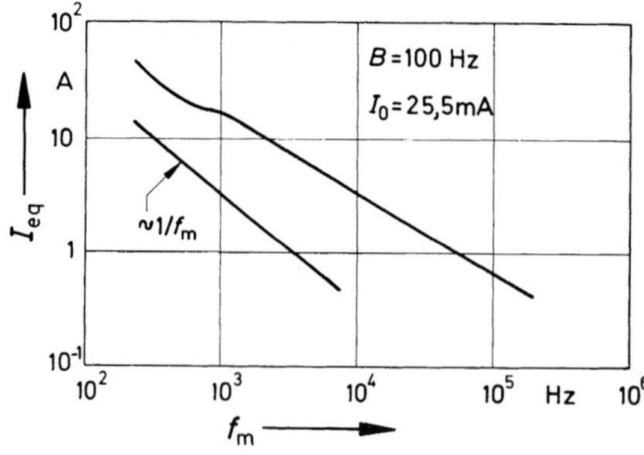

Abb. 69. Äquivalenter Rauschstrom I_{eq} einer p^+np^+-Barittdiode in Abhängigkeit von der Modulationsfrequenz f_m [44]

(vgl. Abschnitt 1.7.2) ist und das etwa vergleichbar mit dem Rauschmaß von Gunn-Elementen ist (vgl. Kapitel 3).

In Abb. 68 ist der mittlere Frequenzhub Δf_{rms} des FM-Rauschens einer *Pdnp*$^+$-Diode als Funktion der Frequenzablage f_m vom Träger gezeigt ([43]; meßtechnisch wird zunächst Δf_{rms} bestimmt und aus der Beziehung $M = P(\Delta f_{rms} Q_{ex}/f)^2/k T_0 B$ das Rauschmaß M ermittelt; vgl. auch Abschnitt 1.7.2). Bei kleinem f_m ist Δf_{rms} proportional zu $1/f_m$; erst bei höheren Frequenzablagen (mit Eckfrequenzen zwischen 10 kHz und 500 kHz) nähert sich Δf_{rms} einem weißen Rauschpegel mit relativ geringen Werten zwischen 1 Hz und 10 Hz (bei einer Bandbreite von $B = 100$ Hz). Es konnte gezeigt werden [14, 43], daß der $1/f_m$-Anteil im Δf_{rms}-Spektrum hochgemischtes, niederfrequentes Halbleiterstromrauschen $\overline{i_n^2}$ ist.

In Abb. 69 ist der äquivalente Rauschstrom $I_{eq} = \overline{i_n^2}/2eB$ einer p^+np^+-Diode als Funktion der Modulationsfrequenz f_m aufgetragen [44]. In dem gezeigten Frequenzbereich verläuft I_{eq} angenähert wie $1/f_m$. Erst für etwa 1 MHz werden Werte erreicht, die in der Größenordnung des Schrotrauschens liegen ($I_{eq} = I_0$). Bei Barittdioden mit injizierendem Schottky-Kontakt ist I_{eq} im allgemeinen kleiner und es wird als Folge von begleitenden Temperaturschwankungen ein steilerer Frequenzgang beobachtet ($\sim 1/f_m^2$; [43, 44]). Für Anwendungen der Barittdioden als selbstpumpender Abwärtsmischer in Doppler-Radarsystemen (vgl. Abschnitt 2.5) ist darauf zu achten, daß I_{eq} im Zwischenfrequenzbereich (f_m) von 100 Hz bis 100 kHz möglichst gering ist.

Im Oszillatorbetrieb erscheint dieses niederfrequente Rauschen gemäß der Strommodulationssteilheit S_I als Modulationsrauschen [14, 43–45]

$$(\Delta f_{rms})_{Mod} = S_I \sqrt{\overline{i_n^2}} \qquad (2.4/8)$$

in der Umgebung des Trägers und überlagert sich dem hochfrequenten Eigenrauschen, das durch Diffusionsrauschen bestimmt ist. Die Modulationssteilheit S_I liegt je nach Diode und Arbeitspunkt im Bereich zwischen 0,2 bis 2,5 Hz/nA [32, 43]. Es sei darauf hingewiesen, daß sowohl S_I als auch $\overline{i_n^2}$ für Ströme oberhalb etwa 20 mA rasch mit I_0 abnehmen [44], womit auch die Abnahme von Δf_{rms} mit I_0 und das Auftreten des Rauschmaßminimums in Abb. 67 erklärt werden kann.

Das Rausch-Träger-Verhältnis des AM-Rauschens $(N/C)_{AM}$ liegt im Einseitenband bei Barittdioden typischerweise bei -150 dB [32] und ist etwa um 50 dB unterhalb des Rausch-Träger-Verhältnisses des FM-Rauschens $(N/C)_{FM}$ (der Zusammenhang zwischen Δf_{rms} und $(N/C)_{FM}$ ist in Abschnitt 1.7.2 gegeben). Das AM-Rauschen kann deshalb bei den meisten Anwendungen vernachlässigt werden.

2.5 Herstellungsverfahren

Im folgenden werden die einzelnen Herstellungsschritte für Barittdioden mit n-Si als aktiver Zone (Löcherinjektion) beschrieben. Bei diffundierten Dioden (p^+np^+-Struktur; Abb. 70a) und bei Schottky-Dioden (Mnp^+-Struktur; Abb. 70b) kann die herkömmliche Silizium-Technologie angewendet werden.

Ausgangsmaterial ist epitaktisches, n-leitendes Si (1–5 Ω cm) auf p^+-Substrat. Nach dem Abätzen des n-Materials auf die erforderliche Dicke erfolgt bei p^+np^+-Dioden die Diffusion für den injizierenden p^+n-Übergang mit einer etwa 1 µm steilen Bordiffusion. Zur Reduzierung des schädlichen Serienwiderstandes wird das p^+-Substrat auf eine Dicke von nur 10 µm abgeätzt. Die ohmschen Kontakte auf beiden p^+-Schichten werden durch Aufdampfen von Ti und Au bei 220 °C hergestellt. Auf dem p^+-Substrat wird die Wärmesenke durch elektrolytisches Abscheiden von Au und Ag (Au, Ag, Au; 30 µm) aufgebracht. Die Mesaätzung erfolgt von der diffundierten p^+-Seite her, um das Feld beim sperrenden np^+-Übergang (am Substrat) zu reduzieren, damit vorzeitige Randdurchbrüche vermieden werden.

Bei Mnp^+-Dioden erfolgt an Stelle der Diffusion das Aufbringen des injizierenden Schottky-Kontaktes (Abb. 70b), dessen Barriere für Löcher Φ_p im Interesse einer abrupten und steilen $I_0(U_0)$-Kennlinie möglichst klein sein soll. In diesem Sinne ist

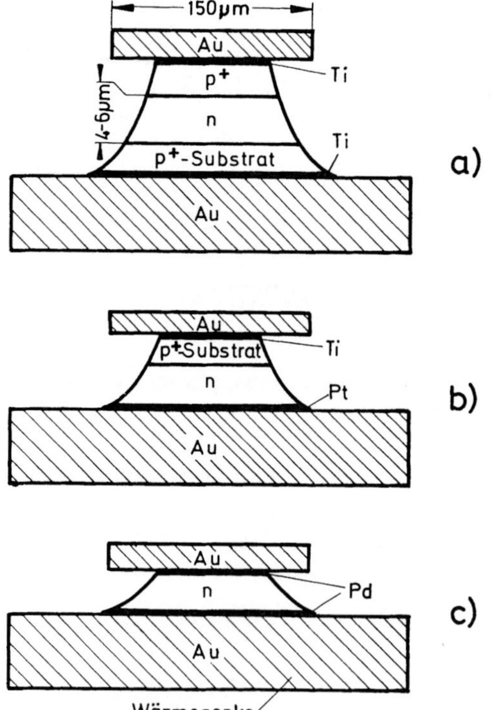

Abb. 70. Verschiedene Barittdioden in Mesabauweise. **a)** p^+np^+-Diode; **b)** Mnp^+-Diode (M entspricht Pt); **c)** MnM-Diode (M entspricht Pd)

Pt mit $\Phi_p \approx 0{,}25$ V am günstigsten [3, 13, 28, 32, 46]. Pt besitzt jedoch den Nachteil, daß es praktisch nicht geätzt werden kann. Deshalb wird als Schottky-Kontakt auch Pd ($\Phi_p \approx 0{,}3$ V; [14]) und Cr ($\Phi_p \approx 0{,}35$ V; [35]) verwendet. Wird jedoch Pt als Schottky-Kontakt verwendet, so kann die Mesa-Ätzung nur von der p^+-Substratseite her erfolgen (Abb. 70b). Dies kann wegen der durch die Mesaneigung bedingten Feldkonzentration am sperrenden p^+n-Übergang von Nachteil sein. Bei *MnM*-Dioden (Abb. 70c) wird zunächst das gesamte Substrat und ein Teil des epitaktischen Materials abgeätzt. Auf beide Seiten des dünnen Si-Films (4 – 6 μm) wird Pd als Schottky-Kontakt aufgedampft [15, 45]. Diese symmetrische Struktur mit besonders niedrigem Serienwiderstand hat sowohl gute Sperrwirkung für Elektronen ($\Phi_n = 0{,}85$ V) als auch effektive Löcherinjektion.
Der epitaktische p^+n-Übergang (Abb. 70a und b) ist in der Regel weicher als der diffundierte; zum Teil auch durch die nochmalige Temperaturbehandlung während der Diffusion bei p^+np^+-Strukturen. Dieser Übergang eignet sich deshalb nicht so gut als injizierender Kontakt [30, 35]. Dagegen ist der flache Dotierungsgradient dieses Überganges von Vorteil bei Polung in Sperrichtung, da unerwünschter Lawinendurchbruch erst bei höheren Vorspannungen auftritt als beim abrupten *pn*-Übergang.

Die Dioden werden mit einem Lot in das Mikrowellengehäuse einlegiert, wobei die Verlustwärme möglichst effektiv in die Wärmesenke des Gehäuses abgeführt werden muß. Die Wärmesenke und die Diodenstruktur sollen einen möglichst kleinen Wärmewiderstand R_Θ ergeben (vgl. Abschnitt 1.8; R_Θ liegt bei Baritt-Dioden typischerweise im X-Band zwischen 20 und 30 K/W). Ein zu großer Wärmewiderstand kann bei Barittdioden zu einem negativen differentiellen Widerstand in der Strom-Spannungs-Kennlinie führen [47], wodurch erhöhtes Rauschen im Gleichstromkreis entsteht und die HF-Leistungserzeugung teilweise oder ganz unterbunden wird.

2.6 Anwendungen

Die Anwendungsmöglichkeiten von Barittdioden sind wegen deren spezifischer Eigenschaften derzeit relativ bescheiden. Ein charakteristisches Merkmal von Barittdioden ist geringes HF-Rauschen bei kleinen bis mittleren Ausgangsleistungen. Sie sind deshalb besonders geeignet zum Einsatz in rauscharmen Lokaloszillatoren [13]. Infolge der günstigen Eigenschaften und einfachen Beschaltung von GaAs-Feldeffekttransistoren erhalten Lokaloszillatoren mit Barittdioden aber nur dann eine Bedeutung, wenn es gelingt, im Millimeterwellengebiet ausreichend Leistung zu erzeugen [48].

Eine erfolgversprechende Anwendung von Barittdioden ist deren Einsatz als wirkungsvoller, selbstgepumpter Abwärtsmischer bei Doppler-Radaranlagen [49–52]. Dabei wird gleichzeitig das geringe Rauschen im Gleichstromkreis (vgl. Abb. 69) und die bei Barittdioden besonders ausgeprägte Hochfrequenz-Gleichrichtung ausgenützt. Hat das reflektierte und frequenzverschobene Signal eine Amplitude $\Delta\hat{U}$, so wird dadurch nach (2.3/7) eine Gleichstromänderung $\Delta I_0 = C\,\Delta\hat{U}/T$ bewirkt. Im Zwischenfrequenzbereich wird die Leistung $P_{\text{ZF}} \approx U_{\text{FB}}\,\Delta I_0$ umgesetzt. Unter Berücksichtigung der Schwingbedingung (vgl. (1.3/58)) folgt für die eingespeiste Signalleistung näherungsweise $P_s = -\,\hat{U}\,\Delta I_0 \sin\,\Theta/\Theta$ (vgl. auch (2.3/15) mit $\Theta_i = \pi/2$). Damit ergibt sich ein Konversionsgewinn

$$G = P_{\text{ZF}}/P_s = \frac{-\,\Theta}{\sin\Theta}\,U_{\text{FB}}/\hat{U}\,, \tag{2.5/1}$$

der mit $\Theta = 3\,\pi/2$ und je nach dem Verhältnis $U_{\text{FB}}/\hat{U}$ zwischen 10 und 15 dB liegt. (Man beachte, daß mit passiven Abwärtsmischern jedoch stets ein Konversionsverlust verbunden ist [53]).

Zur Charakterisierung von selbstpumpenden Abwärtsmischern wird das minimale detektierbare Signal (MDS; *M*inimum *D*etectable *S*ignal) eingeführt [50], das 3 dB über dem ZF-Rauschpegel liegt. In Abb. 71 ist der MDS-Pegel als Funktion der Dopplerfrequenz für Barittdioden, Lawinenlaufzeitdioden und Gunn-Elemente dargestellt [51]. Trotz des vorhandenen $1/f$-Rauschanteils ist die Mischerempfindlichkeit bei Barittdioden um 25 bis 40 dB größer als bei Lawinenlaufzeitdioden und Gunn-Elementen, wobei hinzukommt, daß bei Barittdioden nur etwa 5 % der Gleichleistung der anderen Elemente erforderlich ist.

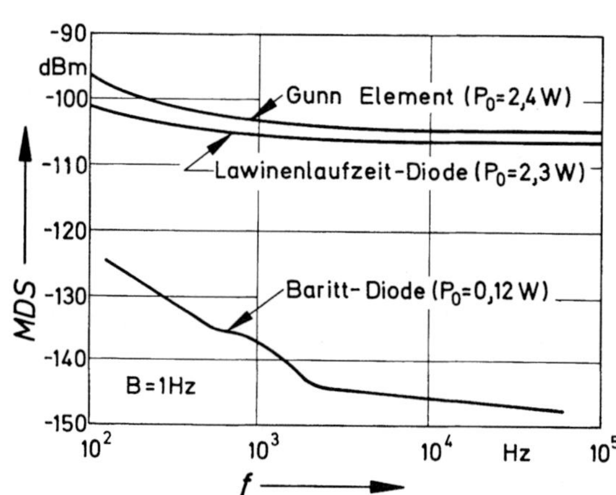

Abb. 71. Das minimale detektierbare Signal (MDS) als Funktion der Dopplerfrequenz f bei Baritt-, Lawinenlaufzeitdioden und Gunn-Elementen (nach East et al. [49])

Literatur zu Kapitel 2

1. Müller, J.: Elektronenschwingungen im Hochvakuum. Hochfrequenztech. Elektroakust. 41 (1933) 156–167
2. Shockley, W.: Negative resistance arising from transit time in semiconductor diodes. Bell Syst. Tech. J. 33 (1954) 799–826

3. Colemann, D. J. Jr.; Sze, S. M.: A low noise metal-semiconductor-metal oscillator. Bell. Syst. Tech. J. 50 (1971) 1695–1699
4. Nguen-Ba, H.; Haddad, G. I.: Effects of doping profile on the performance of Baritt devices. Electron. Devices 24 (1977) 1154–1163
5. Wright, G. T.: "Punch-through" transit-time oscillator. Electron. Lett. 4 (1968) 543–544
6. Ruegg, H. W.: A proposed punch-through microwave negative-resistance diode. Electron. Devices 15 (1968) 577–585
7. Sheorey, U. B.; Lundström, J.; Ash, E.A.: Analysis of punch-through-injection for a transit-time negative resistance. Int. J. Electron. 30 (1971) 19–32
8. Nishizawa, J-I.; Motoya, K. Okuno, Y.: GaAs Tunnet diodes. MTT-26 (1978) 1029–1035
9. Claassen, M.; Harth, W.: Field-emission controlled transit-time negative resistance. Electron. Lett. 6 (1970) 512–513
10. Wright, G. T.; Sultan, N. B.: Small-signal design theory and experiment for the punch-through injection transit-time oscillator. Solid State Electron. 16 (1973) 535–544
11. Sze, S. M.; Coleman, D. J. Jr.; Loya, A.: Current transport in metal-semiconductor-metal (MSM) structures. Solid State Electron. 14 (1971) 1209–1218
12. Chu, J. L.; Persky, G. Sze, S. M.: Thermionic injection and space-charge-limited current in reach-through p^+np^+ structures. J. Appl. Phys. 43 (1972) 3510–3515
13. Lee, C. A.; Dalman, G. C.: Local-oscillator noise in a silicon Pt-n-p^+ microwave diode source. Electron. Lett. 7 (1971) 565–566
14. Helmcke, J.; Herbst, H.; Claassen, M.; Harth, W.: F. M.-noise and bias-current fluctuations of a silicon Pd-n-p^+ microwave oscillator. Electron. Lett. 8 (1972) 158–159
15. Freyer, J.; Claassen, M.; Harth, W.: Fabrication of an epitaxial-silicon *Pd-n-Pd* microwave generator. *AEÜ* 26 (1971) 150–151
16. Shao, J.; Wright, G. T.: Characteristics of the space-charge limited dielectric diode at very high frequencies. Solid State Electron. 3 (1961) 291–303
17. Yoshimura, H.: Space-charge limited and emitter current limited injections in space charge of semiconductor. Electron. Devices 11 (1964) 414–422
18. Dascălu, D.: Space-charge waves and high-frequency negative resistance of SCL diodes. Int. J. Electron. 25 (1968) 301–330
19. Sjölund, A.: Small-signal analysis of punch-through injection microwave devices. Solid State Electron. 16 (1973) 559–569
20. Wright, G. T.: Small-signal characteristic of semiconductor punch-through injection and transit-time diodes. Solid State Electron. 16 (1973) 903–912
21. Vlaardingerbroek, M. T.; van de Roer, Th. G.: On the theory of punch-through diodes. Appl. Phys. Lett. 22 (1973) 146–148
22. Harth, W.; Claassen, M.: Microwave Baritt-diodes Part I: Large signal performance. NTZ 26 (1973) 26–29
23. Wright, G. T.: A simplified theory of the Baritt Silicon microwave diode. Solid State Electron. 19 (1976) 615–623
24. Bougalis, D. N.; van der Ziel, A.: Hot electron effects in single-injection silicon SCL diodes. Solid State Electron. 14 (1971) 265–272
25. Chu, J. L.; Sze, S. M.: Microwave oscillations in *pnp* reach-through Baritt diodes. Solid State Electron. 16 (1973) 85–91
26. Schirm, L.: Großsignalmodell und Oszillator-Eigenrauschen von Baritt-Dioden. Diss. München 1973
27. Stewart, J. A.: p^+np^+-Baritt-diode design. Electron. Lett. 11 (1975) 460–461
28. Ahmad, S.; Freyer, J.: High power Pt Schottky Baritt diodes. Electron. Lett. 12 (1976) 238–239
29. Ahmad, S.; Freyer, J.; Claassen, M.: Simple method of determining the large-signal negativ resistance of Baritt diodes. Solid State Electron Devices 1 (1977) 130–132
30. Freyer, J. und Harth, W.: Efficient microwave p^+np^+-Baritt-diodes. Electron. Lett. 11 (1975) 140
31. Freyer, J.: Baritt-Dioden für X- und K_u-Band-Frequenzen. Mikrowellen Magazin, Heft 6 (1977) 504–507

32. Freyer, J.; Ahmad, S.; Harth, W.: High power low noise Pt-Schottky Baritt-diodes. Conf. Proc. 6th European Microwave Conference in Rome, 1976 pp. 30–35
33. Schirm, L.; Claassen, M.: Power limitation and design parameter of Silicon *X*-band Baritt-diodes. Unveröffentlichtes Manuskript
34. Schirm, L.; Claassen, M.: Optimum output and noise of Silicon *X*-band Baritt-diodes. *AEÜ* 32 (1978) 297–299
35. Snapp, C. P.; Weissglas, P.: On the microwave activity of punch-through injection transit-time structures. Electron Devices 19 (1972) 1109–1118
36. Kwok, S. P.; Haddad, G. I.: Power limitations in Baritt devices. Solid State Electron. 19 (1976) 795–807
37. Delagebeaudeuf, D.; Lacombe, J.: Power limitation of punch through injection transit-time oscillators. Electron. Lett. 9 (1973) 538–539
38. Delagebeaudeuf, D.: Low-voltage punch-through injection structure. Electron. Lett. 10 (1974) 166–167
39. Harth, W.; Schirm, L.: Diffusion noise in *pnp*-Baritt-diodes. *AEÜ* 28 (1974) 439–441
40. Shockley, W.; Copeland, J. A.; James, R. P.: The impedance field method of noise calculation in active semiconductor devices. In Quantum Theory of Atoms, Molecules and the Solid State. New York: Academic Press 1966, pp. 537–563
41. Statz, H.; Pucel, R. A.; Haus, H. A.: Velocity fluctuation noise in metal-semiconductor-metal diodes. Proc. IEEE 60 (1972) 644–645
42. Haus, H. A.; Statz, H.; Pucel, R. A.: Noise measure of metal-semiconductor-metal Schottky-barrier microwave diodes. Electron. Lett. 7 (1971) 667–669
43. Herbst, H.; Harth, W.: Frequency-modulation sensitivity and frequency-pushing factor of a $Pd\text{-}n\text{-}p^+$ punch-through microwave diode. Electron. Lett. 8 (1972) 358–359
44. Herbst, H.: Modulationsrauschen von Baritt-Oszillatoren im *X*-Band. Diss. Braunschweig 1973
45. Harth, W.; Claassen, M.: Microwave Baritt-diodes. Part II: Fabrication processes and experimental results. NTZ 26 (1973) 87–90
46. Liu, S. G.; Risko, J. J.: Low-noise punch-through *p-n-v-p*, *p-n-p*, and *p-n*-metal microwave devices. *RCA* Rev. 32 (1971) 636–644
47. Freyer, J.; Ahmad, S.: Measurement of heat-flow resistance in Baritt-diodes. Electron. Lett. 12 (1976) 527–528
48. Freyer, J.; Förg, P. N.: Baritt diodes for K_a-band frequencies. IEE Proc. 127 (1980) 78–80
49. Vanoverschelde, A.; Salmer, G.; Ramaut, J.; Meignant, D.: The use of punch-through diodes in self-oscillating mixers. J. Physics D: Appl. Phys. 8 (1975) 1108–1114
50. East, J. R.; Nguyen-Ba, H.; Haddad, G. I.: Design, fabrication, and evaluation of Baritt devices for Doppler system applications. Microwave Theory and Techniques MTT-24 (1976) 943–952
51. East, J. R.; Nguyen-Ba, H.; Haddad, G. I.: Microwave and mm wave Baritt Doppler detectors. Microwave Journal, November (1976) 51–55
52. Kwok, S. P.; Weller, P. W.: Low cost *X*-band *MIC* Baritt Doppler sensor. Microwave Theory and Techniques MTT-27 (1980) 844–847
53. Unger, H.-G.; Harth, W.: Hochfrequenz-Halbleiterelektronik. Stuttgart: Hirzel 1972

3 Elektronentransfer- (Gunn-) Elemente

Wie in den Kapiteln 1 und 2 bereits festgestellt wurde, zeigen Laufzeitdioden prinzipiell bei hohen Frequenzen einen charakteristischen Leistungsabfall mit dem Quadrat der Frequenz, da zur Erfüllung der jeweiligen Laufzeitbedingung die Weite der aktiven Zone mit steigender Frequenz verkürzt und gleichzeitig die Querschnittsfläche zur optimalen Impedanzanpassung verkleinert werden muß. Für die Leistungserzeugung bei sehr hohen Frequenzen war man deshalb schon immer bemüht, die nichtlinearen Stromtransporteigenschaften von heißen Elektronen in Festkörpern direkt auszunutzen, um einen negativen Hochfrequenzwiderstand zu erhalten, der nicht auf einem Laufzeiteffekt beruht.

Eine negative differentielle Leitfähigkeit läßt sich beispielsweise durch eine Verringerung der Ladungsträgerdichte mit zunehmendem Feld aufgrund feldabhängigen Einfangens von Elektronen an bestimmten Haftstellen realisieren [1, 2]. Dieser Vorgang ist jedoch für Mikrowellenanwendungen zu langsam. Nichtlinearitäten in der Abhängigkeit der Ladungsträgerdriftgeschwindigkeit vom Feld, die bei geeigneter Struktur der zum Leitungsmechanismus beitragenden Bänder zu einer negativen differentiellen Beweglichkeit führen können [3, 4], sind dagegen nur durch Zeitkonstanten bandinterner Streuprozesse begrenzt und können daher bis über 100 GHz wirksam sein.

Ein Bereich negativer differentieller Beweglichkeit aufgrund eines Übergangs (Transfers) der Leitungselektronen von einem Zustand hoher Beweglichkeit bei niedriger Feldstärke in einen Zustand geringer Beweglichkeit tritt beispielsweise in GaAs bei Feldstärken über etwa 3,5 kV/cm auf. Dieser Elektronentransfermechanismus wurde bereits 1961 in allgemeiner Form von Ridley und Watkins [5] und speziell für GaAs 1962 von Hilsum [6] vorhergesagt. 1963 entdeckte Gunn [7] Stromoszillationen im GHz-Bereich an einfachen homogenen GaAs-Proben, die auf diese negative differentielle Beweglichkeit zurückzuführen sind. Gunn konnte dann in einer weiterführenden Arbeit [8] nachweisen, daß es sich dabei um eine periodische Bildung von schmalen Domänen hoher Feldstärke handelt, die durch die Halbleiterprobe wandern.

Der Mechanismus von Aufbau, Wanderung und Auslöschung von Hochfelddomänen in Halbleitermaterialien mit einem Bereich negativer differentieller Beweglichkeit wird nach dem Entdecker als Gunn-Effekt bezeichnet. Für Bauelemente, die nur aus einer gleichförmig dotierten, beidseitig mit ohmschen Elektroden[1] kontaktierten Halbleiterprobe bestehen (Abb. 72) und bei denen der Gunn-Effekt zur Erzeugung von Mikrowellenoszillationen ausgenutzt wird, hat sich dementsprechend der Name Gunn-Elemente[2] weitgehend eingebürgert. Bauelemente aus Halbleitermaterial mit negativer differentieller Beweglichkeit aufgrund des von Ridley und Watkins sowie von Hilsum angegebenen Elektronentransfermechanismus können jedoch auch Betriebszustände ohne ausgeprägte Hochfelddomänen aufweisen. Daher ist es korrekter und allgemeingültiger, von Elektronentransferelementen zu sprechen.

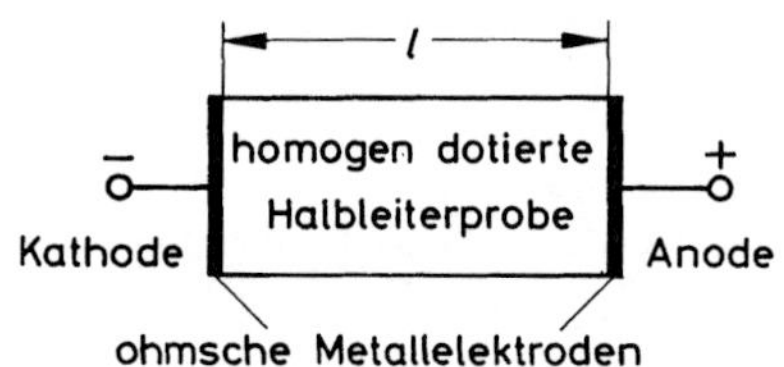

Abb. 72. Schematischer Aufbau eines Gunn-Elements

3.1 Elektronentransfermechanismus

Die Abnahme der Elektronendriftgeschwindigkeit mit zunehmendem Feld nach dem Ridley-Watkins-Hilsum-Mechanismus ist eine Folge der speziellen Leitungsbandstruktur von GaAs [9]. Der Effekt konnte jedoch auch in anderen III-V-Verbindungshalbleitern wie InP [7] und GaAsP [10] sowie in den II-VI-Verbindungshalbleitern CdTe [11] und ZnSe [12] nachgewiesen werden. In diesem Kapitel wird der Elektronentransfermechanismus jedoch ausschließlich am Beispiel des am häufigsten verwendeten und technologisch am besten beherrschten Materials GaAs beschrieben.

3.1.1 Leitungsbandstruktur von GaAs

Voraussetzung für einen Elektronentransfer von einem Zustand hoher Beweglichkeit in einen Zustand mit geringer Beweglichkeit ist eine Abhängigkeit der Elektronenenergie W im Leitungsband von der quantenmechanischen Wellenzahl k_e[3], die durch Minima unterschiedlicher Höhe und Breite ausgezeichnet ist. Ein solches $W(k_e)$-Diagramm für das Leitungsband von GaAs ist in Abb. 73

---

[1] Metallische Elektroden mit geringem Übergangswiderstand, die zum Zweck der Stromzuführung an die Halbleiterprobe angebracht werden

[2] Häufig wird für Gunn-Elemente fälschlicherweise auch der Begriff Gunn-Diode verwendet, obwohl Diode nach DIN 41855 (Halbleiterbauelemente: Arten, Begriffe) ein Bauelement mit zwei Anschlüssen bezeichnet, das eine asymmetrische Strom-Spannungs-Kennlinie besitzt. Letzteres trifft für Gunn-Elemente jedoch nicht zu

[3] Die quantenmechanische Wellenzahl ist dem Impuls der Elektronen proportional (siehe z. B. [9])

schematisch dargestellt. Es weist ein Hauptminimum 1 im Zentrum der Brillouin-Zone[4] (000) und je ein Satellitenminimum 2 am Zonenrand in jeder der sechs ⟨100⟩-Richtungen auf. Der Energieabstand zwischen Haupt- und Satellitenminimum beträgt bei Raumtemperatur ($T = 300\,\mathrm{K}$) $\Delta W = 0{,}36\,\mathrm{eV}$. Das zwischen Valenz- und Leitungsband liegende verbotene Band hat dagegen eine erheblich größere Breite von etwa $W_G = 1{,}4\,\mathrm{eV}$.

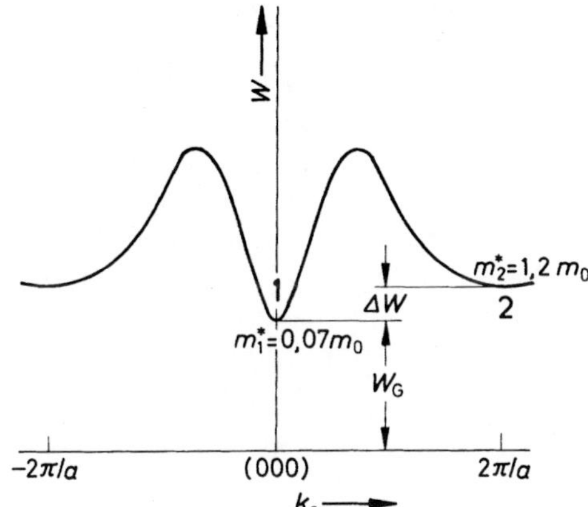

Abb. 73. Elektronenenergie W im Leitungsband von GaAs (Nullpunkt entspricht der Valenzbandkante) als Funktion der quantenmechanischen Wellenzahl k_e in [100]-Kristallrichtung (a ist die Gitterkonstante)

Für die Elektronenbeweglichkeit und für die Dichte der erlaubten Zustände in den einzelnen Energieminima ist die Krümmung der $W(k_e)$-Charakteristik maßgebend. Die effektive Masse m^* der Elektronen in einem Bandminimum ist definiert durch [9]

$$m^* = \frac{\hbar^2}{\mathrm{d}^2W/\mathrm{d}k_e^2}, \tag{3.1/1}$$

wobei $\hbar$ das durch 2π dividierte Plancksche Wirkungsquantum bedeutet. Die effektive Elektronenmasse ist also umgekehrt proportional zur Bandkrümmung. Sie ist im Hauptminimum relativ klein $m_1^* \approx 0{,}07\,m_0$ (m_0 ist die Masse eines freien Elektrons), in den Satellitenminima dagegen erheblich größer mit $m_2^* \approx 1{,}2\,m_0$. Die Beweglichkeiten in den beiden Leitungsbandminima unterscheiden sich jedoch noch stärker. So werden je nach Dotierung und Herstellverfahren für das Hauptminimum Werte zwischen $\mu_1 = 6000$ bis $8500\,\mathrm{cm^2/Vs}$ angegeben, für die Satellitenminima nur Werte von etwa $\mu_2 = 50$ bis $100\,\mathrm{cm^2/Vs}$. Demnach ist die mittlere Impulsrelaxationszeit τ_m, die die Beweglichkeit nach der Beziehung [9]

$$\mu = \frac{e}{m^*}\,\tau_m \tag{3.1/2}$$

mitbestimmt, in den Satellitenminima kleiner als im Zentralminimum.

---

[4] Die Brillouin-Zone ist die Elementarzelle des inversen Kristallgitters im Impuls-(k_e-)Raum.

Die Dichten der erlaubten Zustände N_1 und N_2 in den Energieminima verhalten sich andererseits wie [9]

$$\frac{N_2}{N_1} = \left(\frac{m_2^*}{m_1^*}\right)^{3/2} \approx 70. \tag{3.1/3}$$

Die Zahl der in den Satellitenminima vorhandenen Zustände ist schließlich noch mit dem Faktor 3 zu multiplizieren, da es in den sechs Raumrichtungen je ein Satellitenminimum gibt, die jedoch jeweils nur zur Hälfte innerhalb der Brillouinzone liegen [9]. Insgesamt ist also in den Satellitenminima eine etwa 200 mal größere Zustandsdichte vorhanden als im Hauptminimum.

Bei Raumtemperatur befinden sich alle Elektronen im niedrigsten möglichen Energiezustand, d. h. im Zentralminimum, und besitzen entsprechend eine hohe Beweglichkeit. Erzeugt man jedoch eine hohe Feldstärke E in der Probe, so können die Elektronen aus dem Feld zusätzliche Energie gewinnen, die eine Erhöhung der effektiven Elektronentemperatur T_e über die Temperatur T_0 des Gitters bewirkt [9].

$$e E v = 3 k (T_e - T_0)/2\tau_e. \tag{3.1/4}$$

(v ist die mittlere Geschwindigkeit der Elektronen, k die Boltzmann-Konstante und τ_e die mittlere Energierelaxationszeit der Elektronen). Elektronen, die dabei eine Energie größer als ΔW erlangt haben, können dann in eines der Satellitentäler gestreut werden. Im thermischen Gleichgewichtszustand ergibt sich schließlich eine Verteilung der Elektronendichte zwischen Zentral- und Satellitenminima entsprechend

$$\frac{n_2}{n_1} = 3 \frac{N_2}{N_1} \exp\left(-\frac{\Delta W}{k T_e}\right). \tag{3.1/5}$$

Bei höheren Feldstärken kann die Elektronendichte n_2 in den Satellitenminima durchaus größer werden als die Dichte n_1 im Zentralminimum, auch wenn die Exponentialfunktion in (3.1/5) immer kleiner als 1 bleibt, weil die Zustandsdichte in den Satellitentälern erheblich größer ist als im Zentralminimum.

Diesen Übergang eines Großteils der Elektronen vom energetisch niedriger gelegenen Zentralminimum des Leitungsbandes in die energetisch höheren Satellitenminima mit geringerer Beweglichkeit, aber höherer Zustandsdichte, nennt man den Elektronentransfermechanismus. Voraussetzung für das Auftreten ist ein Abstand ΔW zwischen Satelliten- und Zentralminimum, der größer als $\ln(3 N_2/N_1) \cdot k T_0 \approx 0{,}15$ eV (bei Raumtemperatur) ist, damit sich bei Abwesenheit eines elektrischen Feldes die Mehrzahl der Leitungselektronen im Zentralminimum befindet. ΔW muß andererseits jedoch kleiner sein als die Breite W_G des Bandabstandes zwischen Leitungs- und Valenzband, damit nicht bereits vor dem Auftreten des Elektronentransfermechanismus Lawinendurchbruch einsetzt. Beides ist für GaAs (und InP) gut erfüllt.

3.1.2 Geschwindigkeits-Feldstärke-Charakteristik

Wenn man die Verteilung der Elektronen auf Haupt- und Satellitenminima als Funktion der Feldstärke kennt, läßt sich eine mittlere Driftgeschwindigkeit

$$v = \frac{n_1 \mu_1 + n_2 \mu_2}{n_1 + n_2} E \tag{3.1/6}$$

definieren, die dann ebenfalls nur eine Funktion der Feldstärke ist. Die Verwendung einer nach (3.1/6) gemittelten Driftgeschwindigkeit ist auch noch bei Mikrowellenfrequenzen zulässig, da die Verweildauer eines Elektrons in einem der Energieminima, charakterisiert durch die Streuzeit des Elektronentransferprozesses, nur etwa $2 \cdot 10^{-12}$ s beträgt [13, 14].

Der relative Anteil der Elektronen im Zentralminimum $n_1/(n_1 + n_2)$ sowie die sich nach (3.1/6) ergebende mittlere Driftgeschwindigkeit sind nach genaueren Rechnungen von Butcher and Fawcett [13–15] in Abb. 74 wiedergegeben. Dabei wurden unterschiedliche Elektronentemperaturen in Zentral- und Satellitenminima sowie eine Feldabhängigkeit der beiden Beweglichkeiten μ_1 und μ_2 mit berücksichtigt. Die berechnete Geschwindigkeits-Feldstärke-Charakteristik stimmt gut mit den in Abb. 5 angegebenen Meßergebnissen von Ruch und Kino für Elektronen in GaAs [16, 17] bei $T_0 = 300$ K überein und läßt sich durch den analytischen Ausdruck (1.2/11) annähern [18]. Sie weist bei der sogenannten kritischen Feldstärke E_c von 3,2 bis 3,4 kV/cm ein Maximum mit einem Geschwindigkeitswert von etwa $2 \cdot 10^7$ cm/s auf. Es folgt ein Bereich fallender Geschwindigkeit mit einer maximalen negativen differentiellen Beweglichkeit von

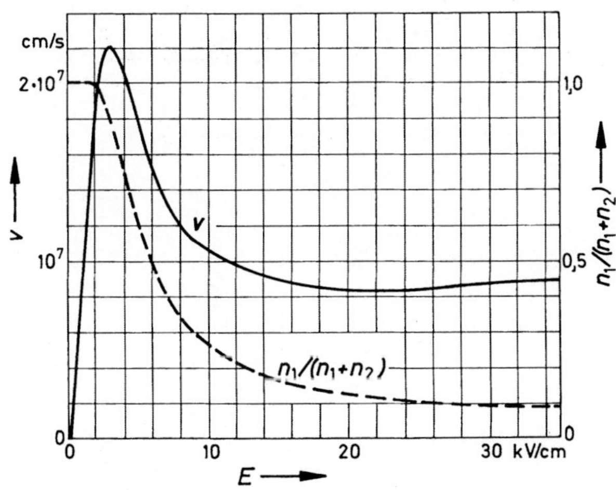

Abb. 74. Anteil der Elektronen im Zentralminimum $n_1/(n_1 + n_2)$ und mittlere Driftgeschwindigkeit v in GaAs als Funktion der Feldstärke E nach Butcher und Fawcett [13–15]

etwa 2000 cm^2/Vs, die ungefähr ab $E = 10\,kV/cm$ stark abnimmt, bis schließlich eine etwa konstante Sättigungsgeschwindigkeit bei hohen Feldstärken von $v_s \approx 0{,}8$ bis $0{,}9 \cdot 10^7\,cm/s$ erreicht wird.

3.1.3 Diffusions-Feldstärke-Charakteristik

In Analogie zu (3.1/6) läßt sich auch die Einstein-Beziehung $eD = \mu k T$ zur Bestimmung des Diffusionskoeffizienten D entsprechend den Elektronendichten in Zentral- und Satellitenminimum mitteln.

$$D(E) = \frac{k}{e} \cdot \frac{n_1 \mu_1 T_1 + n_2 \mu_2 T_2}{n_1 + n_2}. \tag{3.1/7}$$

Da die Elektronendichten, die Beweglichkeiten und die Elektronentemperaturen T_1 und T_2 im Zentral- und Satellitenminimum feldabhängig sind, ergibt sich auch eine ausgeprägte Feldabhängigkeit des Diffusionskoeffizienten. Die Diffusions-Feldstärke-Charakteristik nach Rechnungen von Butcher und Fawcett und nach Meßergebnissen von Ruch und Kino [17] ist in Abb. 75 dargestellt.

Bei der Diskussion der Bauelementeeigenschaften wird die Ladungsträgerdiffusion allerdings nur als ein zweitrangiger Prozeß behandelt, der zwar quantitativen Einfluß haben kann, aber kaum das grundsätzliche Verhalten ändert. Soweit die Diffusion überhaupt berücksichtigt werden muß, soll es daher ausreichen, einen konstanten feldunabhängigen mittleren Diffusionskoeffizienten zu verwenden.

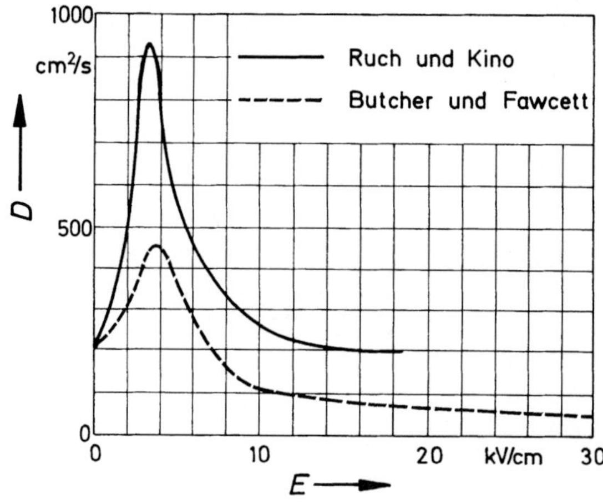

Abb. 75. Diffusionskoeffizient D von GaAs in Abhängigkeit von der Feldstärke E nach Messungen von Ruch und Kino [17] (durchgezogen) und nach Rechnungen von Butcher und Fawcett [13–15] (strichliert)

3.2 Hochfelddomänen

Im vorigen Abschnitt wurde gezeigt, daß in bestimmten Halbleitermaterialien, wie z. B. GaAs, eine mit zunehmendem Feld abnehmende mittlere Ladungsträgergeschwindigkeit auftreten kann, die dem Feld vom Gleichstrombereich bis etwa 100 GHz quasistatisch folgt. Man könnte daher vermuten, daß sich mit solchen Materialien sehr einfach Bauelemente mit einem extrem breitbandigen negativen differentiellen Leitwert realisieren lassen, indem man eine homogen dotierte Halbleiterprobe beidseitig mit ohmschen Kontakten versieht.

Die Leitfähigkeit in der Halbleiterprobe wird jedoch nicht nur durch die Geschwindigkeit der freien Ladungsträger bestimmt, sondern im gleichen Maße auch von deren Dichte. Diese ist aber in einem Halbleiter mit negativer differentieller Beweglichkeit nicht mehr einfach durch die Dotierung festgelegt, da sich in einem solchen Halbleiter kein Zustand der Ladungsneutralität einstellt [19]. Vielmehr kommt es durch das eigene Raumladungsfeld der driftenden Ladungsträger zu Ladungsträgeranhäufungen (Akkumulation) und zu ladungsträgerverarmten Zonen, den sogenannten Domänen, die den Leitwert des Bauelements erheblich beeinflussen und u. U. die negative differentielle Beweglichkeit völlig kompensieren [20].

Die Ladungsträgerakkumulations- und Verarmungszonen und die damit verbundenen Hochfeldomänen können stationär sein, d. h. sie bleiben in ihrer Größe und Lage konstant; sie haben in den meisten Fällen jedoch ihre eigene Dynamik, indem sie entstehen, anwachsen, wandern und wieder verschwinden. Diese Vielfalt der dynamischen Eigenschaften von Hochfelddomänen in Halbleitermaterialien mit negativer differentieller Beweglichkeit bestimmt die verschiedenen Betriebsarten der Elektronentransferelemente im Mikrowellenbereich [21, 22], und nur unter besonders strengen Voraussetzungen kann die negative differentielle Beweglichkeit direkt zur Mikrowellenleistungserzeugung ausgenutzt werden [23, 24].

3.2.1 Statische Lösung

Am einfachsten kann man das Auftreten von Hochfelddomänen im statischen Fall zeigen, wenn die zeitlichen Ableitungen in den Ladungstransportgleichungen verschwinden. Dazu wird hier eine von den Grundgleichungen in Abschnitt 1.2 abweichende Vorzeichenkonvention entsprechend Abb. 76 eingeführt. Diese Konvention ist für die Behandlung von Elektronentransferbauelementen allgemein üblich. Sie führt zu einer Umkehrung der Vorzeichen in den Grundgleichungen für I, J, E und U und wird im gesamten Kapitel 3 beibehalten, um negative Vorzeichen für Feld und Stromdichte bei einem Elektronentransport in positive x-Richtung zu vermeiden. Damit wird aus der Gleichung für die Stromdichte:

$$J = e n v(E) - e D \, \mathrm{d}n/\mathrm{d}x. \qquad (3.2/1)$$

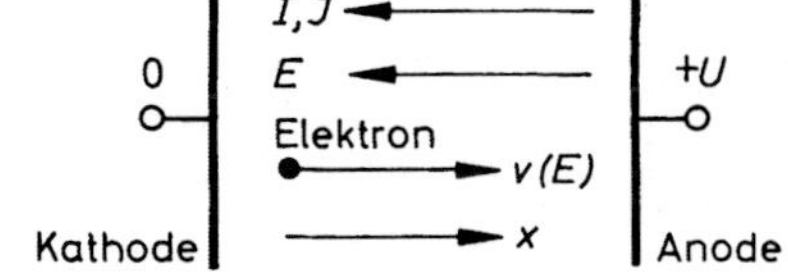

Abb. 76. Vorzeichenkonvention für Kapitel 3 (Elektronentransferelemente)

Zur Vereinfachung wird zunächst der Diffusionsanteil $-eD\,\mathrm{d}n/\mathrm{d}x$ vernachlässigt. Dann erhält man aus der Poisson-Gleichung (1.2/6) mit der Vorzeichenkonvention nach Abb. 76 [25]:

$$\varepsilon \frac{\mathrm{d}E}{\mathrm{d}x} = e\left[\frac{J}{e\,v(E)} - N_0\right]. \tag{3.2/2}$$

Hierin ist N_0 die Konzentration der Grunddotierung in der aktiven Halbleiterzone. Eine formale Lösung dieser Gleichung für eine ideal homogene Halbleiterprobe mit konstantem N_0 wäre ein gleichförmiges Feld $E = U/l$ und eine Stromdichte $J = e\,N_0\,v(E)$, die direkt der $v(E)$-Charakteristik (Abb. 74) folgt. Diese Lösung ist jedoch nicht in der Lage die Randbedingungen zu erfüllen, die durch hochleitfähige Kontaktzonen oder Metallelektroden an den Enden der aktiven Zone (Abb. 72) erzwungen werden. Ohmsche Kontakte erzeugen an den Enden eine hohe Ladungsträgerdichte, so daß für einen bestimmten Stromfluß schon ein sehr niedriges Feld ausreicht. Man kann daher als Randbedingung $E \approx 0$ ansetzen.

Führt man diese Randbedingung an der Kathodenseite bei $x = 0$ ein, so läßt sich (3.2/2) lösen [25]. Die daraus gefundene Feldverteilung in der Probe und die zugehörige Elektronendichte sind in Abb. 77 für verschiedene Werte der

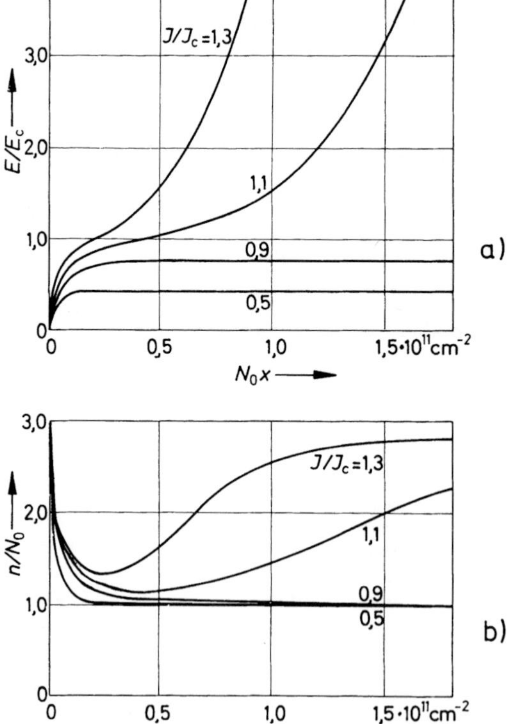

Abb. 77. Statische Feldverteilung (**a**) und zugehörige Ladungsträgerdichte (**b**) in einer Halbleiterprobe mit Geschwindigkeits-Feldstärke-Charakteristik nach Abb. 74 und ohmscher Elektrode an der Kathodenseite

Gesamtstromdichte dargestellt. Aufgrund der hohen Ladungsträgerdichte am Kathodenkontakt steigt die Feldstärke bei $x = 0$ in jedem Fall steil an. Mit zunehmendem Feld wächst die Elektronengeschwindigkeit, und die zur Aufrechterhaltung eines bestimmten Stromes notwendige Ladungsträgerdichte sinkt entsprechend.

Solange $J < J_c = e N_0 v_{max}$ ist, wird bereits unterhalb der kritischen Feldstärke die Geschwindigkeit $v(E) = J/e N_0$ erreicht. Es stellt sich von dort an Ladungsneutralität $n = N_0$ ein, und das Feld bleibt konstant (siehe $J/J_c = 0{,}5$ und 0,9 in Abb. 77). Bei $J < J_c$ kann die kritische Feldstärke also nie überschritten werden.

Erst mit einer Stromdichte $J > J_c$ ergibt sich nach (3.2/2) auch bei der kritischen Feldstärke noch ein positiver Feldanstieg und damit die Möglichkeit, ein höheres elektrisches Feld zu erreichen. Oberhalb von E_c reduziert sich die Geschwindigkeit jedoch wieder. Dies muß durch eine erhöhte Elektronendichte ausgeglichen werden, damit der Strom aufrechterhalten bleibt. Die zunehmende Elektronendichte führt nun ihrerseits zu einem verstärkten Feldanstieg und damit zur Ausbildung einer durch Ladungsträgerakkumulation hervorgerufenen Hochfelddomäne an der Anodenseite des Elements ($J/J_c = 1{,}1$ und 1,3 in Abb. 77).

Durch Integration über die Feldverteilung Abb. 77a erhält man die Strom-Spannungs-Charakteristik (Abb. 78), die für kleine Werte des Produktes aus Dotierungskonzentration N_0 und Probenlänge l (kurze Elemente in Abb. 77) noch relativ sanft verläuft, während sie für großes $N_0\,l$-Produkt (lange Elemente in Abb. 77) einen ausgeprägten Knick bei $U \approx U_c = E_c\,l$ aufweist [25]. Der Kennlinienknick kommt dadurch zustande, daß unterhalb der kritischen Spannung U_c das Feld weitgehend homogen bleibt, während oberhalb von U_c schon eine geringe Stromzunahme ausreicht, um eine ausgeprägte Hochfelddomäne an der Anodenseite mit einem entsprechenden Spannungszuwachs zu erzeugen.

In jedem Fall bleibt die Strom-Spannungs-Charakteristik jedoch monoton steigend (wenn auch bei großem $N_0\,l$-Produkt nur geringfügig). Es zeigt sich damit an den Elementkontakten nicht der erwartete negative differentielle Leitwert, der

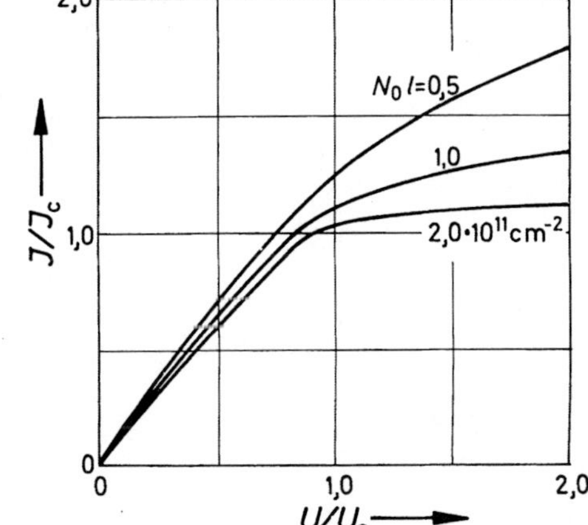

Abb. 78. Statische Strom Spannungs-Kennlinie einer Halbleiterprobe mit Geschwindigkeits-Feldstärke-Charakteristik nach Abb. 74 und ohmschen Elektroden (ohne Diffusion)

der negativen differentiellen Beweglichkeit der $v(E)$-Kennlinie (Abb. 74) entsprechen würde [20][5].

In (3.2./2), die den Abb. 77 und 78 zugrunde liegt, wurde die Ladungsträgerdiffusion (letzter Term in (3.2/1)) vernachlässigt. Das ist zulässig, solange der durch den Ladungsträgergradienten erzeugte Diffusionsstrom $-eD\,\mathrm{d}n/\mathrm{d}x$ wesentlich kleiner ist als der Driftstrom env. Zur Abschätzung kann man $\frac{1}{n}\cdot \mathrm{d}n/\mathrm{d}x = -\frac{1}{v}\cdot \mathrm{d}v/\mathrm{d}x \approx \frac{eN_0}{\varepsilon v}\left|\frac{\mathrm{d}v}{\mathrm{d}E}\right|$ setzen und erhält mit $v\approx 10^7\,\mathrm{cm/s}$, $D = 300\,\mathrm{cm^2/s}$ und $\left|\frac{\mathrm{d}v}{\mathrm{d}E}\right| = -\mu_\mathrm{d} \approx 2000\,\mathrm{cm^2/Vs}$ die Bedingung [28 – 30]:

$$N_0 \ll \frac{\varepsilon v^2}{eD(-\mu_\mathrm{d})} \approx 10^{15}\,\mathrm{cm^{-3}}. \tag{3.2/3}$$

Für höhere Dotierungen führt der Einfluß der Diffusion im Bereich negativen Ladungsträgerdichtegradienten, d.h. für $E < E_\mathrm{c}$ in Abb. 77, zu einer reduzierten Ladungsträgerkonzentration und zu einem Anwachsen der Ladungsträgerdichte für $E > E_\mathrm{c}$. So ergibt sich bei $E = E_\mathrm{c}$ ein Dichtegradient, der durch Diffusion der Driftgeschwindigkeit entgegenwirkt. Damit wird die Gesamtgeschwindigkeit resultierend aus Drift- und Diffusionsanteil kleiner als die Maximalgeschwindigkeit der $v(E)$-Charakteristik. Dementsprechend ist auch der Gesamtstrom bei Vorhandensein einer Hochfelddomäne mit Diffusion kleiner als der kritische Strom I_c. Daher gibt es nun zwei verschiedene $I(U)$-Kennlinien mit einem Strom $I < I_\mathrm{c}$: eine ohne und eine mit Hochfelddomäne [30, 31] (Kennlinien A und B in Abb. 79).

Legt man an eine solche Probe eine Spannung $U < U_\mathrm{c}$, so erhält man aufgrund positiver differentieller Beweglichkeit eine weitgehend homogene Feldverteilung.

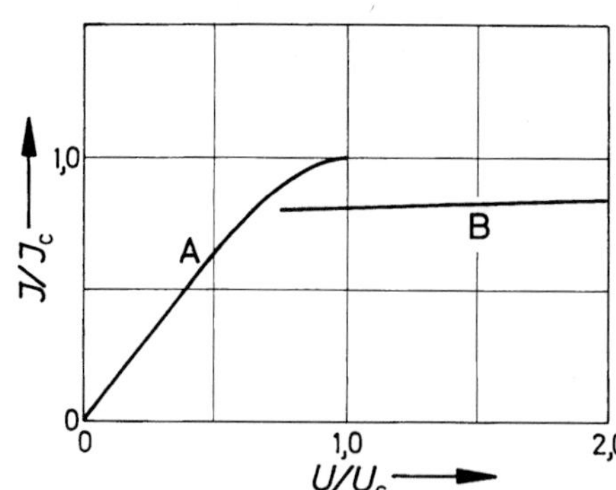

Abb. 79. Statische Strom-Spannungs-Kennlinie einer GaAs-Probe mit hoher Dotierung ($N_0 > 10^{15}\,\mathrm{cm^{-3}}$). Kennlinienast A ohne Hochfelddomäne, Kennlinienast B mit Hochfelddomäne

[5] Das gilt auch, wenn der ohmsche Kathodenkontakt durch eine Elektrode mit begrenzter Elektronenemission ersetzt wird (z.B. durch einen in Flußrichtung gepolten p-n-Übergang oder einen Schottky-Kontakt mit geringer Barrierenhöhe). Je nach Größe des Sättigungsstromes ergibt sich dann eine Akkumulationszone, eine homogene Feldverteilung oder eine Verarmungsschicht [26, 27]. Ein statischer negativer differentieller Leitwert tritt jedoch auch hier nicht auf.

Man befindet sich dann auf dem Kennlinienast A ohne Hochfelddomäne, der etwa der $v(E)$-Charakteristik unterhalb von E_c entspricht. Bei Erhöhung der Elementspannung über U_c hinaus kann das homogene Feld jedoch nicht mehr aufrechterhalten bleiben. Es bildet sich eine Hochfelddomäne, und der Strom wechselt vom Kennlinienast A zu dem niedrigeren Stromwert des Kennlinienastes B mit Hochfelddomäne. Erhöht man die Spannung weiter, so wächst die Hochfelddomäne an, die Stromdichte ändert sich jedoch nur geringfügig. Aber auch wenn die Spannung unter U_c abgesenkt wird, bleibt die Hochfelddomäne erhalten und damit der niedrige Stromwert des Kennlinienastes B, bis schließlich die gesamte Domäne abgebaut ist und damit wieder ein Übergang zum Kennlinienast A erfolgen muß.

Wie in Abb. 78 für niedrige Dotierungen besitzen auch die Kennlinien für hohe Dotierung in Abb. 79 keinen negativen differentiellen Leitwert. Die Kennlinienhysterese kann jedoch für einen bistabilen Schaltbetrieb ausgenutzt werden [28, 32]: Wenn das Element knapp unterhalb der kritischen Spannung vorgespannt ist, werden durch positive Triggerpulse stabile Hochfelddomänen ausgelöst und durch negative Pulse wieder gelöscht. Der Stromwert entsprechend Kennlinienast A oder B zeigt dabei den Schaltzustand an.

3.2.2 Kleinsignalverhalten

Nachdem bei der statischen Lösung kein negativer differentieller Leitwert gefunden wurde, wird im folgenden das dynamische Verhalten untersucht. Dazu eignet sich zunächst eine Kleinsignalanalyse der Abweichungen $n_1(x, t)$ und $E_1(x, t)$ von der Gleichgewichtslösung $n_0(x)$ und $E_0(x)$ aus Abschnitt 3.2.1 (der Index 0 ist im vorangegangenen Abschnitt zur Vereinfachung der Schreibweise fortgelassen worden). Solche Störungen breiten sich in driftenden Elektronenströmungen in Form von Raumladungswellen aus, die mit der Kontinuitätsgleichung für n_1 in Verbindung mit der Poisson-Gleichung beschrieben werden können. Diese Gleichungen lauten mit der Vorzeichenkonvention nach Abb. 76 in eindimensionaler Betrachtung bei Vernachlässigung der Produkte und höherer Potenzen der Störungen (Kleinsignalnäherung):

$$\frac{\partial n_1}{\partial t} + \frac{1}{e}\frac{\partial J_{c_1}}{\partial x} = 0 \qquad (3.2/4)$$

mit

$$J_{c_1} = e\, n_0\, v_1 + e\, n_1\, v_0 - e D \frac{\partial n_1}{\partial x} \qquad (3.2.5)$$

und

$$\frac{\partial E_1}{\partial x} = \frac{e}{\varepsilon} n_1 \,. \qquad (3.2/6)$$

(3.2/4) bis (3.2/6) können mit der Stromerhaltungsgleichung

$$J_1 = J_{c_1} + \varepsilon \frac{\partial E_1}{\partial t} \qquad (3.2/7)$$

zusammengefaßt werden zu:

$$\frac{\partial E_1}{\partial t} + v_0 \frac{\partial E_1}{\partial x} + \omega_c E_1 - D \frac{\partial^2 E_1}{\partial x^2} = \frac{J_1}{\varepsilon}. \qquad (3.2/8)$$

Hierin ist ω_c die reziproke dielektrische Relaxationszeit

$$\omega_c = \frac{e n_0 \frac{dv}{dE}}{\varepsilon}. \qquad (3.2/9)$$

Zur Vereinfachung werden in (3.2/8) der Diffusionsterm und die Ortsabhängigkeit von v_0 und ω_c zunächst vernachlässigt. Man erhält dann als Lösung der verkürzten Gleichung eine mit dem Elektronenstrom laufende Raumladungswelle, die mit der Relaxationszeit gedämpft wird bzw. (bei negativer differentieller Beweglichkeit) mit der negativen Relaxationszeit anwächst.

$$E_{RL}(x,t) = \underline{\hat{E}}_{RL} \exp j(\omega t - k x) \qquad (3.2/10)$$

mit der Wellenzahl

$$k = (\omega - j\omega_c)/v_0. \qquad (3.2/11)$$

Eine partikuläre Lösung der unverkürzten Gleichung ist ein ortsunabhängiges Wechselfeld.

$$E_p(t) = \frac{\underline{\hat{J}}_1}{j \varepsilon v_0 k} \exp j\omega t. \qquad (3.2/12)$$

Die Gesamtlösung erhält man durch Einführen der Randbedingung $E_1 = 0$ am hoch leitfähigen Kathodenkontakt bei $x = 0$.

$$E_1(x,t) = \frac{\underline{\hat{J}}_1 \exp j\omega t}{\varepsilon v_0} \cdot \frac{1 - \exp(-jkx)}{jk}. \qquad (3.2/13)$$

(3.2/13) kann über die Länge l der aktiven Zone integriert werden. Man erhält dann die Wechselspannung $\underline{\hat{U}}_1$ bzw. nach Division durch den Wechselstrom $\underline{\hat{J}}_1 A$ die Impedanz

$$Z_1(\omega) = \frac{\underline{\hat{U}}_1}{\underline{\hat{J}}_1 A} = R_{RL} \cdot 2 \frac{\psi + \exp(-\psi) - 1}{\psi^2}. \qquad (3.2/14)$$

Hierin ist $\psi = jkl$, und der sog. Raumladungswiderstand $R_{RL} = l^2/2\varepsilon v_0 A$ (A ist die Querschnittsfläche des Elements).

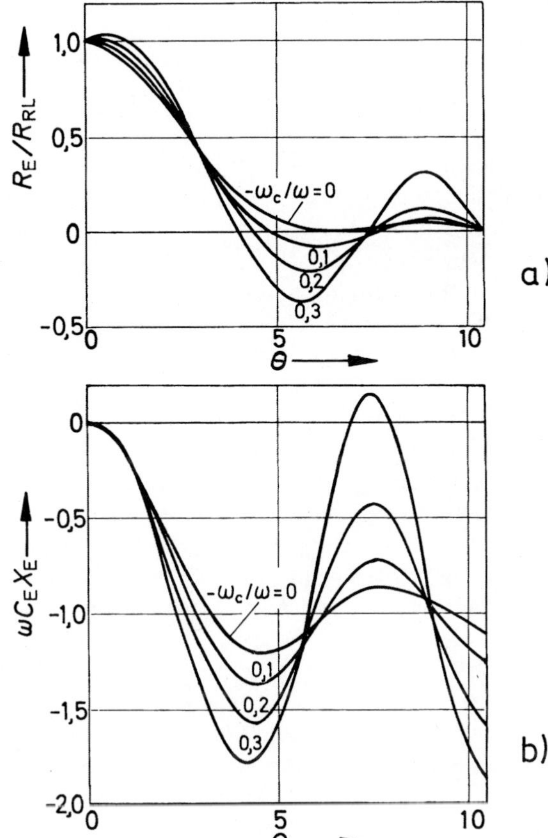

Abb. 80. Realteil R_E (bezogen auf den Raumladungswiderstand R_{RL}) und Imaginärteil X_E (bezogen auf den kapazitiven Widerstand $1/\omega C_E$) der Kleinsignalimpedanz von Elektronentransferelementen als Funktion des Laufwinkels $\Theta = \omega\, l/v_0$ mit $-\omega_c/\omega$ als Parameter

In Abb. 80 sind Real- und Imaginärteil der Kleinsignalimpedanz nach (3.2/14) als Funktion des Laufwinkels $\Theta = \omega\, l/v_0$ für verschiedene Werte des Parameters ω_c/ω dargestellt. Bei niedrigen Laufwinkeln besitzt die Impedanz in jedem Fall einen positiven Realteil, d. h. dort läßt sich keine Hochfrequenzleistung erzeugen. Nur in der Umgebung der Laufzeitfrequenz $f_l = v_0/l$ ($\Theta \approx 2\pi$) tritt ein Bereich negativen Hochfrequenzwiderstandes auf, der zur Signalverstärkung oder zur Anregung eines Oszillators genutzt werden kann. Der Betrag des negativen Widerstandes wird dabei um so größer, je kürzer die negative Relaxationszeit ist (größerer Wert von $-\omega_c/\omega$).

Der Blindwiderstand des Bauelements ist bei maximalem negativen HF-Widerstand etwa durch die Kapazität der aktiven Zone gegeben, $X_E \approx 1/\omega C_E$ ($C_E = \varepsilon A/l$). Er kann jedoch in der weiteren Umgebung davon erheblich abweichen. Bei $\omega_c/\omega \approx -0{,}3$ geht der Blindwiderstand schließlich erstmals im Bereich negativen Widerstands durch Null. Mit $\Theta = \omega\, l/v_0 \approx 7$ entspricht das

$$\frac{\omega_c\, l}{v_0} \approx 2\,. \qquad (3.2/15)$$

Je nach Vorspannung am Element und daraus resultierenden Mittelwerten für μ_d und v_0 läßt sich ein zugehöriges Dotierungs-Länge-Produkt von

$$N_0 l = 1 \dots 3 \cdot 10^{11}\,\text{cm}^{-2} \tag{3.2/16}$$

bestimmen. Diese Grenze wird häufig als Bedingung für das Auftreten von Gunn-Oszillationen angegeben [25], da dann bei hochfrequenzmäßigem Kurzschluß Stromschwingungen entstehen können. Das entspricht den originalen Versuchsbedingungen bei der Entdeckung der Stromoszillationen von Gunn [7, 8]. Durch eine induktive Beschaltung, und sei es nur durch parasitäre Zuleitungsinduktivitäten, verringert sich jedoch das notwendige $N_0\,l$-Produkt. Die Größenordnung bleibt aber in jedem Fall von Bedeutung. Denn der negative Widerstand des Elements entsteht durch das Anwachsen einer Raumladungswelle aufgrund negativer Relaxation. Damit dieser Effekt deutlich wirksam werden kann, muß die negative Relaxationszeit mit der Laufzeit der Ladungsträger durch die aktive Zone vergleichbar sein [31, 33–35]. Genau das wird auch durch (3.2/15) ausgesagt.

Elektronentransferelemente zeigen also einen dynamischen negativen Widerstand $-R_E$ in der Umgebung der Laufzeitfrequenz, der Abweichungen von der stationären Feldverteilung anwachsen läßt. Er führt damit zu Eigenschwingungen des Elementes, wenn diese nicht durch eine geeignete Beschaltung unterdrückt werden.

Man kann dazu beispielsweise einen Lastwiderstand in Serie schalten, der im gesamten Frequenzbereich größer ist als der negative Elementwiderstand. Obwohl der dynamische negative Widerstand des Elektronentransferelementes dann überkompensiert ist, kann eine solche Anordnung direkt zur Verstärkung von RF-Signalen verwendet werden. Denn bei Kompensation der Blindimpedanz ist die RF-Leistung am Lastwiderstand R_L in Abb. 81

$$P_L = \frac{1}{2}\frac{U_e^2 \cdot R_L}{(R_L + R_E)^2} = P_e \frac{R_L}{R_L + R_E} \tag{3.2/17}$$

größer als die Eingangsleistung P_e. Der Verstärkungsfaktor $R_L/(R_L + R_E)$ kann dabei sehr viel größer als 1 sein, wenn R_L nur wenig größer ist als der negative Elementwiderstand $-R_E$.

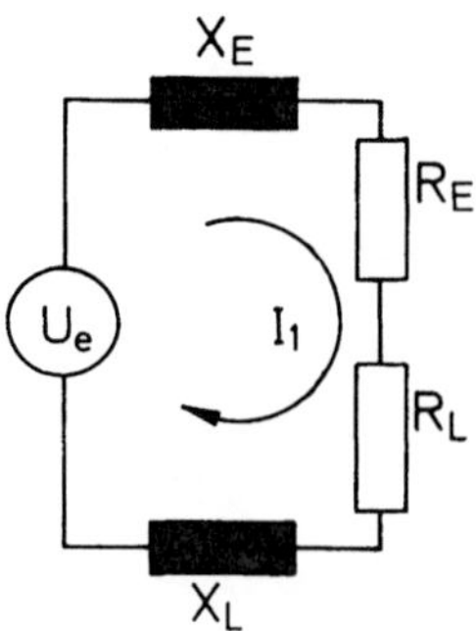

Abb. 81. Ersatzschaltkreis für eine Verstärkeranordnung mit einem Bauelement mit negativem HF-Widerstand

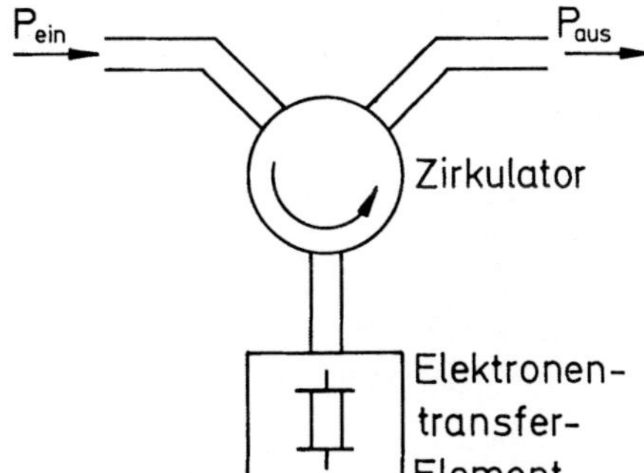

Abb. 82. Reflexionsverstärkeranordnung für Elektronentransferelemente mit Zirkulator zur Trennung von Eingang und Ausgang

In der Praxis realisiert man solche Verstärkeranordnungen mit Elektronentransferelementen in der Regel als Reflexionsverstärker (Abb. 82) [36]. Der negative Elementwiderstand bildet dabei den Abschluß einer Leitung, deren Wellenwiderstand für das Element als Lastwiderstand wirkt. Der negative Abschluß der Leitung erzeugt einen Reflexionsfaktor, der größer als 1 ist. Eingangs- und Ausgangssignal lassen sich schließlich mit Hilfe eines Zirkulators entkoppeln.

Eine ganz andere Möglichkeit der Mikrowellenverstärkung mit einem durch geeignete Beschaltung stabilisierten Elektronentransferelement wurde von Robson et al. [37] angegeben. Es handelt sich dabei um ein Bauelement, das viele Wellenlängen der Raumladungswelle enthält ($\Theta \gg 2\pi$) und das, wie in Abb. 83 dargestellt, zusätzliche Elektroden zur Ein- und Auskopplung der Signale besitzt.

Durch das Element fließt von der Kathode K zur Anode A kein Wechselstrom, so daß die partikuläre Lösung der Differentialgleichung (3.2/8) entfällt. Es existiert also nur die Elektronenraumladungswelle. Diese wird mit Hilfe der zusätzlichen Elektrode K' nahe der Kathode angeregt, läuft mit dem Ladungsträgerstrom zur Anode und wird dabei durch negative Relaxation verstärkt. An der Elektrode A' wird die Raumladungswelle schließlich wieder ausgekoppelt. Die Anordnung entspricht also einem Halbleiteranalogon zur Wanderfeldröhre, bei der ebenfalls eine Welle zwischen Eingang und Ausgang über viele Wellenlängen verstärkt wird. Es ist daher eine ähnlich große Verstärkungsbandbreite und eine gute Entkopplung von Eingangs- und Ausgangssignalen ohne zusätzlichen Zirkulator zu erwarten.

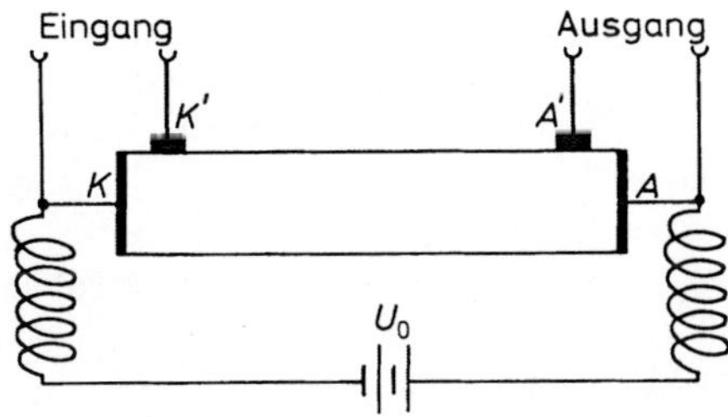

Abb. 83. Schematischer Aufbau eines Elektronentransferwanderwellenverstärkers mit Zusatzelektroden K' und A' an der Kathoden- und Anodenseite zur Ein- bzw. Auskopplung des RF-Signals

Bei Vernachlässigung der Ladungsträgerdiffusion läßt sich die verkürzte Gleichung (3.2/8) integrieren, und man erhält

$$\hat{\underline{E}}_1(x) = \hat{\underline{E}}_1(0) \exp\left[-j\omega \int_0^x \frac{\mathrm{d}x'}{v_0(x')} - \int_0^x \frac{\omega_c(x')}{v_0(x')} \mathrm{d}x' \right]. \tag{3.2/18}$$

Hierin ist $\hat{\underline{E}}_1(0)$ der Phasor der bei $x = 0$ angeregten Welle. Der imaginäre Term im Argument der Exponentialfunktion entspricht einer frequenzproportionalen Phasenverzögerung zwischen Einkopplung und Auskopplung von

$$\Theta = \omega \int_0^l \frac{\mathrm{d}x}{v_0(x)}. \tag{3.2/19}$$

Die Amplitudenverstärkung G des Elements ergibt sich aus dem Realteil im Argument der Exponentialfunktion und berechnet sich zu

$$G = \exp\left[- \int_0^l \frac{e\, n_0(x) \dfrac{\mathrm{d}v_0}{\mathrm{d}E_0}}{\varepsilon\, v_0(x)} \mathrm{d}x \right]. \tag{3.2/20}$$

Unter Verwendung der Poisson-Gleichung und der Ortsunabhängigkeit der Gleichstromdichte $\mathrm{d}(n_0 v_0)/\mathrm{d}x = 0$ erhält man daraus [38]:

$$G = \exp\left[\int_{n_0(0)}^{n_0(l)} \frac{\mathrm{d}n_0}{n_0(x) - N_0} \right] = \frac{n_0(l) - N_0}{n_0(0) - N_0}. \tag{3.2/21}$$

Die Verstärkung der Raumladungswelle ist demnach tatsächlich frequenzunabhängig und folgt direkt der aus der statischen Lösung gefundenen Abweichung der Elektronendichte von der Dotierungskonzentration $n_0(x) - N_0$, die aus Abb. 77b entnommen werden kann. Eine obere Frequenzgrenze ist durch den Einfluß der Diffusion gegeben. Denn der Diffusionsterm kann in (3.2/8) nur vernachlässigt werden, solange [25, 35, 39] gilt:

$$\omega^2 \ll v_0^2\, \omega_c / D. \tag{3.2/22}$$

Bei der Realisierung solcher Vierpolverstärkerelemente ergeben sich allerdings noch weitere Probleme, die die Anwendung erschweren. So läßt sich eine viele Wellenlängen enthaltende aktive Zone mit ausreichend homogener Dotierung nur schwer herstellen, wenn gleichzeitig das $N_0\, l$-Produkt zur Vermeidung von Eigenschwingungen den durch (3.2/16) angegebenen Wertebereich nicht überschreiten soll. Die Stabilitätsgrenze kann erweitert werden, wenn z.B. bei planarem Elementaufbau die Breite d der aktiven Zone senkrecht zum Elektronenfluß sehr klein gehalten wird [40]. Denn die Speicherung von Blindenergie durch die Feldstärke außerhalb der aktiven Zone stellt eine zusätzliche dielektrische Belastung der Raumladungswelle dar, die das Anwachsen von Störungen durch die negative Relaxation behindert. Für die kritische Dotierung erhält man dann die leichter zu realisierende Bedingung

$$N_0 d < 10^{11}\,\mathrm{cm}^{-2}. \tag{3.2/23}$$

Eine Beschichtung mit Materialien hoher Dielektrizitätskonstanten [41] oder großer Permeabilität [42] kann den Effekt noch verstärken.

Weitere Schwierigkeiten ergeben sich bei der praktischen Realisierung der Ein- und Auskopplung der Signale. So wird beispielsweise die Breitbandigkeit der Verstärkeranordnung dadurch beschränkt, daß die Geometrie der Koppelelemente in gewisser Beziehung zur Wellenlänge der Raumladungswelle stehen muß [43]. Andererseits wird die Isolation zwischen Ein- und Ausgang durch elektromagnetische Felder außerhalb des aktiven Halbleiterkörpers gestört, wodurch es zu unerwünschten Rückkopplungseffekten kommt [43]. Daher, sowie aufgrund der einfacheren Herstellung und der damit verbundenen potentiell höheren Zuverlässigkeit, wird heute für die meisten praktischen Anwendungen dem Reflexionsverstärker der Vorzug gegeben.

3.2.3 Dipoldomänen

Elektronentransferelemente, die nicht im Außenkreis stabilisiert sind, erzeugen nahe der Laufzeitfrequenz Eigenschwingungen [8]. Die dadurch angeregten Raumladungswellen werden dabei so groß, daß das weitere Anwachsen durch nichtlineare Effekte unterbunden wird. Das gilt insbesondere bei großem $N_0 l$-Produkt ($N_0 l > 10^{12}\,\mathrm{cm}^{-2}$), wo die negative dielektrische Relaxationszeit, die das Anwachsen bewirkt, wesentlich kürzer ist als die Laufzeit der Ladungsträger durch die aktive Zone des Elements. Dann entarten die Raumladungswellen schon kurz nach Verlassen der Kathode zu Dipolschichten, die durch die aktive Zone laufen, ohne sich in Form und Größe noch wesentlich zu verändern. Dieser stationäre Zustand wird zunächst genauer betrachtet, ehe auf die Dynamik von Entstehen, Wandern und Auslöschen eingegangen werden kann.

3.2.3.1 Stationäre Domänenform

In Halbleitermaterialien mit negativer differentieller Beweglichkeit stellt ein homogenes elektrisches Feld ($n = N_0$) keinen thermodynamisch stabilen Zustand dar [19]. Abweichungen wachsen exponentiell an, bis schließlich ein Zustand erreicht wird, der durch minimale Entropieerzeugung charakterisiert ist. Bei isothermer Betrachtung bedeutet das einfach, daß minimale Joulesche Wärme entsteht. In einem Halbleiter wie GaAs mit einer $v(E)$-Kennlinie entsprechend Abb. 74 kann das dadurch geschehen, daß sich das Feld in einen Hochfeldbereich und einen Niederfeldbereich aufspaltet. Die Niederfeldstärke E_n liegt dabei soweit

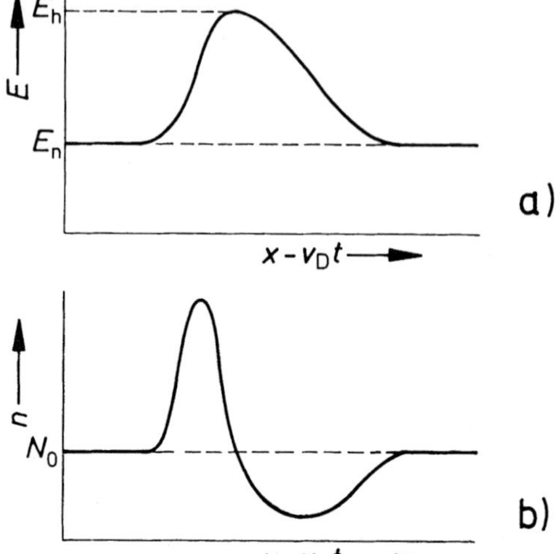

Abb. 84. Feldverteilung (**a**) und Ladungsträgerdichte (**b**) in einer stationären Dipoldomäne

unterhalb von E_c und die Hochfeldstärke E_h soweit oberhalb, daß durch die Probe ein geringerer Strom fließen kann als bei homogener Feldverteilung.

In Abb. 84a ist das Feld eines solchen stationären Zustands schematisch dargestellt. Bei konstanter Elementspannung ändert die Hochfelddomäne ihre Form nicht mehr, sondern wandert nur mit der Geschwindigkeit v_D von der Anode zur Kathode [44]. Darunter ist in Abb. 84b die zugehörige Ladungsträgerdichte aufgezeichnet, die für die Erzeugung der Feldinhomogenität entsprechend der Poisson-Gleichung notwendig ist.

Vor und hinter der Domäne herrscht die konstante Niederfeldstärke E_n, die im Bereich positiver differentieller Beweglichkeit der $v(E)$-Kennlinie liegt, so daß sich dort Ladungsneutralität $n = N_0$ einstellt. Im Bereich des Feldanstiegs ist die Ladungsträgerdichte n größer als die Grunddotierung N_0 bis zum Feldstärkemaximum bei E_h, wo wegen verschwindendem Feldgradienten wieder $n = N_0$ sein muß. Danach folgt ein Feldabfall, der nur durch eine Ladungsträgerverarmung bewirkt werden kann, bis schließlich wieder die stabile Niederfeldstärke E_n erreicht wird. Akkumulation und Verarmung an Ladungsträgern bilden zusammen eine Dipolschicht aus negativer und positiver Raumladung. Deshalb bezeichnet man solche Domänen als Dipoldomänen.

Damit die Feldkonfiguration stabil bleiben kann, müssen die Ladungsträger in der Akkumulations- und der Verarmungsschicht mit der gleichen Geschwindigkeit v_D mitlaufen. Das ist jedoch nur möglich, wenn neben der Driftgeschwindigkeit der Ladungsträger entsprechend der $v(E)$-Charakteristik auch noch die durch Diffusion hervorgerufene Geschwindigkeitskomponente $-D \; 1/n \cdot \partial n/\partial x$ mit berücksichtigt wird.

$$v(E) - D\frac{1}{n}\frac{\partial n}{\partial x} = v_D . \qquad (3.2/24)$$

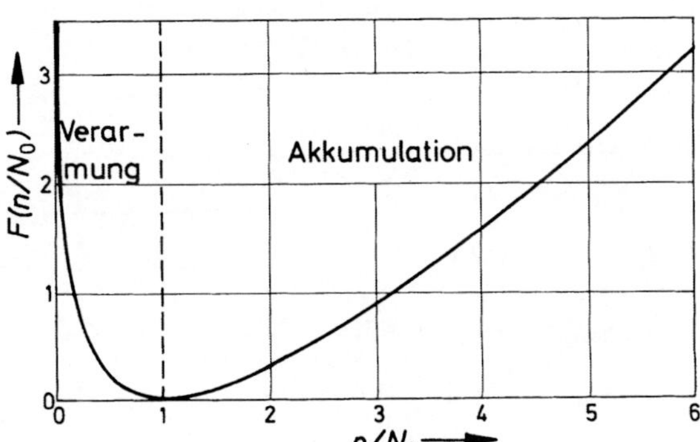

Abb. 85. Funktion $F(n/N_0)$ nach (3.2/26) zur Bestimmung der Ladungsträgerdichte in stationären Dipoldomänen als Funktion der Feldstärke

Durch Einsetzen der Poisson-Gleichung und Trennung der Variablen läßt sich (3.2/24) integrieren und man erhält:

$$\frac{1}{N_0}\int_{N_0}^{n}\left(1-\frac{N_0}{n'}\right)\mathrm{d}n' = \frac{\varepsilon}{e\,N_0\,D}\int_{E_n}^{E}(v(E')-v_D)\,\mathrm{d}E'. \tag{3.2/25}$$

Das Integral auf der linken Seite von (3.2/25) ergibt

$$\frac{1}{N_0}\int_{N_0}^{n}\left(1-\frac{N_0}{n'}\right)\mathrm{d}n' = \frac{n}{N_0}-1-\ln\frac{n}{N_0} = F\left(\frac{n}{N_0}\right). \tag{3.2/26}$$

Es ist in Abb. 85 dargestellt. Die Doppeldeutigkeit bezüglich n/N_0 ergibt je einen Wert für Ladungsträgerakkumulation und einen für Ladungsträgerverarmung.

Im Niederfeldbereich existiert kein Ladungsträgergradient. Damit gilt dort in jedem Fall:

$$v(E_n) = v_D. \tag{3.2/27}$$

Mit dieser Bedingung kann bei vorgegebener Niederfeldstärke E_n aus (3.2/25) und Abb. 85 die Ladungsträgerdichte in der Domäne als Funktion der Feldstärke und schließlich über die Poisson-Gleichung die Domänenfeldform bestimmt werden.

Besonders einfach läßt sich insbesondere die maximale Domänenfeldstärke E_h ermitteln, da im Feldmaximum $n = N_0$ ist und damit das Integral auf der linken Seite von (3.2/25) verschwindet. Dann muß auch das Integral auf der rechten Seite zu Null werden.

$$\int_{E_n}^{E_h}(v(E)-v_D)\,\mathrm{d}E = 0. \tag{3.2/28}$$

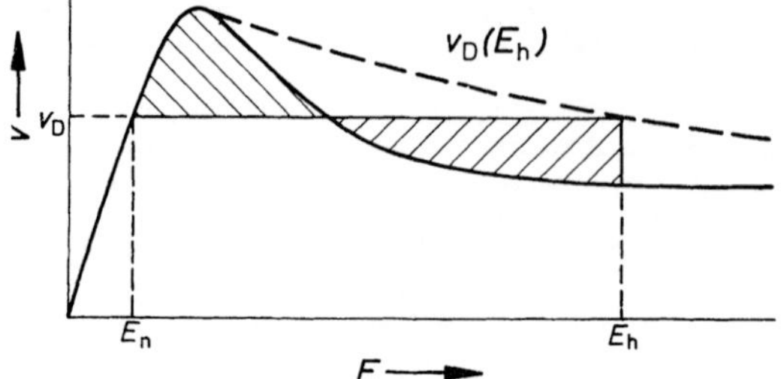

Abb. 86. Bestimmung der Maximalfeldstärke E_h in stationären Dipoldomänen aus der $v(E)$-Charakteristik nach der Butcherschen Flächenregel

Diese Gleichung ist als Butchersche Flächenregel [45] bekannt und läßt sich leicht graphisch lösen: In die $v(E)$-Kennlinie (Abb. 86) wird die zu E_n gehörende Domänengeschwindigkeit $v_D = v(E_n)$ eingetragen und solange über den zweiten Schnittpunkt mit der Kennlinie verlängert, bis die mit der $v(E)$-Kennlinie unterhalb von v_D eingeschlossenen Fläche genauso groß ist wie die Fläche der $v(E)$-Kennlinie oberhalb von v_D. Diese Flächen sind in Abb. 86 schraffiert. Die rechte Flächenbegrenzung entspricht dann der maximalen Feldstärke E_h in einer stationären Dipoldomäne. Der Zusammenhang zwischen der durch E_n festgelegten Domänengeschwindigkeit und der maximalen Domänenfeldstärke nach der Butcherschen Flächenregel ist in Abb. 86 gestrichelt eingezeichnet.

3.2.3.2 Dreiecksdomänen

Bei einer voll ausgebildeten Domäne, d.h. wenn v_D nahe der Sättigungsgeschwindigkeit der $v(E)$-Charakteristik liegt, kann das Integral auf der rechten Seite von (3.2/25) in GaAs einen maximalen Wert von etwa $5 \cdot 10^{10}$ V/s erreichen [46]. Mit $N_0 = 3 \cdot 10^{14}\,\text{cm}^{-3}$ und $D = 300\,\text{cm}^2/\text{s}$ hat die Funktion $F(n/N_0)$ dann einen Wert von etwa 3. Nach Abb. 85 entspricht das einer Akkumulation von $n/N_0 \approx 6$ und einer Verarmung von $n/N_0 \approx 0{,}02$. In der Akkumulationsschicht ist die Ladungsträgerdichte also wesentlich größer als die Grunddotierung, und in der Verarmungszone sind nahezu keine Ladungsträger mehr vorhanden. Da insgesamt aber Ladungsneutralität erhalten bleiben muß, damit das Feld vor und hinter der Domäne den gleichen Niederfeldwert E_n erreichen kann, muß die Akkumulationszone wesentlich kürzer sein als die Verarmungszone. Man kann die Dipolschicht daher vereinfacht durch einen dünnen Akkumulationsbereich sehr hoher Ladungsträgerdichte und einen deutlich breiteren ladungsträgerfreien Verarmungsbereich darstellen (siehe Abb. 87b).

Eine solche Dipoldomäne mit kurzer Akkumulationszone und ladungsträgerfreier Verarmungszone besitzt, wie in Abb. 87a gezeigt, eine dreiecksförmige Feldform. Man spricht deshalb auch von einer Dreiecksdomäne. Diese Dreiecksdomäne ist um so stärker ausgeprägt, je niedriger die Dotierung N_0 ist. Bei Dotierungen oberhalb etwa $10^{15}\,\text{cm}^{-3}$ erhält man dagegen eine geringere relative Akkumulation und Verarmung und damit eine mehr symmetrische, abgerundete Feldform [46, 47].

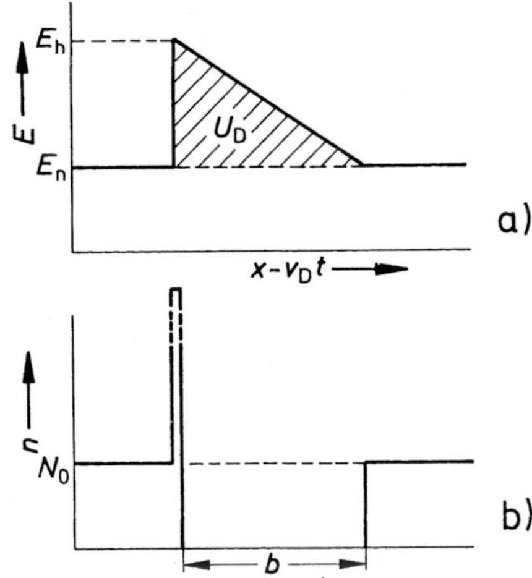

Abb. 87. Feldverteilung (**a**) und Ladungsträgerdichte (**b**) in einer Dreiecksdomäne. Die schraffierte Fläche entspricht dem Domänenpotential U_D

Die Eigenschaften von Dreiecksdomänen lassen sich erheblich einfacher analytisch beschreiben als die von anderen Domänenformen [48–50]. Deshalb beschränkt sich die weitere Behandlung auf diesen Domänentyp. Die Ergebnisse lassen sich jedoch qualitativ auf alle Dipoldomänen übertragen.

Der Zusammenhang zwischen Niederfeldstärke E_n und Domänenspitzenfeld E_h ist auch bei der Dreiecksdomäne durch die Butchersche Flächenregel (Abb. 86) gegeben. Die Domänenbreite b entspricht der Weite der Verarmungszone und läßt sich aus der Poisson-Gleichung bestimmen.

$$b = (E_h - E_n)\,\varepsilon/e\,N_0\,. \tag{3.2/29}$$

Damit kann man die in Abb. 87a schraffiert eingezeichnete Fläche der Feldverteilung oberhalb der Niederfeldstärke E_n, das sogenannte Domänenpotential [49]

$$U_D = \varepsilon\,(E_h - E_n)^2/2\,e\,N_0 \tag{3.2/30}$$

berechnen. Die Gesamtspannung des Elements ergibt sich dann aus:

$$U = E_n\,l + U_D\,. \tag{3.2/31}$$

Die Stromdichte im Element ist dabei gleich der Konvektionsstromdichte im Niederfeldbereich.

$$J = e\,N_0\,v\,(E_n)\,. \tag{3.2/32}$$

Aus (3.2/30) bis (3.2/32) läßt sich die dynamische Strom-Spannungs-Kennlinie des Bauelementes mit einer stationären Dreiecksdomäne bestimmen. Dazu wird für

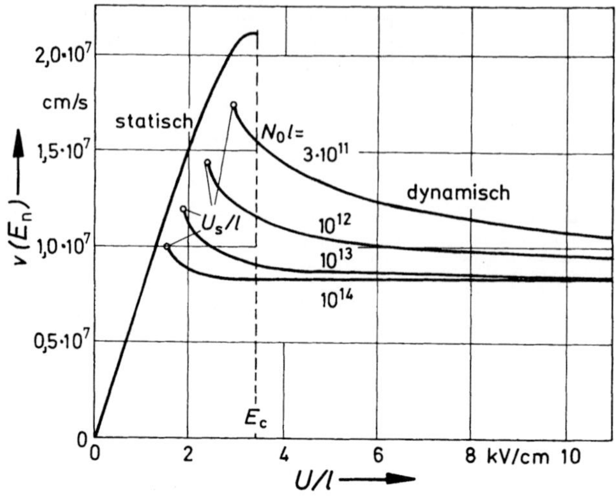

Abb. 88. Statische und dynamische Strom-Spannungs-Kennlinie von Gunn-Elementen mit Dreiecksdomänen für verschiedene $N_0\,l$-Produkte als Parameter. Für den Strom ist auf der Ordinate die Geschwindigkeit $v(E_n)$ im Niederfeldbereich angegeben; die Spannung ist auf die Elementlänge l bezogen

jeden Niederfeldwert einerseits die Stromdichte nach (3.2/32) berechnet und über die Flächenregel (Abb. 86) die Domänenspitzenfeldstärke E_h bestimmt. Mit (3.2/30) und (3.2/31) erhält man dann die Gesamtspannung. Solche dynamischen Strom-Spannungs-Kennlinien sind in Abb. 88 für verschiedene $N_0\,l$-Produkte zusammen mit der statischen Kennlinie unterhalb der kritischen Spannung eingezeichnet [52].

Die statische Kennlinie entspricht dem normalen nichtlinearen Widerstandsverhalten im Bereich der $v(E)$-Charakteristik mit positiver differentieller Beweglichkeit. Sie endet bei der kritischen Feldstärke E_c, oberhalb der Raumladungsinstabilitäten entstehen und zur Bildung von Dipoldomänen führen. Während des Domänenaufbaus erfolgt ein Übergang des Stromes von der statischen Kennlinie auf den niedrigeren Wert der dynamischen Kennlinie, die dem speziellen $N_0\,l$-Produkt entspricht. Der dynamische Kennlinienast gilt dann, solange eine stationäre Dipoldomäne durch die aktive Zone läuft. Wenn die Domäne die Anode erreicht oder wenn die Elementspannung den minimalen Wert U_s unterschreitet, bis zu dem die dynamische Kennlinie definiert ist, erfolgt wieder ein Übergang zu dem höheren Strom der statischen Kennlinie.

3.2.3.3 Dipoldomänendynamik

Für dreieckförmige Domänen kann man zeigen [50], daß (3.2/28) zur Bestimmung der Domänengeschwindigkeit v_D auch während des Domänenauf- und -abbaus gilt. v_D ist dann die Geschwindigkeit der Akkumulationszone, die beim Domänenauf- und -abbau allerdings nicht mehr gleich der Driftgeschwindigkeit $v(E_n)$ im

Niederfeldbereich ist. Die Differenz bewirkt gerade die Änderung der Domänengröße. Denn nur wenn die Akkumulationszone langsamer wandert als die nachfolgenden Ladungsträger, vereinigen sich weitere Ladungsträger mit der Akkumulationszone und lassen ihre Ladung Q_D anwachsen.

$$\frac{dQ_D}{dt} = e\,N_0\,(v(E_n) - v_D) \cdot A\,. \qquad (3.2/33)$$

Die Domänenladung Q_D berechnet sich andererseits nach der Poisson-Gleichung aus der Felddifferenz $E_h - E_n$ zu

$$Q_D = \varepsilon\,(E_h - E_n) \cdot A\,. \qquad (3.2/34)$$

Damit erhält man für die zeitliche Änderung der Domänenspannung (3.2/30) [51]:

$$\frac{dU_D}{dt} = \frac{(E_h - E_n)}{e\,N_0\,A} \cdot \frac{dQ_D}{dt} = (E_h - E_n) \cdot (v(E_n) - v_D)\,. \qquad (3.2/35)$$

Die Zeitkonstante τ_D für den Domänenaufbau ergibt sich schließlich aus

$$\tau_D = \frac{U_D}{dU_D/dt} = \sqrt{\frac{\varepsilon\,U_D}{2\,e\,N_0}}\,\frac{1}{v(E_n) - v_D}\,. \qquad (3.2/36)$$

Für Bauelemente mit großem $N_0\,l$-Produkt kann bei der kritischen Spannung $U_c = E_c\,l$ die Domänenspannung im stationären Fall etwa die halbe Elementspannung $U_D \approx E_c\,l/2$ erreichen [52]. Die größtmögliche Differenz $v(E_n) - v_D$ ist dabei die Differenz zwischen der Maximalgeschwindigkeit v_p der $v(E)$-Charakteristik und einer Geschwindigkeit nahe der Sättigungsgeschwindigkeit für hohe Feldstärken, also etwa $v_p/2$. Damit kann man die Größenordnung von τ_D abschätzen:

$$\tau_D \approx \sqrt{\frac{\varepsilon\,E_c}{e}} \cdot \frac{1}{v_p} \cdot \sqrt{\frac{l}{N_0}} \approx 0{,}75 \cdot 10^{-2}\,\mathrm{s/cm^2} \cdot \sqrt{\frac{l}{N_0}}\,. \qquad (3.2/27)$$

Ein Gunn-Element mit einer Länge von $l = 10\,\mu\mathrm{m}$, die man für einen Betrieb im X-Band (10 GHz) etwa benötigt, hat also bei einer Dotierung von $N_0 = 10^{15}\,\mathrm{cm}^{-3}$, entsprechend einem $N_0\,l$-Produkt von $10^{12}\,\mathrm{cm}^{-2}$, eine Domänenaufbauzeitkonstante von $\tau_D \approx 7{,}5$ ps. Diese Zeitkonstante ist kurz gegenüber der Periodendauer. Man kann daher bei $N_0\,l \geqslant 10^{12}\,\mathrm{cm}^{-2}$ vereinfachend von einem sprungartigen Übergang von der statischen zur dynamischen Kennlinie ausgehen[6].

---

[6] Bei $N_0 = 10^{15}\,\mathrm{cm}^{-3}$ ist die ideale Dreiecksform der Domäne allerdings nicht mehr gegeben, da der Einfluß der Diffusion die Akkumulationsschichtbreite vergrößert und nur noch eine teilweise Entleerung der Verarmungszone zuläßt, vgl. (3.2/25). Dadurch erhält man jedoch eine noch kürzere Domänenaufbauzeit [46, 53], so daß der sprungartige Kennlinienübergang noch ausgeprägter wird.

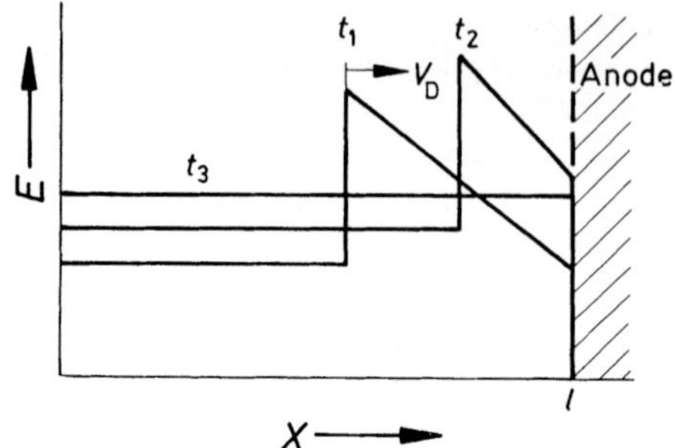

Abb. 89. Auslaufen einer Dreiecksdomäne aus der aktiven Zone in den niederohmigen Anodenkontaktbereich

(3.2/36) gilt mit umgekehrtem Vorzeichen auch für den Abbau der Domäne, wenn die Elementspannung reduziert wird, nur daß die Niederfeldgeschwindigkeit $v(E_n)$ dann kleiner ist als die Domänengeschwindigkeit. Auch die Abschätzung (3.2/37) kann übernommen werden, da v_D weiterhin etwa gleich der Sättigungsgeschwindigkeit für hohe Feldstärken bleibt und $v(E_n)$ bis nahe Null absinken kann.

Es gibt jedoch noch einen anderen Domänenabbaumechanismus, nämlich wenn die Domäne auf ihrem Weg durch die aktive Zone nach der Laufzeit $\tau_1 = l/v_D$ an der hochleitfähigen Anodenkontaktzone angelangt (Abb. 89). Als erstes erreicht das Niederfeldende der Verarmungszone die Anode (Zeitpunkt t_1), während die Akkumulationsschicht mit unverminderter Geschwindigkeit weiterläuft. Dabei reduziert sich das Domänenpotential, ohne daß bereits die Akkumulationsladung abgebaut wird (Zeitpunkt t_2). Bei gleichbleibender Elementspannung muß das verminderte Domänenpotential durch ein Ansteigen der Niederfeldstärke ausgeglichen werden. Damit wächst auch der Elementstrom und erreicht schließlich den Wert der statischen Kennlinie, wenn die gesamte Dipoldomäne in der Anode verschwunden ist (Zeitpunkt t_3).

Die Auslaufzeit $\tau_A = t_3 - t_1$ der Domäne läßt sich aus der Domänenbreite b und der Geschwindigkeit v_D bestimmen.

$$\tau_A = \frac{b}{v_D} = \sqrt{\frac{2\varepsilon U_D}{e N_0}} \cdot \frac{1}{v_D}. \qquad (3.2/38)$$

Setzt man wieder $U_D \approx E_c\, l/2$ und $v_D \approx v_p/2$, so erhält man

$$\tau_A \approx 2\sqrt{\frac{\varepsilon E_c}{e}} \cdot \frac{1}{v_p}\sqrt{\frac{l}{N_0}} \approx 1{,}5 \cdot 10^{-2}\,\frac{s}{cm^2} \cdot \sqrt{\frac{l}{N_0}}, \qquad (3.2/39)$$

also etwa den doppelten Wert von τ_D. Allerdings ist τ_A die gesamte Auslaufzeit, während τ_D nur die Aufbauzeitkonstante für ein Wachstum des Domänenpotentials um den Faktor e darstellt. Insgesamt sind Aufbau- und Auslaufzeit etwa gleich [53].

3.3 Oszillatorbetriebsarten

Im Abschnitt 3.2 wurde gezeigt, daß sich der Bereich negativer differentieller Beweglichkeit von Elektronentransferelementen nicht direkt zur Erzeugung von Mikrowellenoszillationen ausnützen läßt. Es kommt vielmehr zu Raumladungsinstabilitäten, die Hochfelddomänen bilden und damit verhindern, daß ein größerer Teil der aktiven Zone im Bereich negativer differentieller Beweglichkeit bleibt. Die Strom-Spannungs-Kennlinie steigt dann entweder bei kleinem $N_0 l$-Produkt monoton an und führt nur in einem schmalen Frequenzbereich zu einem negativen HF-Widerstand, der zu Verstärkerzwecken ausgenutzt werden kann. Oder es kommt bei großem $N_0 l$-Produkt zu einer Aufspaltung in zwei Kennlinienäste, einen statischen Kennlinienast mit positiver Steigung und einen dynamischen Kennlinienast während des Durchlaufs einer Dipoldomäne von der Kathode zur Anode mit einer schwach negativen Steigung, die jedoch auch nicht ausreicht, um einen Resonator wirksam zu entdämpfen [54, 55].

Zur Mikrowellenleistungserzeugung ist es daher notwendig, zusätzlich die Dynamik der Domänen auszunutzen. Bei den Dipoldomänenbetriebsarten wird durch Aufbau, Wandern und Auslöschen von Dipoldomänen ein zyklischer Wechsel von statischer und dynamischer Kennlinie erreicht, der geeignete Stromoszillationen bewirkt [21, 22, 52]. Durch besondere Ansteuerungsformen kann andererseits die Ausbildung von Dipoldomänen verhindert werden, so daß sich schließlich doch die negative differentielle Beweglichkeit ausnützen läßt. Dieser Schwingungstyp ist unter dem Namen LSA-Betrieb bekannt [23, 24].

3.3.1 Dipoldomänenbetrieb

Stromoszillationen, die auf periodisches Entstehen, Wandern und Verschwinden von Dipoldomänen zurückzuführen sind, können in Elektronentransferelementen bereits bei konstanter Spannung [8] oder mit rein resistiver Last [53] auftreten. Wie bei anderen Mikrowellendioden üblich, werden Gunn-Elemente in der Regel jedoch in einem Resonanzkreis relativ hoher Güte (100 bis einige 1000) betrieben. Dadurch erreicht man eine höhere Frequenz- und Amplitudenstabilität, geringeres Rauschen sowie aufgrund günstigerer Spannungsformen einen höheren Wirkungsgrad [56]. Außerdem läßt sich die Schwingfrequenz in einem Resonator durch Abgleich besser beeinflussen. Ein aktives Element in einem Parallelresonator hoher Güte erzeugt eine weitgehend sinusförmige Wechselspannung. Im Folgenden wird daher jeweils von sinusförmiger Spannungsansteuerung ausgegangen.

3.3.1.1 Laufzeitoszillationen

Überlagert man an einem Gunn-Element die sinusförmige Wechselspannung einer genügend hohen Gleichspannung, so daß auch das Spannungsminimum noch oberhalb der kritischen Spannung U_c für Domänenauslösung bleibt (Abb. 90), so entsteht immer, wenn eine Domäne die Anode erreicht hat, an der Kathode wieder

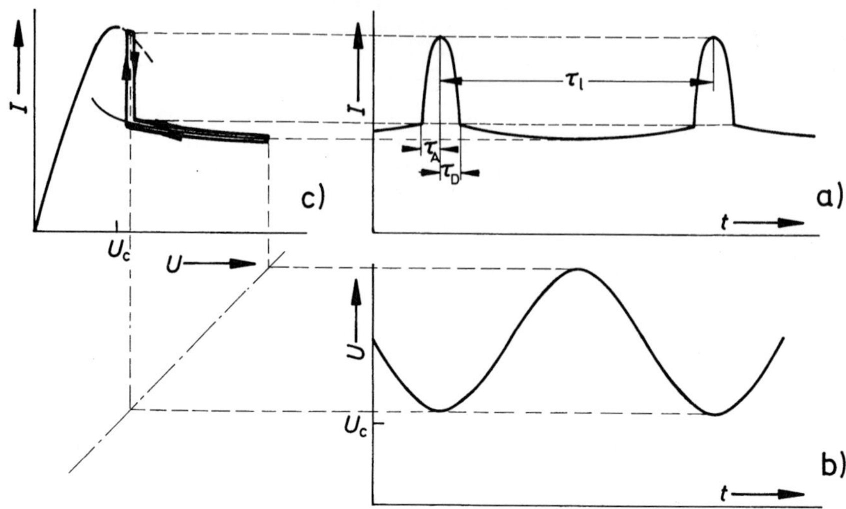

Abb. 90. Zeitlicher Ablauf der Schwingungsformen von Strom (**a**) und Spannung (**b**) eines Gunn-Elementes im Laufzeitbetrieb; **c**) Schwingungsablauf im Strom-Spannungs-Diagramm

eine neue Domäne. Während die erste Domäne die aktive Zone verläßt, nimmt der Strom zu und erreicht, wenn die Dipoldomäne völlig verschwunden ist, den Stromwert der statischen Kennlinie. Bei der Bildung der neuen Domäne fällt der Strom sofort wieder zurück auf den dynamischen Kennlinienast und bleibt dort, bis nach der Laufzeit τ_l auch die neue Domäne an der Anode angelangt ist.

Es entstehen also periodisch Strompulse beim Domänenauslauf und -aufbau. Diese können Leistung an den Resonanzkreis abgeben, wenn, wie in Abb. 90 dargestellt, die Domänen jeweils zum Zeitpunkt des Spannungsminimums die Anode erreichen, so daß die Stromimpulse in Gegenphase zur Spannung liegen. Da die Pulsfolge jedoch durch die Domänenlaufzeit festgelegt ist, kann der Synchronismus von Strompulsen und Wechselspannung nur in unmittelbarer Umgebung der Laufzeitfrequenz

$$f \approx 1/\tau_l = v_D/l \tag{3.3/1}$$

erreicht werden. Deshalb werden diese Oszillationen als Laufzeitoszillationen und die entsprechende Betriebsart als Laufzeitbetrieb der Gunn-Elemente bezeichnet. Nur geringe Variationen der Laufzeitfrequenz sind noch durch geeignete Wahl von Vorspannung und Spannungsamplitude aufgrund der Spannungsabhängigkeit der Domänengeschwindigkeit möglich.

3.3.1.2 Domänenverzögerung

Eine größere Frequenzverstimmbarkeit zu niedrigeren Frequenzen kann erreicht werden, wenn man die Vorspannung so wählt, daß die kritische Spannung U_c im

Spannungsminimum unterschritten wird (Abb. 91). Eine Domäne wird dann erst zu dem Zeitpunkt t_0 ausgelöst, an dem die Elementspannung größer wird als U_c. Der Strom bleibt wieder solange auf dem niedrigen Wert des dynamischen Kennlinienastes, bis die Domäne nach der Laufzeit τ_l die Anode erreicht. Die Domäne wird dann abgebaut, und der Strom wechselt zum statischen Kennlinienast. Liegt die Elementspannung in diesem Augenblick unterhalb der kritischen Spannung, so bildet sich nicht sofort wieder eine neue Domäne, sondern der Strom bleibt auf dem statischen Kennlinienast, bis die Spannung nach der Verzögerungszeit τ_v den Wert U_c erneut überschreitet.

Man erhält also eine Verzögerung der Domänenauslösung, die von der Wechselspannung gesteuert wird. Dadurch bleibt der Synchronismus von Strom und Spannung immer gewährleistet, und die Oszillatorfrequenz kann mechanisch, mit einer Varaktordiode oder mit einem YIG-Element kontinuierlich zu niedrigeren Frequenzen

$$f < 1/\tau_l \tag{3.3/2}$$

bis etwa zur halben Laufzeitfrequenz durchgestimmt werden.

Maximalen Wirkungsgrad erreicht man im Domänenverzögerungsbetrieb bei etwa symmetrischer Strompulsform, d.h. wenn die Domäne gerade in dem Augenblick zur Anode gelangt, in dem die Elementspannung unter U_c absinkt. Theoretische Rechnungen ergeben dann Werte von $\eta = 5$ bis $10\,\%$ bei $f \approx 3/4 \cdot 1/\tau_l$ [57, 58].

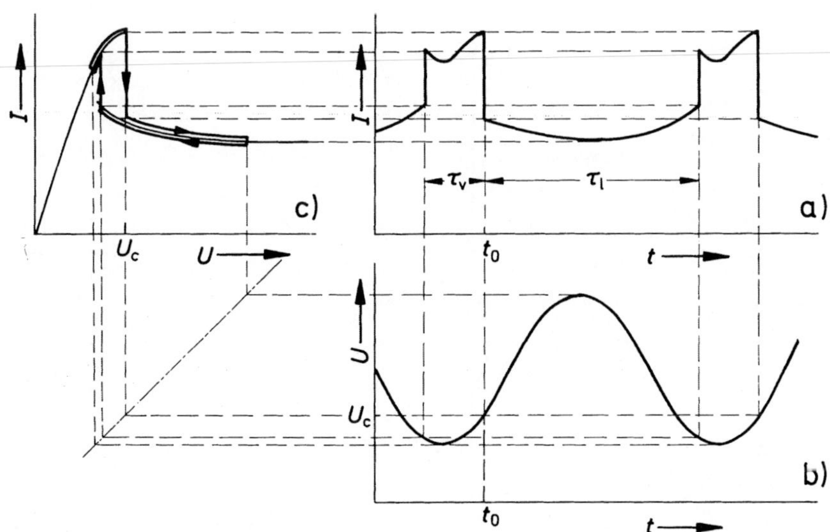

Abb. 91. Zeitlicher Ablauf der Schwingungsformen von Strom (**a**) und Spannung (**b**) eines Gunn-Elementes im Domänenverzögerungsbetrieb; **c**) Schwingungsablauf im Strom-Spannungs-Diagramm

3.3.1.3 Domänenauslöschung

Domänenlaufzeitbetrieb und Domänenverzögerungsmodus enthalten beide eine Laufzeitbedingung $f \cdot l/v_D \lessapprox 1$, die zu dem für Laufzeitelemente typischen $1/f^2$-Abfall der abgegebenen Leistung mit der Frequenz führt (vgl. Abschnitt 1.5.1.2). Beim Domänenauslöschungsbetrieb, dessen Strom- und Spannungsformen in Abb. 92 dargestellt sind, wird die Domänenlaufzeit dagegen nicht durch die Elementlänge festgelegt, sondern die Dipoldomäne wird schon vorher dadurch gelöscht, daß die Elementspannung kurzfristig unter die minimale Spannung U_s schwingt, die zur Aufrechterhaltung einer stationären Domäne erforderlich ist. Dabei wechselt der Strom vom dynamischen zum statischen Kennlinienast, bis schließlich die Spannung den kritischen Wert U_c überschreitet und eine neue Dipoldomäne auslöst.

Damit die Domäne gelöscht werden kann, bevor sie die Anode erreicht, muß die durch die Elementlänge bestimmte Laufzeit $\tau_l = l/v_D$ länger sein als die Periodendauer.

$$f > 1/\tau_l. \quad (3.3/3)$$

Der günstigste Wirkungsgrad wird dabei erzielt, wenn das Spannungsminimum etwa mit U_s zusammenfällt. Aufgrund der ungünstigeren Strompulsform ist er jedoch nur etwa halb so groß wie beim Domänenverzögerungsbetrieb (theoretisch $\eta \approx 3\%$ bei sinusförmiger Spannung [58]). Dennoch wird im Domänenauslöschungsmodus bei höheren Frequenzen mehr Leistung erzeugt, da längere Elemente verwendet werden können [59].

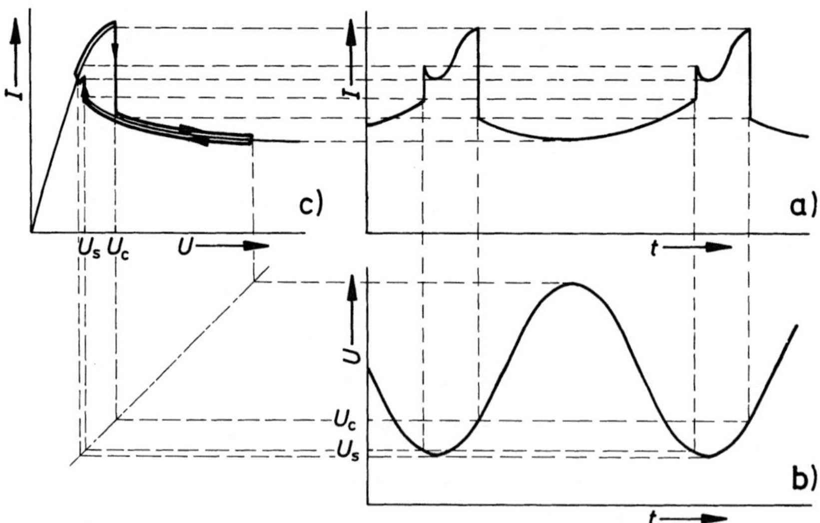

Abb. 92. Zeitlicher Ablauf der Schwingungsformen von Strom (**a**) und Spannung (**b**) eines Gunn-Elementes im Domänenauslöschungsbetrieb; **c**) Schwingungsablauf im Strom-Spannungs-Diagramm

Die Elementlänge ist schließlich jedoch durch die Bedingung begrenzt, daß die Domänenauf- und -abbauzeitkonstante τ_D viel kleiner sein muß als die Periodendauer.

$$\tau_D \ll 1/f. \tag{3.3/4}$$

Mit der Abschätzung (3.2/37) und einem Faktor < 1/7 für das Zeichen $\ll$ wird daraus:

$$f < 1/\tau_1 \cdot 2 \cdot 10^{-6}\,\text{cm} \cdot \sqrt{N_0 l}. \tag{3.3/5}$$

Die Laufzeitbegrenzung wird also erst für großes $N_0 l$-Produkt wesentlich gelockert [58].

3.3.1.4 Mehrfachdomänenbetrieb

Krömer [21] zeigte in einer theoretischen Studie, daß sich, wenn in einer nicht völlig gleichmäßig dotierten Probe mit negativer differentieller Beweglichkeit die kritische Feldstärke vom ohmschen Bereich her erstmals überschritten wird, zunächst eine größere Anzahl von über der Probe verteilten Dipoldomänen gleichzeitig ausbildet. Erst beim mehrfachen zyklischen Durchlauf der Domänen bilden sich Raumladungswellen mit der Laufzeitfrequenz, die schließlich eine Domäne bevorzugen. Bei der Domänenverzögerung und der Domänenauslöschung wird jedoch immer wieder die statische Kennlinie erreicht, die rein ohmsches Verhalten aufweist und damit die Raumladungswellen wegdämpft. Beim erneuten Überschreiten der kritischen Feldstärke sind also immer wieder dieselben Ausgangsbedingungen gegeben wie beim ersten Mal.

Nach numerischen Simulationen von Thim [18] entspricht die Anzahl der Domänen dem Vielfachen des $N_0 l$-Produktes von $10^{12}\,\text{cm}^{-2}$. Diese Domänen müssen zwar nicht alle erhalten bleiben, da die größeren Domänen allmählich auf Kosten der kleineren wachsen; der Vorgang läuft jedoch bei hoher Elementspannung relativ langsam ab. Thim und Barber [60] konnten Mehrfachdomänen auch experimentell nachweisen.

Die Strom- und Spannungsformen nach Abb. 91 und 92 unterscheiden sich beim Mehrfachdomänenbetrieb nicht wesentlich vom Betrieb mit nur einer Dipoldomäne. Denn die dynamische Kennlinie wird durch die Existenz mehrerer Domänen nur wenig verändert. Und auch die Domänenlaufzeit bleibt erhalten, da die dynamische Kennlinie nicht verlassen wird, wenn nur eine von mehreren Domänen aus der aktiven Zone läuft. Das Potential der abgebauten Domäne verteilt sich dabei auf die übrigen Domänen. Erst wenn die letzte Domäne die Anode erreicht, und das ist die, die am nächsten an der Kathode entstanden ist, steigt die Niederfeldstärke und mit ihr der Strom bis zur statischen Kennlinie an.

Unterschiede zwischen Einzel- und Mehrfachdomänenbetrieb ergeben sich jedoch bei der Domänendynamik; denn die Aufbauzeitkonstante τ_D entspricht bei Vorhandensein mehrerer Dipoldomänen der von mehreren hintereinandergeschalteten kürzeren Elementen mit je einer Domäne. Die Zeitkonstante ist daher nach

(3.2/37) durch die Wurzel aus der Domänenanzahl zu dividieren. Dadurch wird insbesondere Bedingung (3.3/5) zu größeren Werten von f erweitert und damit die Laufzeitbedingung für den Domänenauslöschungsbetrieb weiter gelockert.

Der Mehrfachdomänenbetrieb ist außerdem bei großem $N_0 l$-Produkt auch zur Vermeidung von Lawinenmultiplikation in der Domäne von Bedeutung. Ladungsträgerpaarerzeugung durch Lawinenmultiplikation führt in jedem Fall sofort zur Auslöschung der Domäne [8].

3.3.2 LSA-Betrieb

Die auf dem Gunn-Effekt beruhenden Dipoldomänenbetriebsarten können zwar bereits mit gutem Erfolg zur Mikrowellenleistungserzeugung herangezogen werden. Sie sind jedoch bei weitem nicht so effektiv, wie es eine direkte Ausnutzung der $v(E)$-Charakteristik wäre, wenn man die Bildung von Hochfelddomänen verhindern könnte [23]. Daher wurde schon sehr bald nach der Entdeckung der Gunn-Oszillationen nach Betriebsformen gesucht, die nur eine begrenzte Raumladungsansammlung ("limited space-charge accumulation", abgekürzt "LSA") erzeugen. Dazu muß die Probe in jedem Fall sehr homogen dotiert sein. Außerdem dürfte sie nicht mit ohmschen Elektroden kontaktiert sein, sondern müßte eine Kathode mit einer geeignet begrenzten Trägerinjektion besitzen [62], damit dort keine Akkumulationsschicht auftritt.

3.3.2.1 Akkumulationsdomänen

Die Herstellung von Elektroden mit kontrollierter Ladungsträgerinjektion ist bis heute jedoch noch nicht befriedigend gelungen. Daher ist bei realisierten Bauelementen von hochleitfähigen Kontaktzonen auszugehen. Es bilden sich dann immer Ladungsträgeransammlungen vor den Kontakten, die den Feldsprung von dem niedrigen Feld in den hochleitfähigen Bereichen zu dem höheren Feld im aktiven Halbleiterinnern bewirken.

Legt man an eine solche ansonsten von Ladungsfluktuationen freie Probe eine Spannung, die den kritischen Wert U_c übersteigt, so löst sich von der Kathodenseite ein Teil der angesammelten Ladungsträger ab und wandert mit den driftenden Elektronen durch die Probe [21] (vgl. Abb. 93). Die Akkumulationsschicht enthält dabei jeweils soviele Ladungsträger, daß die Geschwindigkeit vor und hinter der Akkumulationszone etwa gleich ist:

$$v(E_n) \approx v(E_h). \tag{3.3/6}$$

Bei geringen Abweichungen wächst die Akkumulationsschicht an oder wird abgebaut, bis Bedingung (3.3/6) wieder erfüllt ist. Die Elementspannung ist dabei gegeben durch

$$U = E_n l + (E_h - E_n)(l - x_a) \tag{3.3/7}$$

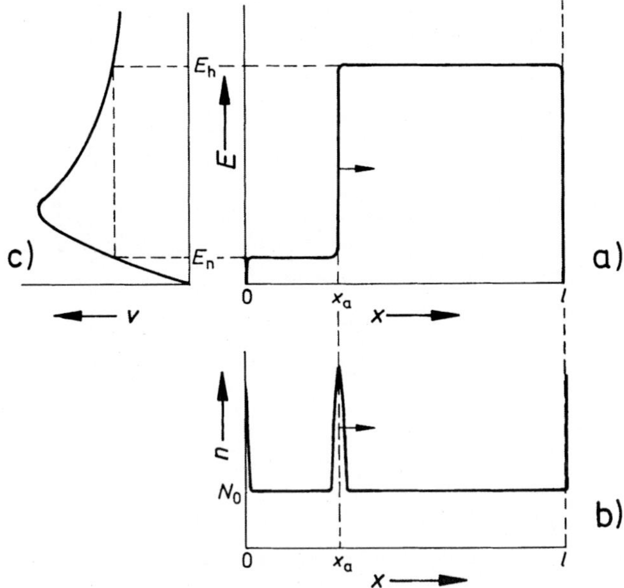

Abb. 93. Feldverteilung (**a**) und Ladungsträgerdichte (**b**) im Akkumulationsdomänenbetrieb. Die Geschwindigkeits-Feld-Charakteristik (**c**) gibt den Zusammenhang zwischen E_n und E_h nach (3.3/6) an

(x_a ist der Ort der Akkumulationsschicht), und die Stromdichte berechnet sich zu

$$J = e\,N_0\,v\,(E_n) \approx e\,N_0\,v\,(E_h). \tag{3.3/8}$$

Damit ist, wie schon von Krömer [21] nachgewiesen wurde, ein Schwingungstyp mit relativ gutem Wirkungsgrad denkbar. McCumber und Chynoweth [25] zeigten jedoch, daß etwas oberhalb der kritischen Spannung bereits kleine Dotierungsschwankungen und Ladungsträgerfluktuationen aufgrund thermischer Wärmebewegung in der Größenordnung von 1/100000 der Grunddotierung auf etwa 1 µm Länge ausreichen, um Verarmungsschichten zu bilden, die schnell anwachsen und sich mit der Akkumulationsschicht zu Dipoldomänen vereinen. Es erscheint daher äußerst schwierig, den von Krömer angegebenen Betriebsmodus zu realisieren.

3.3.2.2 Akkumulationsdomänenauslöschung

Schwingt die Spannung am Element jedoch sehr schnell von einer Spannung knapp unterhalb von U_c auf einen Wert weit oberhalb, so daß die Hochfeldstärke E_h bereits in einem Bereich der $v(E)$-Charakteristik mit sehr geringer differentieller Beweglichkeit liegt (vgl. Abb. 94), so brauchen die sekundären Fluktuationen aufgrund der dann sehr großen negativen Relaxationszeit erheblich länger, bis sie merkliche Verarmungsschichten bilden können. Bei genügend kurzer Schwingungsperiode kann man damit erreichen, daß der Hochfeldbereich weitgehend homogen bleibt.

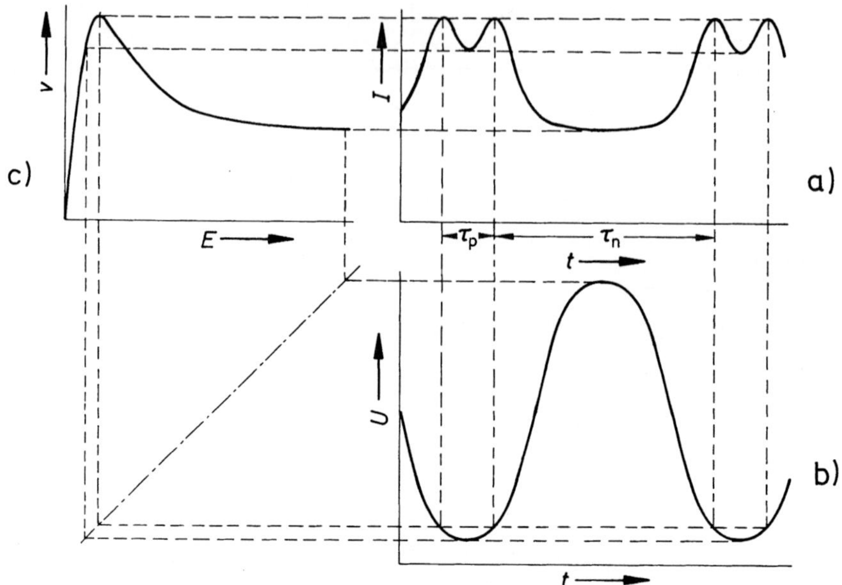

Abb. 94. Zeitlicher Ablauf der Schwingungsformen von Strom (**a**) und Spannung (**b**) im LSA-Betrieb mit sinusförmiger Spannung; **c**) Geschwindigkeits-Feldstärke-Charakteristik

Einen solchen dipoldomänenfreien Schwingungstyp entdeckte Copeland [23, 24] bei der Simulation von GaAs-Proben mit Resonanzkreisen. Er bezeichnete ihn als LSA-Modus. Auch bei dieser Betriebsart löst sich jedoch jeweils eine Akkumulationsdomäne von der Kathode und wandert in die aktive Zone. Damit diese nicht bei der nächsten Periode die Homogenität des Hochfeldbereiches stört, muß sie durch kurzzeitiges Unterschreiten der kritischen Spannung immer wieder ausgedämpft werden. Daher wäre es korrekter, von einem Akkumulationsdomänenauslöschungsmodus zu sprechen. Der Begriff LSA-Betrieb hat sich für diesen Schwingungstyp jedoch weitgehend eingebürgert.

Wie beim Dipoldomänenauslöschungsbetrieb (Abschnitt 3.3.1.3) gibt es keine direkte Laufzeitbegrenzung für die Elementlänge, was sich vorteilhaft auf die Leistungserzeugung bei hohen Frequenzen auswirkt. Bei Bauelementen, die lang sind gegenüber der Laufstrecke der Akkumulationsdomäne, kann man außerdem (3.3/7) annähern durch

$$U \approx E_h\, l \qquad (3.3/9)$$

und erhält mit (3.3/8) einen Strom, der der Spannung direkt entsprechend der $v(E)$-Kennlinie folgt.

$$J \approx e N_0\, v(U/l). \qquad (3.3/10)$$

Damit kann man in GaAs bei sinusförmiger Wechselspannung einen Wirkungsgrad von $\eta \approx 20\%$ erreichen [24].

Die Schwingfrequenz wird beim Akkumulationsdomänenauslöschungsbetrieb allerdings durch zwei Bedingungen eingeschränkt. Die erste kommt dadurch zustande, daß geringe vorhandene Feldinhomogenitäten in der Zeit τ_n, während der die Elementspannung $U > U_c$ ist und damit negative differentielle Beweglichkeit vorherrscht, nicht zu stark anwachsen:

$$\tau_n < a_n \frac{\varepsilon}{e N_0 \bar{\mu}_d}. \qquad (3.3/11)$$

Hierbei ist $\varepsilon/(e N_0 \bar{\mu}_d)$ die über τ_n gemittelte negative Relaxationszeit und a_n ein Faktor, der von der Homogenität der Probe abhängt. Mit $\tau_n < 1/f$, $\bar{\mu}_d \approx 100\,\text{cm}^2/\text{Vs}$ bei hoher Feldaussteuerung und $a_n = 3$ erhält man daraus:

$$N_0/f < 2 \cdot 10^5\,\text{s/cm}^3. \qquad (3.3/12)$$

Andererseits müssen in der Zeit τ_p, während der die Elementspannung $U < U_c$ ist und die Probe sich im Bereich positiver differentieller Beweglichkeit befindet, die verstärkten sekundären Feldinhomogenitäten und insbesondere die an der Kathode gebildete primäre Akkumulationsdomäne durch Relaxation wieder abklingen. Daraus ergibt sich die Bedingung

$$\tau_p > a_p \frac{\varepsilon}{e N_0 \bar{\mu}_0} \qquad (3.3/13)$$

mit der gemittelten positiven Relaxationszeit $\varepsilon/(e N_0 \bar{\mu}_0)$ und einem Faktor a_p, der größer als a_n sein muß, damit die Dämpfung der Raumladungsstörungen während der Zeit τ_p gegenüber dem Anwachsen während τ_n überwiegt. Setzt man $\tau_p \approx 1/3f$, $\bar{\mu}_0 \approx 5000\,\text{cm}^2/\text{Vs}$ und $a_p = 5$, so erhält man aus (3.3/13)

$$N_0/f > 2 \cdot 10^4\,\text{s/cm}^3. \qquad (3.3/14)$$

Die Bedingungen (3.3/12) und (3.3/14), die einen weitgehend homogenen Hochfeldbereich garantieren, schränken den möglichen Frequenzbereich für den LSA-Betrieb nach oben und unten ein. Sie wurden bereits bei den Simulationsrechnungen von Copeland gefunden und stimmen gut mit experimentellen Befunden überein [23, 63, 64]. Da sie keine Laufzeitbedingung enthalten, ist LSA-Betrieb weit oberhalb der Transitfrequenz möglich.

Die durch (3.3/12) und (3.3/14) gegebenen Frequenzgrenzen können noch weiter gelockert werden, wenn man die Elemente nicht mit einer sinusförmigen Wechselspannung aussteuert, sondern durch Verwendung von Mehrfachresonatoren auch noch Oberwellen zuläßt [65]. Damit wird, wie in Abb. 95 dargestellt, das Verhältnis von τ_p/τ_n vergrößert, und der Bereich hoher negativer differentieller Beweglichkeit wird aufgrund des steileren Spannungsanstiegs schneller durchlaufen. Außerdem kann wegen eines günstigeren Verhältnisses von Wechselspannungsamplitude zu Gleichspannung der Wirkungsgrad noch verbessert werden.

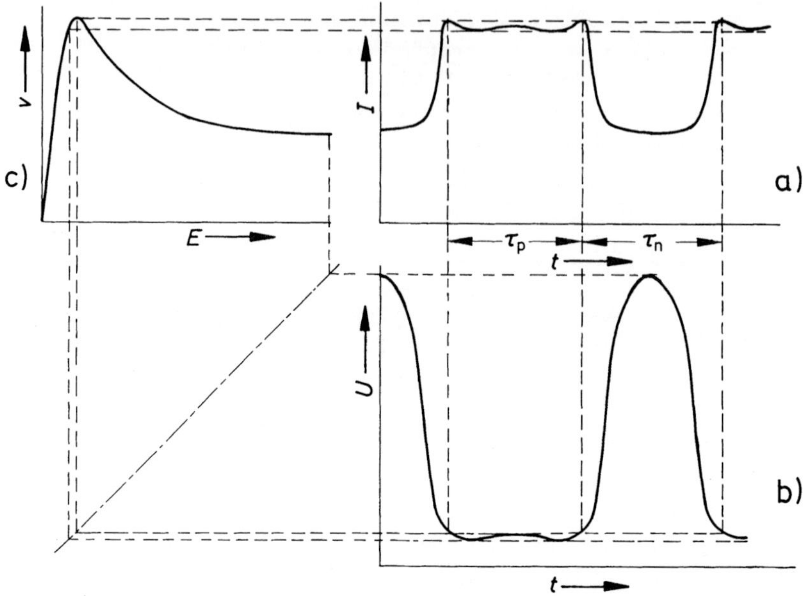

Abb. 95. Zeitlicher Ablauf der Schwingungsformen von Strom (**a**) und Spannung (**b**) im LSA-Betrieb mit Doppelresonator, der Grundwelle und erste Oberwelle der Spannung zuläßt; **c**) Geschwindigkeits-Feldstärke-Charakteristik

3.3.3 Übersicht der Betriebsarten

Die verschiedenen Betriebszustände von Elektronentransferelementen sind in Abb. 96 in Abhängigkeit von Dotierung, Länge und Frequenz zusammengestellt [24]. Die Abszisse gibt das $N_0 l$-Produkt an, die Ordinate das Produkt Frequenz mal Probenlänge.

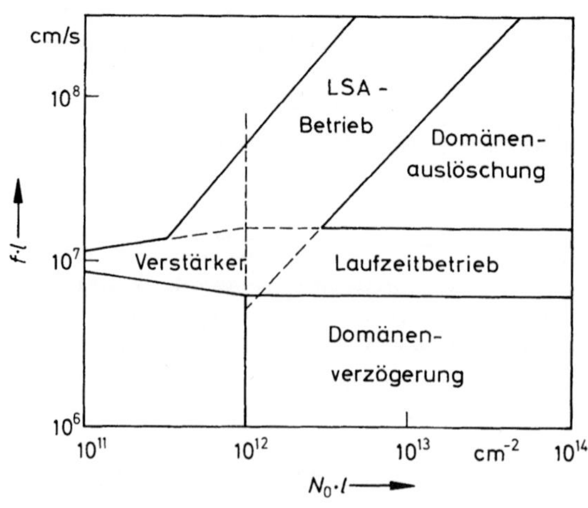

Abb. 96. Betriebsarten von Elektronentransferelementen in Abhängigkeit von der Frequenz f, der Grunddotierung N_0 und der Probenlänge l

Bei kleinem $N_0 l$-Produkt $N_0 l < 10^{12}\,\mathrm{cm}^{-2}$ treten keine Dipoldomänen auf. Hier kann der Bereich um die Laufzeitfrequenz $f \cdot l = v_0 \approx 10^7\,\mathrm{cm/s}$ aufgrund negativen HF-Widerstandes zu Verstärkerzwecken verwendet werden. Der Wanderfeldverstärkerbetrieb bei einem Vielfachen der Laufzeitfrequenz ist in dem Diagramm nicht eingetragen. Oberhalb von $N_0 l = 10^{12}\,\mathrm{cm}^{-2}$ können in der Nähe von $f \cdot l \approx 10^7\,\mathrm{cm/s}$ vorwiegend mit resistiver Belastung Laufzeitoszillationen erzeugt werden. Mit geeigneten Resonanzkreisen hoher Güte läßt sich die Schwingfrequenz durch Domänenverzögerung nach unten oder durch Domänenauslöschung nach oben verschieben. Zwischen $2 \cdot 10^5\,\mathrm{s/cm^3} > N_0/f > 2 \cdot 10^4\,\mathrm{s/cm^3}$ ist LSA-Betrieb möglich.

Die Abgrenzungen der einzelnen Betriebsarten sind allerdings in der Praxis nicht scharf und hängen weitgehend von Dotierungsschwankungen in der Probe, von der Vorspannung und von Lastkreisparametern ab. Insbesondere zwischen LSA-Betrieb und Domänenauslöschung gibt es eine Reihe von hybriden Schwingungstypen, die zwar keinen homogenen Hochfeldbereich aber auch noch keine vollständig ausgebildete Dipoldomäne besitzen [18, 61, 66, 67].

3.4 Rauschen

Die primären Rauschquellen von Elektronentransferelementen bestehen aus dem Diffusionsrauschen, das durch statistische Geschwindigkeitsfluktuationen der driftenden Ladungsträger bei der Betriebsfrequenz verursacht wird, und aus niederfrequenten Schwankungen von Strom, Spannung und Temperatur, die den Arbeitspunkt verschieben und damit die Hochfrequenzschwingung modulieren (Modulationsrauschen).

Das Diffusionsrauschen, das auch als Eigenrauschen bezeichnet wird, besitzt ein „weißes“ Spektrum, d. h. die Frequenzabhängigkeit der Rauschleistung P_n ist innerhalb der Signalbandbreite vernachlässigbar gering. P_n läßt sich durch eine äquivalente Rauschtemperatur $T_\text{äq}$ beschreiben.

$$P_\mathrm{n} = k\,T_\text{äq}\,B. \tag{3.4/1}$$

Hierin ist k die Boltzmann-Konstante und B die Bandbreite der Meßeinrichtung. Im Kleinsignalbetrieb kann die äquivalente Temperatur in Analogie zur Einstein-Beziehung $k\,T = e\,D/\mu$ angegeben werden [68]:

$$T_\text{äq} = \frac{e\,D}{k\,|\bar{\mu}_\mathrm{d}|}, \tag{3.4/2}$$

wobei $\bar{\mu}_\mathrm{d}$ einen geeigneten Mittelwert der differentiellen Elektronenbeweglichkeit in der aktiven Zone darstellt. Für das Verstärkerrauschmaß M_0 erhält man:

$$M_0 = \frac{P_\mathrm{n}}{k\,T_0\,B} = \frac{T_\text{äq}}{T_0}. \tag{3.4/3}$$

Für GaAs errechnet sich daraus bei Raumtemperatur ($T_0 = 300\,\text{K}$) mit der maximalen negativen differentiellen Beweglichkeit $|\bar{\mu}_d| \approx 2000\,\text{cm}^2/\text{Vs}$ und einem Diffusionskoeffizienten $D \approx 400\,\text{cm}^2/\text{s}$ ein Rauschmaß von $M_0 \approx 9\,\text{dB}$. Aufgrund der inhomogenen Feldverteilung in Verstärkerbauelementen mit ohmschen Kontakten (vgl. Abb. 77) ist die mittlere differentielle Beweglichkeit allerdings geringer und das Rauschmaß daher größer. Die niedrigste gemessene Rauschzahl F (vgl. (1.7/9)) für Verstärker mit Elektronentransferelementen betrug 15 dB für GaAs [69] und 7,5 dB für InP [68].

Im Oszillatorbetrieb bestimmt der Diffusionsrauschbeitrag das Frequenzrauschen (FM-Rauschen) bei relativ großer Ablage vom Träger (Modulationsfrequenz f_m einige 100 MHz) [70]. Das Amplitudenrauschen (AM-Rauschen) wird dagegen aufgrund der starken Nichtlinearität des negativen Widerstands, die eine weitgehend konstante Amplitude erzwingt, so gering, daß es in den meisten Fällen vernachlässigt werden kann. (3.4/2) und (3.4/3) lassen sich auch für das Oszillatoreigenrauschmaß verwenden, wenn man für $\bar{\mu}_d$ eine effektive differentielle Beweglichkeit μ_{eff} einsetzt, die bei homogener Feldverteilung in der Probe denselben negativen Leitwert G_E erzeugen würde, den die Probe aufgrund der dynamischen Eigenschaften im Oszillatorbetrieb besitzt.

$$\mu_{eff} = \frac{G_E}{e N_0 A}. \tag{3.4/4}$$

Für die äquivalente Rauschtemperatur erhält man dann [7]:

$$T_{äq} = \frac{eD}{k\mu_0} \frac{G_0}{|G_E|}. \tag{3.4/5}$$

Hierin ist μ_0 die Niederfeldbeweglichkeit und G_0 der Niederfeldleitwert der Probe. Nach Berechnungen von Copeland [56] liegt das Verhältnis $G_0/|G_E|$ für Betriebspunkte mit maximaler Leistungsabgabe zwischen 30 und 50. Nimmt man für den Diffusionskoeffizienten einen mittleren Wert von $D \approx 300\,\text{cm}^2/\text{s}$ an, der in GaAs-Proben mit Dipoldomänenbetrieb etwa erreicht wird, weil sich der größte Teil der aktiven Zone unterhalb der kritischen Feldstärke befindet, so erhält man aus (3.4/3) bei Raumtemperatur $T_0 = 300\,\text{K}$ mit (3.4/5) ein Oszillatoreigenrauschmaß von 17 bis 19 dB. Diese Werte stimmen mit experimentellen Ergebnissen von $M = 17$ bis 22 dB bei maximaler Ausgangsleistung [70] gut überein.

Zu dem Eigenrauschen kommt bei geringer Frequenzablage vom Träger noch der Modulationsrauschbeitrag aufgrund von niederfrequenten Ladungsträgerdichteschwankungen. Diese entstehen vor allem durch Generations- und Rekombinationsprozesse an Fremdatomen und Gitterstörstellen. Sie hängen daher weitgehend Von der Materialqualität und von Herstellungsverfahren ab. Die stärksten Störungen treten dabei jeweils an der Oberfläche und in den Kontaktzonen auf [72, 73].

Die Generations- und Rekombinationsprozesse besitzen ein kontinuierliches Spektrum von Zeitkonstanten im Bereich von Mikrosekunden bis Millisekunden. Dieses Spektrum erzeugt ein Stromrauschen $\overline{i_n^2}$, das etwa umgekehrt proportional mit der Frequenz abnimmt. Das Stromrauschen moduliert über die Modulations-

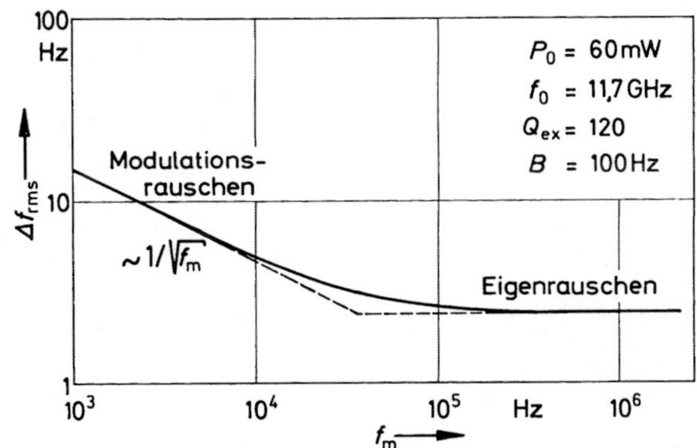

Abb. 97. Effektivwert der Frequenzabweichung Δf_{rms} eines Gunn-Oszillators als Funktion der Modulationsfrequenz f_m

steilheit S_I die Oszillatorfrequenz. Zu dem Eigenrauschen kommt dadurch ein zusätzlicher FM-Rauschanteil mit einem mittleren Frequenzhub

$$(\Delta f_{rms})_{Mod} = S_I \cdot \sqrt{\overline{i_n^2}}, \tag{3.4/6}$$

der mit zunehmender Frequenzablage f_m von Träger wie $f_m^{-1/2}$ abnimmt. In Abb. 97 ist das gesamte FM-Rauschspektrum eines Gunn-Oszillators mit Modulations- und Eigenrauschen dargestellt [73]. Die Oszillatorgüte beträgt $Q_{ex} = 120$, die Meßbandbreite $B = 100$ Hz. Der Übergang vom Modulations- zum Eigenrauschen erfolgt bei einer Eckfrequenz von etwa 30 kHz.

3.5 Herstellungsverfahren

Elektronentransferelemente werden fast ausschließlich aus n-dotierten epitaktischen Halbleiterschichten hergestellt, die aus der Gasphase oder der flüssigen Phase erzeugt wurden. Epitaxieschichten besitzen eine erheblich höhere Reinheit und größere Kristallbaufehlerfreiheit als aus der Schmelze hergestellte Einkristalle. Dies wirkt sich insbesondere auf die Niederfeldbeweglichkeit und die maximale Elektronengeschwindigkeit der $v(E)$-Charakteristik aus. Für spezielle Anwendungen, z.B. in integrierten Schaltungen, können Elektronentransferelemente auf semiisolierendem Substrat in planarer Bauweise (Abb. 98d) hergestellt werden [74]. Die weitaus gebräuchlichste Struktur besteht jedoch aus einem Schichtaufbau auf niederohmigem Substrat (Abb. 98a–c), da die Herstellung einfacher ist und höhere Mikrowellenleistungen sowie geringeres Rauschen erreicht werden.

Eine der wichtigsten Anforderungen bei der Fertigung von Elektronentransferelementen sind gute ohmsche Kontakte mit geringem Übergangswiderstand. Aufgedampfte Metalle bilden auf GaAs stets gleichrichtende Schottky-Kontakte. Man muß daher Kontaktmaterialien verwenden, die Dotierstoffe wie In, Sn oder

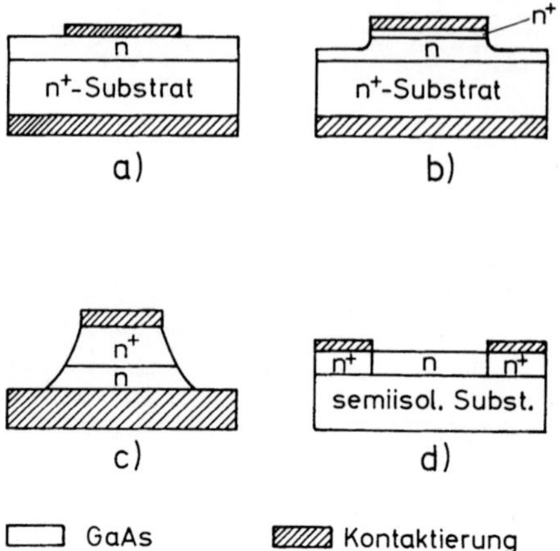

Abb. 98. Aufbau von Elektronentransferelementen (schematisch). **a)** Konventioneller Aufbau mit Metallkontakt auf der *n*-Schicht; **b)** konventioneller Aufbau mit n^+-Zwischenschicht und flacher Mesaätzung; **c)** umgekehrter Aufbau mit *n*-Schicht auf der Wärmesenke und vollständiger Mesaätzung; **d)** planarer Aufbau auf semiisolierendem Substrat

Ge enthalten. Beim Tempern entsteht dann durch Legierungsbildung an der Halbleiteroberfläche eine sehr hohe Dotierung, die ein Durchtunneln der Kontaktpotentialbarriere ermöglicht. Eine stark dotierte Kontaktzone kann aber auch schon bei der Epitaxie vorgesehen werden.

Das am häufigsten verwendete Kontaktmaterial für *n*-GaAs-Schichten mit einem spezifischen Widerstand von 0,1 bis 10 Ωcm ist eine eutektische AuGe-Legierung (88 % Au, 12 % Ge), auf die man zur Vermeidung von Tropfenbildung beim Einlegieren noch eine dünne Ni-Deckschicht aufbringt [73, 75, 76]. Die Kontakte werden nach dem Aufdampfen 15 bis 45 Sekunden lang bei 450 bis 480 °C getempert. Eine andere geeignete Kontaktierung besteht aus einer AgInGe-Legierung (90 % Ag, 5 % In, 5 % Ge) [77]. Sie wird bei 600 °C 60 s lang einlegiert und anschließend mit einer elektrolytischen Goldschicht versehen.

Bauelemente für konventionellen Einbau mit der aktiven Zone (Epitaxieschicht) nach oben werden auf der Substratseite großflächig kontaktiert. Anschließend werden auf der Epitaxieschicht kreisflächenförmige Kontakte mit dem gewünschten Durchmesser für die Elemente aufgebracht. Eine Mesaätzung ist hier nicht erforderlich, da der Stromfluß auf den Kontaktbereich beschränkt bleibt (Abb. 98a). Wurde jedoch zur besseren Kontaktierung auf der Epitaxieschicht zusätzlich eine n^+-Schicht aufgewachsen, so muß von den Kreiskontakten eine flache Mesa geätzt werden, die durch die n^+-Zone reicht (Abb. 98b). Für höhere Ausgangsleistungen werden Elektronentransferelemente zur besseren Wärmeabfuhr mit der aktiven Schicht auf die Wärmesenke ("upside-down") eingebaut. Dazu kontaktiert man die Epitaxieschicht großflächig und versieht sie mit einer integrierten Wärmesenke (elektrolytische Au- oder Ag-Schicht von 20 bis 50 µm Dicke). Die Flächenbegrenzung erfolgt dann durch Mesaätzung von der Substratseite (Abb. 98c).

Elektronentransferelemente arbeiten im Dauerbetrieb nur dann zerstörungsfrei, wenn der Metallkontakt auf der Epitaxieschicht als Kathode verwendet wird. Bei umgekehrter Polarität zeigt sich außerdem meistens kein Abknicken des Elementstromes beim Überschreiten der kritischen Spannung [78]. Elemente mit zusätzlicher n^+-Schicht auf der Epitaxieseite können dagegen mit beiden Polaritäten betrieben werden.

Nach der Fertigstellung lötet man die Elektronentransferelemente meist in ein Mikrowellendiodengehäuse. Dabei ist auf geringen Wärmeübergangswiderstand zu achten, da eine erhöhte Betriebstemperatur die Niederfeldbeweglichkeit, die maximale Driftgeschwindigkeit und die negative differentielle Beweglichkeit der Elektronen reduziert. Außerdem wird mit höherer Elementtemperatur die Lebensdauer verringert.

3.6 Anwendungen

Elektronentransferelemente können in den verschiedenen beschriebenen Betriebszuständen zur Erzeugung, Verstärkung und Umformung von Mikrowellensignalen von Frequenzen im Bereich einiger MHz bis etwa 100 GHz eingesetzt werden. Dabei lassen sich – je nach Systemanforderung – der dynamische negative Widerstand sowie die speziellen nichtlinearen Eigenschaften der Elemente ausnutzen.

3.6.1 Verstärker

In Abschnitt 3.2.2 wurde gezeigt, daß man Elektronentransferelemente mit einem $N_0 l$-Produkt kleiner als $10^{12}\,\mathrm{cm}^{-2}$ durch geeignete Beschaltung so stabilisieren kann, daß sie zwar in der Umgebung der Laufzeitfrequenz einen negativen dynamischen Widerstand besitzen, aber keine Selbsterregung zeigen. Die geringe Dotierung, die zur Erzielung des unterkritischen $N_0 l$-Produktes notwendig ist, führt jedoch bereits bei sehr niedrigem Leistungspegel zu nichtlinearen Verzerrungen der Raumladungswelle und damit zu einer Leistungsbegrenzung [79]. Man bevorzugt daher für Verstärkerzwecke Bauelemente mit höherem $N_0 l$-Produkt (1 bis $4 \cdot 10^{12}\,\mathrm{cm}^{-2}$) und stabilisiert sie dadurch, daß man sie mit hoher Vorspannung betreibt [69, 80]. Die Feldstärke befindet sich dann im größten Teil der aktiven Zone in einem Bereich geringer negativer differentieller Beweglichkeit, so daß es nicht zur Auslösung von Dipoldomänen kommen kann. Eine typische Strom-Spannungs-Kennlinie eines solchen überkritisch dotierten Elementes ist in Abb. 99 dargestellt. Sie weist stabile Bereiche, die zur Verstärkung geeignet sind, in der Umgebung der kritischen Spannung $U_c = E_c l$ und oberhalb von $U \approx 2{,}5\, U_c$ auf. Dazwischen kommt es durch Eigenerregung zu Gunn-Oszillationen.

Bauelemente mit negativem dynamischen Widerstand werden in der Regel als Reflexionsverstärker am Ende eines Wellenleiters (Streifenleitung, Koaxialleitung oder Hohlleiter) betrieben, wobei ein Zirkulator Ein- und Ausgangssignal trennt

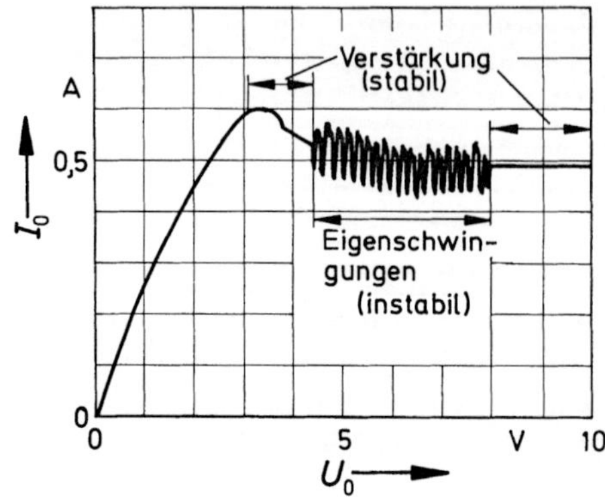

Abb. 99. Strom-Spannungs-Charakteristik eines überkritischen Elektronentransferverstärkerelementes mit $l = 10\,\mu m$ und $N_0 l = 1{,}5 \cdot 10^{12}\,cm^{-2}$

(vgl. Abb. 82). Zur Anpassung des Leitungswellenwiderstandes an die Impedanz des aktiven Elementes sind zusätzliche Transformationsnetzwerke erforderlich, die sorgfältig dimensioniert werden müssen, um nicht dadurch die Verstärkungsbandbreite einzuschränken. Typische Werte für einstufige GaAs-Verstärker im X- und K_u- Band sind 8 bis 12 dB Verstärkung über eine Bandbreite von 20 bis 30% mit einer Ausgangsleistung von etwa 200 mW (bei 1 dB Verstärkungsabnahme) und einer Rauschzahl von $F = 15$ dB. Erfahrungen über Elektronentransferverstärker mit InP-Elementen liegen bisher noch kaum vor. Wesentlichster Vorteil scheint eine deutlich niedrigere Rauschzahl von nur etwa 7,5 dB zu sein [68].

Wanderfeldverstärkeranordnungen, die auf dem von Robson, Kino und Fay [37] vorgeschlagenen Prinzip beruhen, wurden im Labor zwar schon eingehend studiert, sie haben jedoch bisher noch wenig praktische Anwendung gefunden. Die prinzipiell vorhandene Breitbandigkeit der elektronischen Verstärkung wird dabei durch die notwendigen Ein- und Auskopplungsstrukturen reduziert. Außerdem ist eine Verkopplung zwischen Ein- und Ausgang durch elektromagnetische Streufelder insbesondere bei höheren Frequenzen (X-Band und darüber) kaum zu vermeiden. Diese verschlechtert den Frequenzgang zusätzlich. Da schließlich auch Ausgangsleistung und Rauschzahl ungünstiger sind als bei Reflexionsverstärkeranordnungen, erscheinen Wanderfeldverstärker nur dann interessant, wenn weitere Eigenschaften ausgenutzt werden. So läßt sich beispielsweise die Phasenverzögerung zwischen Eingangs- und Ausgangssignal durch die Vorspannung in weiten Grenzen variieren. Damit ist eine direkte Phasenmodulation oder eine variable Phasenverschiebung für elektronisch schwenkbare Antennen [81] realisierbar.

Eine dritte Möglichkeit der Signalverstärkung beruht auf dem sekundären negativen Widerstand eines im Oszillatorbetrieb schwingenden Gunn-Elementes [54, 55, 82]. Dabei entsteht im Vorspannungskreis aufgrund der fallenden Charakteristik des dynamischen Kennlinienastes (Abb. 88) ein mit zunehmender Spannung abnehmender Mittelwert des Stromes (vgl. Abb. 99). Dieser sekundäre negative Widerstand ist extrem breitbandig. Er wirkt vom Gleichstrombereich bis knapp unterhalb der Schwingfrequenz. Auf diese Weise wurden etwa 17 dB Verstärkung bis über 9 GHz gemessen [83]. Die Rauschzahl von Oszillatorverstärkern entspricht etwa dem Oszillatorrauschen (< 20 dB [55]).

3.6.2 Oszillatoren

Elektronentransferelemente sind im Vergleich zu Lawinenlaufzeitdioden relativ rauscharm. Sie erzeugen jedoch eine geringere Ausgangsleistung bei niedrigerem Wirkungsgrad (typisch 2 bis 4%). Daher finden Elektronentransferelemente bevorzugt in Lokaloszillatoren für Empfangs- und Sendeumsetzer sowie als rauscharme Vorstufen zur Injektionssynchronisation von Oszillatoren mit Lawinenlaufzeitdioden Anwendung. Die niedrige Vorspannung von nur etwa 5 bis 15 V ist mit der von Transistorstufen und integrierten Schaltkreisen vergleichbar, so daß meist auf eine eigene Stromversorgung verzichtet werden kann. Außerdem begünstigt die geringe Betriebsspannung den Einsatz in kleinen tragbaren Geräten mit Batteriebetrieb. Große Verbreitung haben Elektronentransferoszillatoren bereits in einfachen Diebstahlsicherungsanlagen, die auf dem Dopplerradarprinzip basieren, und in Mikrowellenmeßgeräten gefunden. Dafür werden schon heute so große Stückzahlen benötigt, daß man von einer Massenproduktion sprechen kann, die niedrige Herstellungskosten und eine gute Zuverlässigkeit ermöglicht. Weitere Anwendungen in größerem Umfang sind in Heimumsetzeranlagen für Satellitenfunk-Fernsehempfang, in Abstands- und Geschwindigkeitsradargeräten für Kraftfahrzeug-Antikollisionssysteme sowie für industrielle Steuerungsaufgaben geplant.

Abbildung 100 zeigt Meßwerte für die maximale Dauerleistungsabgabe von einzelnen Elektronentransferelementen im Oszillatorbetrieb. Unterhalb von etwa 20 GHz erfolgt die Begrenzung hauptsächlich thermisch, während oberhalb davon bei Gunn-Oszillatoren der typische Abfall für Laufzeitelemente mit $1/f^2$ vorherrscht. Im LSA-Betrieb ist ebenfalls eine Leistungsabnahme bei höheren

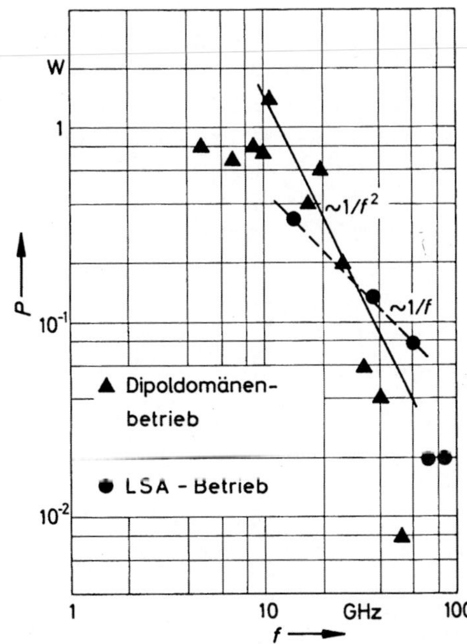

Abb. 100. Dauerstrich HF-Leistung von Elektronentransferoszillatoren im Dipoldomänen- und LSA-Betrieb als Funktion der Frequenz (Meßpunkte geben den Stand der Technik (1978) verschiedener Laboratorien an)

Frequenzen festzustellen, da auch hier aus Impedanzanpassungsgründen die Querschnittsfläche der aktiven Zone verkleinert werden muß und weil parasitäre Zuleitungswiderstände und Resonatorverluste bei höheren Frequenzen stärker ins Gewicht fallen. Um höhere Mikrowellenleistungen zu erzielen, läßt sich die Ausgangsleistung mehrerer Elemente kombinieren. Dazu können die Elemente parallel [84, 85] oder in Serie [86–88] angeordnet werden. Die einzelnen Elemente synchronisieren sich dabei aufgrund ihrer eigenen Nichtlinearitäten auf eine gemeinsame Schwingfrequenz [89].

Elektronentransferelemente können, wie in Abschnitt 3.3 gezeigt wurde, vom Domänenverzögerungsbetrieb über Domänenauslöschung und hybride Schwingungsformen bis zum LSA-Betrieb in einem weiten Frequenzbereich Mikrowellenleistung erzeugen (vgl. Abb. 96). Der Durchstimmbereich in einem Resonator ist jedoch weit geringer, da die einzelnen Betriebsarten unterschiedliche Impedanzbedingungen erfordern. Er ist dennoch größer als beispielsweise der von Lawinenlaufzeitdioden oder Barittdioden. Das Durchstimmen kann mechanisch erfolgen. Man erhält damit einen Durchstimmbereich von etwa einer Oktave bei nur einem Abstimmelement [90, 91]. Varaktordiodenabstimmung ist relativ einfach und schnell (bis einige MHz) [92] und wird daher für die meisten Anwendungen bevorzugt. Mit einer einzelnen Varaktordiode beträgt der Durchstimmbereich etwa 30 % und mit zwei in Serie geschalteten Varaktordioden bis zu einer Oktave [93]. In YIG-Resonatoren kann die Oszillatorfrequenz schließlich sogar um mehr als den Faktor drei verstimmt werden [94, 95]. Direkte elektronische Abstimmung der Schwingfrequenz über die Vorspannung des Elektronentransferelementes ist dagegen nur in sehr geringem Umfang möglich. Die Empfindlichkeit liegt typischerweise bei einigen MHz/V [91].

3.6.3 Pulserzeugung und Gunn-Logik

In einem seiner ersten Patente hat Gunn bereits selbst vorgeschlagen, den Aufbau, das Wandern und das Verlöschen von Dipoldomänen in Bauelementen mit negativer differentieller Beweglichkeit nicht nur zur Erzeugung von Mikrowellenschwingungen auszunutzen, sondern damit auch schnelle Schaltfunktionen zu realisieren [96]. Zur Pulserzeugung verwendet man beispielsweise, wie in Abb. 101

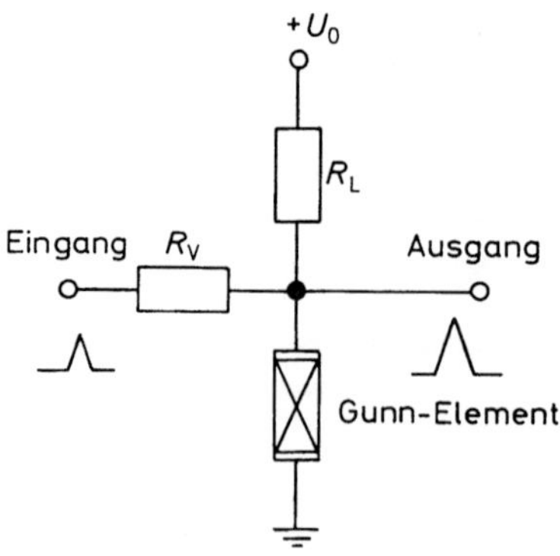

Abb. 101. Schaltung zur Pulserzeugung mit einem Gunn-Element

dargestellt, ein Gunn-Element in Serie mit einem Lastwiderstand. Das Gunn-Element ist knapp unterhalb der kritischen Spannung vorgespannt und führt daher einen hohen Strom entsprechend der statischen Kennlinie. Durch einen Triggerimpuls am Eingang wird in dem Gunn-Element eine Dipoldomäne ausgelöst. Der Elementstrom schaltet dabei von der statischen Kennlinie auf den niedrigeren Strom der dynamischen Kennlinie und bleibt dort so lange, bis die Domäne die Anode erreicht und dort wieder abgebaut wird. Auf diese Weise ist eine Erzeugung von Subnanosekundenpulsen mit Pulsfolgefrequenzen im Mikrowellenbereich möglich [53]. Der Stromhub ist dabei relativ groß (etwa 50%), so daß eine hohe Pulsleistung gewonnen wird, die sich beispielsweise zur direkten Modulation von Halbleiterinjektionslasern verwenden läßt [97].

Während der Domänenlaufzeit ist die Stromdichte vor und hinter der Domäne weitgehend konstant. Der Strom $I = e N_0 v_D A$ durch das Element ist daher der Querschnittsfläche A am Ort der Domäne proportional. Mit geometrisch geformten GaAs-Proben, deren Querschnitt eine Funktion des Ortes ist (siehe Abb. 102a), kann man daher komplizierte Strompulsformen erzeugen, deren zeitlicher Verlauf (Abb. 102b), abgesehen von den Stromspitzen beim Domänenab- und -aufbau, genau der Probenform entspricht [98].

Logische Funktionen mit Schaltzeiten im Subnanosekundenbereich kann man mit Gunn-Elementen realisieren, wenn man einer Schaltung wie in Abb. 101 ein logisches Diodengatter vorschaltet. Aufgrund der hohen Pulsverstärkung (etwa 20 dB) ist eine große Anzahl von Eingängen und Ausgängen möglich. Eine andere Möglichkeit, logische Funktionen mit Gunn-Elementen zu realisieren, besteht darin, bei einem knapp unterhalb der kritischen Spannung vorgespannten Element in Kathodennähe zusätzliche kapazitive Kontakte anzubringen, durch die mit Triggerimpulsen Dipoldomänen ausgelöst werden können. In Abb. 103 ist beispielsweise ein UND-Gatter dargestellt. Die Vorspannung ist dabei so gewählt,

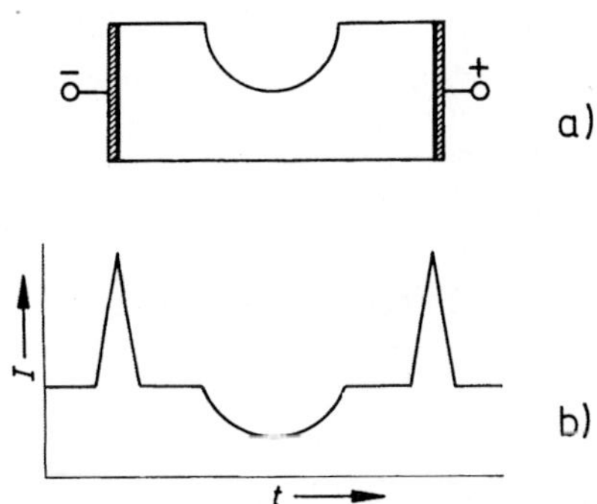

Abb. 102. GaAs-Probe mit geometrisch geformtem Querschnitt (**a**) und zugehöriger zeitlicher Verlauf des Stromes beim Durchlauf einer Dipoldomäne (**b**)

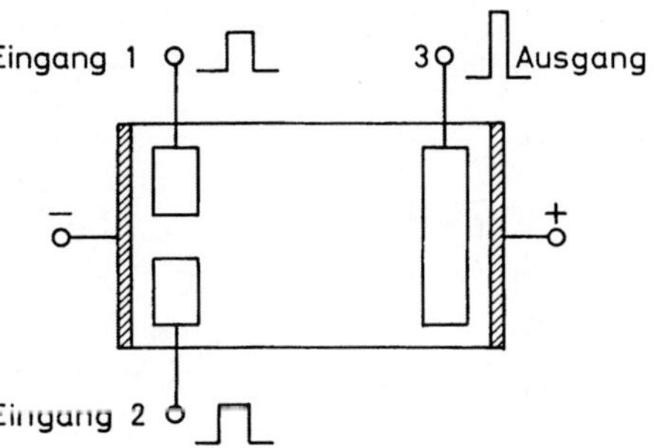

Abb. 103. Logisches UND-Gatter bestehend aus einem planaren Gunn-Element mit drei zusätzlichen kapazitiven Elektroden

daß zur Domänenauslösung gleichzeitig an beiden Eingangskontakten 1 und 2 Impulse erscheinen müssen [99]. Zur Auskopplung kann ein weiterer kapazitiver Kontakt 3 in Anodennähe vorgesehen werden. Dadurch wird der Ausgangsimpuls kürzer. Die Pulsdauer entspricht dann nur der Domänenlaufzeit unter dem Kontakt. Eine weitere Steigerung der Pulsverarbeitungsgeschwindigkeit kann man schließlich erreichen, wenn man nicht die Laufzeit der Domäne in der Elektronendriftrichtung zwischen Eingang und Ausgang ausnutzt, sondern die Ausbreitungsgeschwindigkeit der Domäne beim Aufbau senkrecht zum Elektronenstrom [100]. Diese ist noch etwa um den Faktor zehn größer.

Literatur zu Kapitel 3

1. Ridley, B.K.; Watkins, T.B.: Negative resistance and high electric field capture rates in semiconductors. J. Phys. Chem. Solids 22 (1961) 155–158
2. Ridley, B.K.; Pratt, R.G.: Hot electrons and negative resistance at 20 K in *n*-type germanium containing Au-centres. J. Phys. Chem. Solids 26 (1965) 21–31
3. Krömer, H.: Proposed negative-mass microwave amplifier. Phys. Rev. 109 (1958) 1856
4. Esaki, L.; Tsu, R.: Superlattice and negative differential conductivity in semiconductors. IBM J. Res. Dev. 14 (1970) 61–65
5. Ridley, B.K.; Watkins, T.B.: The possibility of negative resistance effects in semiconductors. Proc. Phys. Soc. (London) 78 (1961) 293–304
6. Hilsum, C.: Transferred electron amplifiers and oscillators. Proc. Inst. Rad. Eng. 50 (1962) 185–189
7. Gunn, J. B.: Microwave oscillations of current in III–V semiconductors. Solid State Commun. 1 (1963) 88–91
8. Gunn, J. B.: Instabilities of current in III–V semiconductors. IBM J. Res. Dev. 8 (1964) 141–159
9. Heywang, W.; Pötzl, H. W.: Bänderstruktur und Stromtransport. (Halbleiter-Elektronik, Bd. 3) Berlin, Heidelberg, New York: Springer, 1976
10. Allen, J. W.; Shyam, M.; Chen, Y. S.; Pearson, G. L.: Microwave oscillations in $GaAs_x P_{1-x}$ alloys. Appl. Phys. Lett. 7 (1965) 78–80
11. Ludwig, G. W.: Gunn effect in CdTe. IEEE Trans. ED-14 (1967) 547–551
12. Ludwig, G. W.; Aven, M.: Gunn effect in ZnSe. J. Appl. Phys. 38 (1967) 5326–5331
13. Butcher, P. N.; Fawcett, W.: The intervalley transfer mechanism of negative resistivity in bulk semiconductors. Proc. Phys. Soc. (London) 86 (1965) 1205–1219
14. Butcher, P. N.; Fawcett, W.: Calculation of the velocity-field characteristic for gallium arsenide. Phys. Lett. 21 (1966) 489–490
15. Bott, I. B.; Fawcett, W.: The Gunn effect in gallium arsenide. Advances in Microwaves Vol. 3, New York: Academic Press 1968
16. Ruch, J. G.; Kino, G. S.: Measurement of the velocity-field characteristic of gallium arsenide. Appl. Phys. Lett. 10 (1967) 40–42
17. Ruch, J. G.; Kino, G. S.: Transport properties of GaAs. Phys. Rev. 174 (1968) 921–931
18. Thim, H. W.: Computer study of bulk GaAs devices with random one-dimensional doping fluctuations. J. Appl. Phys. 39 (1968) 3897–3904
19. Ridley, B. K.: Specific negative resistance in solids. Proc. Phys. Soc. (London) 82 (1963) 954–966
20. Shockley, W.: Negative resistance arising from transit time in semiconductor diodes. Bell Syst. Tech. J. 33 (1954) 799–826
21. Krömer, H.: Nonlinear space-charge domain dynamics in a semiconductor with negative differential mobility. IEEE Trans. ED-13 (1966) 27–40
22. Heinle, W.: Principles of a phenomenological theory of Gunn-effect domain dynamics. Solid State Electron. 11 (1968) 583–598

23. Copeland, J.A.: A new mode of operation for bulk negative resistance oscillators. Proc. IEEE 54 (1966) 1479–1480
24. Copeland, J.A.: LSA oscillator-diode theory. J. Appl. Phys. 38 (1967) 3096–3101
25. McCumber, D.E.; Chynoweth, A.G.: Theory of negative-conductance amplification and of Gunn instabilities in 'two-valley' semiconductors. IEEE Trans. ED-13 (1966) 4–21
26. Atalla, M.M.; Moll, J.L.: Emitter-controlled negative resistance in GaAs. Solid State Electron. 12 (1969) 619–629
27. Hariu, T.; Ono, S.; Shibata, Y.: Wideband performance of the injection limited Gunn diode. Electron. Lett. 6 (1970) 666–667
28. Thim, H.W.: Stability and switching in overcritically doped Gunn diodes. Proc. IEEE 59 (1971) 1285–1286
29. Jeppesen, P.; Jeppsson, B.I.: The influence of diffusion on the stability of the supercritical transferred electron amplifier. Proc. IEEE 60 (1972) 452–454
30. Jeppesen, P.; Jeppsson, B.I.: A simple analysis of the stable field profile in the supercritical TEA. IEEE Trans. ED-20 (1973) 371–379
31. Thim, H.W.: Gunn amplifiers, in: Solid State Devices. The Institute of Physics, Conf. Ser. No. 12, London and Bristol 1971, pp. 87–111
32. Thim, H.W.: Experimental verification of bistable switching with Gunn diodes. Electron. Lett. 7 (1971) 246–247
33. Krömer, H.: Theory of Gunn effect. Proc. IEEE 52 (1964) 1736
34. Ridley, B.K.: The inhibition of negative resistance dipole waves and domains in *n*-GaAs. IEEE Trans. ED-13 (1966) 41–43
35. Engelmann, R.W.H.; Quate, C.F.: Linear or 'small-signal' theory for the Gunn effect. IEEE Trans. ED-13 (1966) 44–52
36. Thim, H.W.; Barber, M.R.: Microwave amplification in a GaAs bulk semiconductor. IEEE Trans. ED-13 (1966) 110–114
37. Robson, P.N.; Kino, G.S.; Fay, B.: Two-port microwave amplification in long samples of GaAs. IEEE Trans. ED-14 (1967) 612–615
38. McWhorter, A.L.; Foyt, A.G.: Bulk GaAs negative conductance amplifiers. Appl. Phys. Lett. 9 (1966) 300–302
39. Hakki, B.W.: Amplification in two-valley semiconductors. J. Appl. Phys. 38 (1967) 808–818
40. Kino, G.S.; Robson, P.N.: The effect of small transverse dimensions on the operation of Gunn devices. Proc. IEEE 56 (1968) 2056–2057
41. Kataoka, S.; Tateno, H.; Kawashima, M.: Observation of current instabilities in a dielectric-surface-loaded *n*-type GaAs bulk element. Electron. Lett. 5 (1969) 114–116
42. Hartnagel, H.L.: Gunn instabilities with surface loading. Electron. Lett. 5 (1969) 303–304
43. Frey, W.; Engelmann, R.W.H.; Bosch, B.G.: Unilateral travelling-wave amplification in gallium arsenide at microwave frequencies. Arch. Electron. Übertrag. Tech. 25 (1971) 1–8
44. Gunn, J.B.: Electronic transport relevant to instabilities in GaAs. Proc. Inst. Conf. Phys. Semiconductors Kyoto 1966, in J. Phys. Soc. Japan 21 (1966), Suppl. 509–513
45. Butcher, P.N.: Theory of stable domain propagation in the Gunn effect. Phys. Lett. 19 (1965) 546–547
46. Gelmont, B.L.; Shur, M.S.: Analytical theory of stable domains in high-doped Gunn diodes. Electron. Lett. 6 (1970) 385–387
47. Butcher, P.N.; Fawcett, W.: Stable domain propagation in the Gunn effect. Brit. J. Appl. Phys. 17 (1966) 1425–1432
48. Butcher, P.N.; Fawcett, W.; Hilsum, C.A.: A simple analysis of stable domain propagation in the Gunn effect. Brit. J. Appl. Phys. 17 (1966) 841–850
49. Copeland, J.A.: Stable space-charge layers in two valley semiconductors. J. Appl. Phys. 37 (1966) 3602–3609
50. Carroll, J.E.: Non-uniform motion of high field domains in the Gunn effect. Electron. Lett. 2 (1966) 194–195
51. Kurokawa, K.: The dynamics of high field propagating domains in bulk semiconductors. Bell Syst. Tech. J. 46 (1967) 2235–2261
52. Bosch, B.G.: Gunn-Effekt-Elektronik. Die Telefunkenröhre, Heft 47 (1967) 13–102

53. Reinecker, E.; Claassen, M.: Switching properties of highly doped Gunn devices in resistive circuits. Solid State Electron. 22 (1979) 25–27
54. Thim, H. W.: Linear negative conductance amplification with Gunn oscillators. Proc. IEEE 55 (1967) 446–447
55. Thim, H. W.: Linear microwave amplification with Gunn oscillators. IEEE Trans. ED-14 (1967) 517–522
56. Copeland, J. A.: Theoretical study of a Gunn diode in a resonant circuit. IEEE Trans. ED-14 (1967) 55–58.
57. Warner, F. L.: Extension of the Gunn effect theory given by Robson and Mahrous. Electron. Lett. 2 (1966) 260–261
58. Carroll, J. E.: Hot electron microwave generators. London: Arnold 1970
59. Carroll, J. E.: Oscillations covering 4 to 31 Gc/s from a single Gunn diode. Electron. Lett. 2 (1966) 141
60. Thim, H. W.; Barber, M.: Observation of multiple high field domains in *n*-GaAs. Proc. IEEE 56 (1968) 110
61. Bulmann, P. J.; Hobson, G. S.; Taylor, B. C.: Transferred electron devices. London: Academic Press 1972
62. Denker, S. P.: Rational design of Gunn- and LSA-diode electrodes. Electron. Lett. 4 (1968) 294–295
63. Copeland, J. A.: CW operation of LSA oscillator diodes – 44 to 88 GHz. Bell Syst. Tech. J. 46 (1967) 284–287
64. Kennedy, W. K.; Eastman, L. F.: High power pulsed microwave generation in gallium arsenide. Proc. IEEE 55 (1967) 434–435
65. Jeppesen, P.; Jeppsson, B. I.: Computer simulation of LSA oscillators with high doping to frequency ratios. Proc. IEEE 57 (1969) 795–796
66. Copeland, J. A.: Doping uniformity and geometry of LSA oscillator diodes. IEEE Trans. ED-14 (1967) 497–500
67. Bott, I. B.; Fawcett, W.: Theoretical study of the effect of temperature on Gunn diodes. Electron. Lett. 4 (1968) 207–208
68. Baskaran, S.; Robson, P. N.: Noise performance of InP reflection amplifiers in Q-band. Electron. Lett. 8 (1972) 137–138
69. Perlman, B. S.; Upadhyayula, C. L.; Marx, R. E.: Wide-band reflection-type transferred electron amplifiers. IEEE Trans. MTT-18 (1970) 911–921
70. Ataman, A.; Harth, W.: Intrinsic FM-noise of Gunn oscillators. IEEE Trans. ED-20 (1973) 12–14
71. Harth, W.: Equivalent noise temperature of bulk negative-resistance devices. Arch. Elektron. Übertrag. Tech. 26 (1972) 149–150
72. Kuhn, P.: Noise in Gunn oscillators depending on surface of Gunn diode. Electron. Lett. 6 (1970) 845–847
73. Ataman, A.; Herbst, H.; Harth, W.: The influence of different contact materials on the noise performance of Gunn elements. Arch. Elektron. Übertrag. Tech. 25 (1971) 396–397
74. Ullrich, D.: Herstellung und Eigenschaften planarer X-Band Gunn-Elemente. Diss. Braunschweig 1972
75. Braslau, N.; Gunn, J. B.; Staples, J. L.: Metal-semiconductor contacts for GaAs bulk effect devices. Solid State Electron. 10 (1967) 381–383
76. Harris, J. S.; Nannichi, Y.; Pearson, G. L.; Day, G. F.: Ohmic contacts to solution-grown gallium arsenide. J. Appl. Phys. 40 (1969) 4575–4581
77. Cox, R. H.; Strack, H.: Ohmic contacts for GaAs devices. Solid State Electron. 10 (1967) 1213–1218
78. Heasty, T. E.; Stratton, R.; Jones, E. L.: Effect of nonuniform conductivity on the behaviour of Gunn effect samples. J. Appl. Phys. 39 (1968) 4623–4632
79. Hayes, R. E.: Saturation power in GaAs amplifiers. IEEE Trans. ED-15 (1968) 183–184
80. Engelmann, R. W. H.: On 'supercritical' transferred-electron amplifiers. Arch. Elektron. Übertrag. Tech. 26 (1972) 357–359

81. Frey, W.; Becker, R.; Engelmann, R. W. H.; Keller, K.: CW operation of GaAs travelling-wave amplifiers for X-band frequencies. Arch. Elektron. Übertrag. Tech. 27 (1973) 245–252
82. Ipiwak, R. R.: Frequency conversion and amplification with an LSA diode oscillator. IEEE Trans. ED-15 (1968) 614–615
83. Olfs, P.: An "oscillating Gunn amplifier" with E_{010}-resonator. Proc. 8th Int. Conf. MOGA, Amsterdam 1970, pp. 6–21, Deventer, Kluwer 1970
84. Mitsui, S.: CW Gunn diodes in composite structure. IEEE Trans. MTT-17 (1969) 1158–1160
85. Hirayama, H.; Uchida, I.: Gunn diode oscillator develops 2 W cw at 12.8 GHz. Microwaves 10 (1971) 12
86. Yu, S. P.; Shaver, P. J.; Tantraporn, W.: Direct series operation of Gunn effect diodes with above critical n_0L products. Proc. IEEE 56 (1968) 2068–2069
87. Steele, M. C.; Califano, F. P.; Larrabee, R. D.: High-efficiency series operation of Gunn devices. Electron. Lett. 5 (1969) 81–82
88. Baugham, K. M.; Myers, F. A.: Multiple series operation of Gunn effect oscillators. Electron. Lett. 5 (1969) 371–372
89. Stainman, D.; Breese, M. E.; Patton, W. T.: New technique for combining solid-state sources. IEEE J. Solid State Circuits 3 (1968) 238–243
90. Brady, D. P.; Knight, S.; Lawley, K. L.; Uenohara, M.: Recent results with epitaxial GaAs Gunn effect oscillators. Proc. IEEE 54 (1966) 1497–1498
91. Wilson, K.: Gunn effect devices and their applications. Mullard Technical Communications No. 100 (July 1969) 286
92. Kawakami, K. N.: Optimize Gunn circuits for wideband varactor tuning. Microwaves 11 (1972) 35
93. Large, D.: Octave band varactor-tuned Gunn diode sources. Microwave J. 13, No. 10 (1970) 49–51
94. Hanson, D. C.: YIG-tuned transferred-electron oscillator using thin film microcircuits. IEEE Int. Solid-State Circuits Conf., Philadelphia, Pa. 1969, Digest of Technical Papers, p. 122
95. Gilbert, K. D.: Dynamic tuning characteristics of YIG devices. Microwave J. 13, No. 6 (1970) 36–40
96. U.S. Patent No. 3,365,583 (Erfinder: J. B. Gunn, Priorität 12. 6. 1964)
97. Hartnagel, H.L.: Pulse communication using Gunn diodes and heterojunction lasers. Arch. Elektron. Übertrag. Tech. 25 (1971) 51
98. Shoij, M.; Functional bulk semiconductor oscillators. IEEE Trans. ED-14 (1967) 535–546
99. Kataoka, S.; Hashizume, N.; Kawashima, M.; Komamiya, Y.: High field domain functional logic devices with multiple control electrodes. Proc. 4th. Biennial Cornell Electr. Eng. Conf. 1973, pp. 225–234
100. Tomizawa, K.; Kawashima, M.; Kataoka, S.: New logic functional device using transverse spreading of a high-field domain in n-type GaAs. Electron. Lett. 7 (1971) 239–240

4 Tunneldioden

Halbleiterdioden mit einem abrupten Übergang von einer sehr hohen Akzeptorenkonzentration zu einer hohen Donatorendichte zeigen unter bestimmten Voraussetzungen in Flußrichtung eine anomale Strom-Spannungs-Charakteristik mit einem Bereich negativen differentiellen Leitwerts. Dieses Verhalten war schon frühzeitig bei der Untersuchung der Eigenschaften von *pn*-Übergängen an einigen Ge-Dioden beobachtet worden. Solche Dioden wurden jedoch als „unbrauchbar" aussortiert, da sie nicht den klassischen Diodengesetzen gehorchten. Erst 1958 konnte Esaki [1] das anomale Kennlinienverhalten mit einem quantenmechanischen Tunneleffekt erklären, der gute Übereinstimmung zwischen Theorie und experimentellem Befund ergab. Man nennt solche Dioden daher Tunneldioden oder nach dem Entdecker auch Esaki-Dioden. Der äußerst schnelle und rauscharme Tunnelmechanismus eignet sich besonders zur Erzeugung und Verstärkung von Mikrowellensignalen geringer Leistung sowie für schnelle Schaltaufgaben.

4.1 Wirkungsweise

Eine typische Strom-Spannungs-Kennlinie einer Tunneldiode ist in Abb. 104 dargestellt. Sie entsteht, wie in Abschnitt 4.2 gezeigt wird, aus der Überlagerung einer Reihe von Einzelkomponenten. Für eine qualitative Beschreibung soll es jedoch zunächst ausreichen, den Tunnelprozeß zwischen dem Valenzband des *p*-Leiters und dem Leitungsband des *n*-Leiters anhand eines vereinfachten Bänderschemas des Halbleiters zu veranschaulichen.

Die Dotierung von Tunneldioden ist auf beiden Seiten des *pn*-Übergangs so hoch, daß der Halbleiter entartet ist. Das heißt, im *p*-Leiter befindet sich das Fermi-Niveau innerhalb des Valenzbandes und im *n*-Leiter innerhalb des Leitungsbandes. Zur Vereinfachung sei außerdem, entsprechend dem Zustand beim absoluten Nullpunkt der Temperatur, angenommen, daß alle erlaubten Elektronenzustände unterhalb der Fermi-Energie besetzt und alle Zustände oberhalb unbesetzt sind.

In Abb. 105 ist ein solches Bänderschema einer Tunneldiode für die verschiedenen in Abb. 104 markierten Punkte der Strom-Spannungs-Kennlinie skizziert. Wenn keine Spannung an der Diode liegt (Punkt *b* in Abb. 104), befinden sich alle Elektronen im thermodynamischen Gleichgewicht, und das Fermi-Niveau ist auf

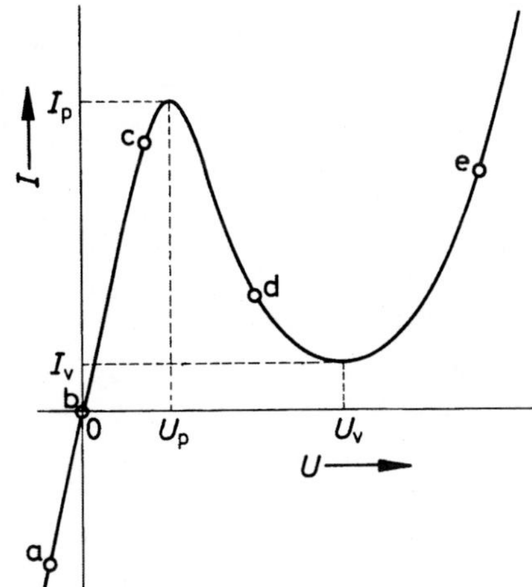

Abb. 104. Strom-Spannungs-Kennlinie einer Tunneldiode. Für die Punkte a bis e ist in Abb. 105 jeweils das zugehörige Bänderschema dargestellt

beiden Seiten des *pn*-Übergangs gleich (Abb. 105b). Energie und Impuls der Elektronen bleiben beim Tunnelvorgang erhalten. Im spannungslosen Zustand kann kein Strom fließen. Denn oberhalb des Fermi-Niveaus sind auf keiner der beiden Seiten Elektronen vorhanden, um das verbotene Band zu durchtunneln, und unterhalb gibt es keine freien Zustände, die von Elektronen nach dem Durchtunneln besetzt werden könnten.

Legt man dagegen eine Spannung an die Diode, so unterscheiden sich die Fermi-Niveaus von *p*- und *n*-Leiter. Dann liegen besetzte Zustände auf der einen Seite des *pn*-Übergangs unbesetzten Zuständen auf der anderen Seite auf gleichem Energieniveau gegenüber, und es können bei negativer Diodenspannung (Abb. 105a) Elektronen vom Valenzband des *p*-Leiters ins Leitungsband des *n*-Leiters bzw. bei positiver Spannung (Abb. 105c) vom Leitungsband des *n*-Leiters ins Valenzband des p-Leiters tunneln.

Voraussetzung für eine ausreichende Tunnelwahrscheinlichkeit ist allerdings, daß die zu durchtunnelnde Energiebarriere niedrig und schmal genug ist. Außerdem muß auch der Impuls der Zustände, die nach dem Tunneln besetzt werden, mit dem der tunnelnden Elektronen übereinstimmen. Diese Bedingung ist bei Halbleitermaterialien wie GaAs oder GaSb in der Nähe der Bandkanten leicht zu erfüllen, da diese eine Bandstruktur besitzen, die einen direkten Übergang vom

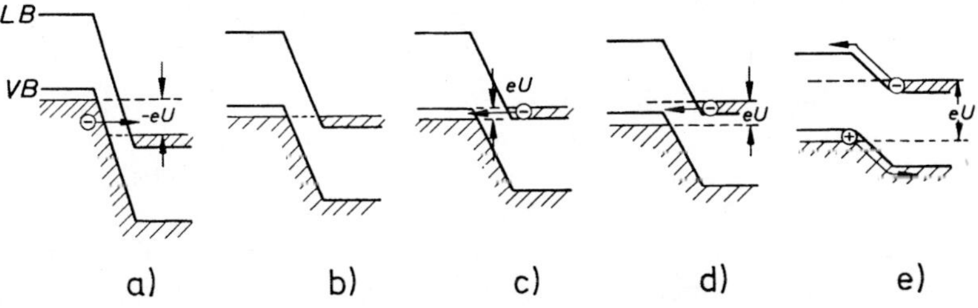

Abb. 105. Bänderschema einer Tunneldiode für die in Abb. 104 bezeichneten Kennlinienpunkte. LB: Leitungsband, VB: Valenzband, *U*: Diodenspannung

niedrigsten Energieminimum des Leitungsbandes zum Valenzbandmaximum bei gleichem Impuls erlaubt. Ein direkter Elektronenübergang mit Impulserhaltung kann außerdem bei Halbleitermaterialien mit indirekter Bandstruktur wie Ge auftreten [2], wenn die angelegte Spannung groß genug ist, so daß nicht nur das Leitungsbandminimum am Rand der Brillouin-Zone des *n*-Leiters sondern auch das energetisch höher gelegene Zentralminimum der Valenzbandkante des *p*-Leiters gegenüberliegt. In der Regel kommt es jedoch in solchen Halbleitern zu einem indirekten Übergang der tunnelnden Elektronen zwischen Zuständen unterschiedlichen Impulses. Die Impulsdifferenz muß dann durch Streuung an Phononen oder Gitterfehlstellen ausgeglichen werden. Dabei geben die Elektronen auch einen kleinen Teil ihrer Energie ab, der bei den folgenden Betrachtungen jedoch vernachlässigt wird.

In Abb. 105c finden alle Leitungsbandelektronen mit Energien zwischen den beiden Fermi-Niveaus unbesetzte Zustände im gegenüberliegenden Valenzband. Es kann daher ein hoher Tunnelstrom fließen (Punkt *c* in Abb. 104). Erhöht man jedoch die Diodenspannung noch weiter, so gelangt ein Teil der Leitungsbandelektronen des *n*-Leiters zu Energien, die oberhalb der Valenzbandkante des *p*-Leiters liegen (Abb. 105d). Diese Elektronen können nicht mehr am Tunnelvorgang teilnehmen. Der Tunnelstrom nimmt daher mit zunehmender Spannung ab (Punkt *d* in Abb. 104). Dies ist der Bereich negativen differentiellen Leitwerts, der in Tunneldioden ausgenutzt wird.

Wenn die Diodenspannung schließlich so groß ist, daß die Leitungsbandunterkante im *n*-Leiter höher liegt als die Oberkante des Valenzbandes im *p*-Leiter (Abb. 105e), kann kein Tunnelstrom mehr fließen. Der Diodenstrom nimmt dennoch wieder zu (Punkt *e* in Abb. 104), weil bei hinreichend niedriger Diffusionsbarriere der normale thermische Strom eines in Flußrichtung gepolten *pn*-Übergangs einsetzt.

Der negative differentielle Leitwert von Tunneldioden ist auf einen Spannungsbereich von wenigen zehntel Volt beschränkt. Tunneldioden erzeugen daher wenig Verlustleistung. Aus dem gleichen Grunde sind sie jedoch nur für kleine Signalamplituden geeignet.

4.2 Strom-Spannungs-Kennlinie

Im vorigen Abschnitt wurde gezeigt, daß sich die *N*-förmige Strom-Spannungs-Charakteristik von Tunneldioden aus dem Tunnelstrom und dem thermischen Diodenstrom additiv zusammensetzt. Der ideale Tunnelstrom bei ungestörter Gitterstruktur wird im folgenden Abschnitt noch genauer analysiert. Durch die hohe Dotierung, die für die Entartung des Halbleiters notwendig ist, treten jedoch noch zusätzliche Stromkomponenten auf, die sich insbesondere im Minimum, dem sogenannten Tal, der Strom-Spannungs-Kennlinie bemerkbar machen. Sie werden durch eine veränderte Verteilung der Zustandsdichte im Leitungs- und Valenzband

Abb. 106. Zusammensetzung der Strom-Spannungs-Kennlinie einer Tunneldiode aus Tunnelstrom bei idealer Gitterstruktur, Bandausläufertunnelstrom, exponentiellem Zusatzstrom über Zwischenbandterme und thermischem Diodenstrom

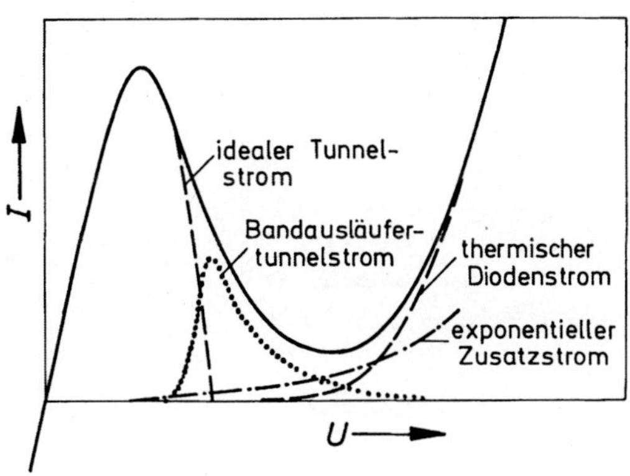

sowie durch lokalisierte Haftstellen im verbotenen Band verursacht. In Abb. 106, die die Aufteilung der Strom-Spannungs-Kennlinie in die einzelnen Bestandteile zeigt, sind sie als Bandausläufertunnelstrom und exponentieller Zusatzstrom bezeichnet.

4.2.1 Tunnelstrom bei idealer Gitterstruktur

Die quantenmechanische Wahrscheinlichkeit dafür, daß ein Elektron das verbotene Band durchtunnelt, kann nach der Wentzel-Kramers-Brillouin-Methode formal genauso behandelt werden, wie das Durchtunneln einer Potentialbarriere [3, 4]. Im Bereich der Barriere besitzt die Materiewelle des Elektrons die imaginäre Wellenzahl

$$k_{\mathrm{i}}(x) = \sqrt{\frac{2\,m^*}{\hbar^2}\,(W_{\mathrm{B}}(x) - W)}\,. \tag{4.2/1}$$

Hierin ist m^* die effektive Elektronenmasse, $\hbar$ das durch 2π dividierte Plancksche Wirkungsquantum, $W_{\mathrm{B}}(x)$ der Potentialverlauf in der Barriere und W die Elektronenenergie [1]. Bei hinreichend sanftem Potentialverlauf können Reflexionen der Elektronenwelle gegenüber dem exponentiellen Abfall mit $k_{\mathrm{i}}(x)$ vernachlässigt werden, und man erhält für die Tunnelwahrscheinlichkeit P_{t} nach der WKB-Näherung

$$P_{\mathrm{t}} = \exp\left(-2\int_{x_{\mathrm{V}}}^{x_{\mathrm{L}}} |k_{\mathrm{i}}(x)|\,\mathrm{d}x\right). \tag{4.2/2}$$

[1] Genau genommen dürfte in (4.2/1) für W nur der Teil der Elektronenenergie eingesetzt werden, der mit dem Impuls senkrecht zur Barriere verbunden ist [5]. Für Elektronen, die nicht senkrecht auf die Barriere treffen, ist die Tunnelwahrscheinlichkeit jedoch erheblich kleiner, so daß im folgenden nur Elektronen mit nahezu senkrechtem Impuls betrachtet werden. Für sie ist W etwa gleich der gesamten Elektronenenergie.

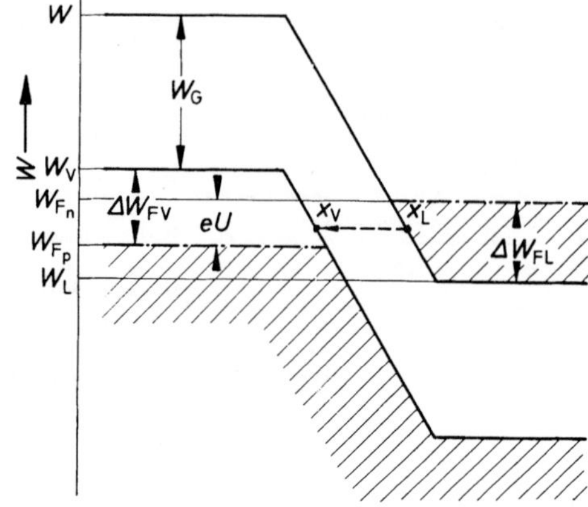

Abb. 107. Vereinfachtes Energiebanddiagramm eines *pn*-Übergangs in entarteten Halbleitern mit konstantem Feld in der Verarmungszone. W_{F_p} und W_{F_n} sind die Quasi-Fermi-Niveaus sowie ΔW_{FV} und ΔW_{FL} die Entartungsenergien im *p*- und im *n*-Leiter. Der Tunnelübergang erfolgt zwischen den Orten x_L im Leitungsband und x_V im Valenzband

Die Grenzen der Potentialbarriere x_L und x_V entsprechen dabei den Orten, an denen die Elektronen das Leitungsband verlassen, bzw. wo sie ins Valenzband eindringen (vgl. Abb. 107).

Die Form $W_B(x)$ der Potentialbarriere im verbotenen Band ist bisher nicht genau bekannt. Sie hat jedoch auch nur geringen Einfluß auf die Tunnelwahrscheinlichkeit. Die einfachste Funktionsform, die das Verhalten an den Bandkanten korrekt beschreibt, ist ein parabolischer Potentialverlauf [4]:

$$W_B(x) - W = \frac{e\,E(x_L - x)\,(x - x_V)}{x_L - x_V}. \tag{4.2/3}$$

Die Feldstärke E entspricht der Steigung der Bandkanten, und die Breite der Potentialbarriere berechnet sich zu

$$x_L - x_V = \frac{W_G}{e\,E}. \tag{4.2/4}$$

Hierin ist W_G der Energieabstand zwischen Leitungs- und Valenzband und e die Elementarladung.

Setzt man (4.2/3) und (4.2/4) in (4.2/1) und (4.2/2) ein und integriert über die Barrierenweite, so erhält man für die Tunnelwahrscheinlichkeit

$$P_t = \exp\left(-\frac{\pi}{2}\sqrt{\frac{m^*}{2}}\cdot\frac{W_G^{3/2}}{\hbar\,e\,E}\right). \tag{4.2/5}$$

Aus (4.2/5) ist ersichtlich, daß man für eine ausreichende Tunnelwahrscheinlichkeit einen Halbleiter mit geringer effektiver Elektronenmasse und geringem Bandabstand sowie ein hohes elektrisches Feld in der Sperrschicht benötigt. Die Tunnelwahrscheinlichkeit hängt jedoch in dieser Näherung nicht von der Elektronenenergie W ab.

Die Anzahl der Elektronen mit der Energie W, die pro Zeiteinheit vom Leitungsband des n-Leiters ins Valenzband des p-Leiters tunneln, ist proportional zur Dichte der mit Elektronen besetzten Zustände im Leitungsband $N_L(W) \cdot F_L(W)$, zur Dichte der unbesetzten Zustände im Valenzband $N_V(W) \cdot [1 - F_V(W)]$ und zur Tunnelwahrscheinlichkeit P_t. Dabei ist $N_L(W)$ die Dichte der erlaubten Zustände und $F_L(W)$ die Fermi-Dirac-Funktion der Besetzungswahrscheinlichkeit im Leitungsband sowie $N_V(W)$ und $F_V(W)$ die Zustandsdichte und die Fermi-Dirac-Funktion im Valenzband. Die gesamte Stromdichte J_{np}, die von den Elektronen verursacht wird, die vom n-Leiter zum p-Leiter tunneln, ergibt sich durch Integration über alle in Frage kommenden Energien W zwischen der Leitungsbandunterkante W_L im n-Leiter und der Valenzbandoberkante W_V im p-Leiter.

$$J_{np} = K \int_{W_L}^{W_V} N_L(W)\, F_L(W) \cdot N_V(W)\, [1 - F_V(W)] \cdot P_t \, dW. \qquad (4.2/6)$$

K ist eine Konstante, die die Wahrscheinlichkeit, daß das Elektron eines besetzten Zustands in der Zeiteinheit auf die Barriere trifft, und die Elementarladung enthält. Analog zu (4.2/6) berechnet sich auch die Stromdichte J_{pn} von Elektronen, die umgekehrt vom p-Leiter zum n-Leiter tunneln:

$$J_{pn} = K \int_{W_L}^{W_V} N_V(W)\, F_V(W) \cdot N_L(W)\, [1 - F_L(W)] \cdot P_t \, dW. \qquad (4.2/7)$$

Im spannungslosen Zustand sind die Fermi-Energien W_{F_p} und W_{F_n} des p- und des n-Leiters gleich, und damit ist $F_V(W) = F_L(W)$. Es tunneln dann genau so viele Elektronen vom n-Leiter zum p-Leiter wie umgekehrt, so daß sich die Stromdichten J_{np} und J_{pn} gegenseitig kompensieren. Bei angelegter Spannung unterscheiden sich dagegen J_{np} und J_{pn} und erzeugen die resultierende Tunnelstromdichte J_t.

$$J_t = J_{np} - J_{pn} = K \int_{W_L}^{W_V} P_t \cdot N_L(W)\, N_V(W)\, [F_L(W) - F_V(W)]\, dW. \qquad (4.2/8)$$

Im ungestörten Kristallgitter ist die Zustandsdichte an den Bandkanten eine parabolische Funktion der Energie, $N_L(W) \sim (W - W_L)^{1/2}$ und $N_V(W) \sim (W_V - W)^{1/2}$. Bei nicht zu niedrigen Temperaturen sind außerdem die Abstände ΔW_{FL} und ΔW_{FV} zwischen den Bandkanten und den entsprechenden Fermi-Niveaus (vgl. Abb. 107) kleiner als $2kT$ (k ist die Boltzmann-Konstante und T die absolute Temperatur), so daß die Fermi-Dirac-Funktionen in diesem Bereich linearisiert werden können: $F_L(W) = 1/2 - (W - W_{F_n})/4kT$ und $F_V(W) = \frac{1}{2} + (W_{F_p} - W)/4kT$. Mit diesen Vereinfachungen läßt sich das Integral in (4.2/8) lösen, und man erhält

$$J_t = K' P_t \frac{eU}{kT} (\Delta W_{FL} + \Delta W_{FV} - eU)^2. \qquad (4.2/9)$$

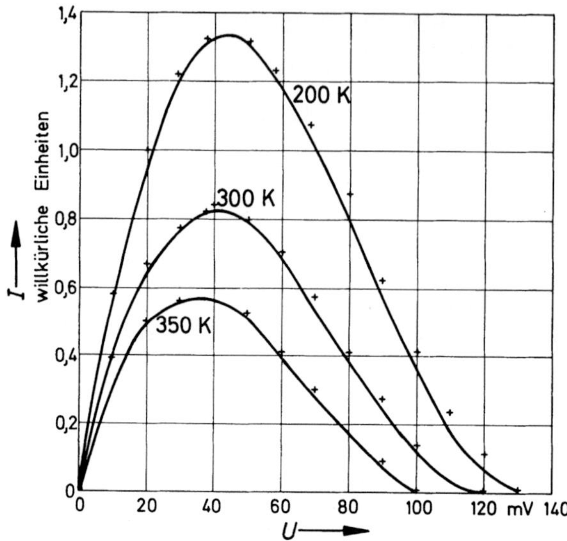

Abb. 108. Vergleich des gemessenen [6] und des nach (4.2/9) berechneten Tunnelstroms in Abhängigkeit von der Diodenspannung für drei verschiedene Temperaturen

K' ist wieder eine Konstante, und der Abstand $e\,U$ zwischen den Fermi-Energien des n- und des p-Leiters entspricht der an die Diode in Flußrichtung angelegten Spannung.

Die Spannungsabhängigkeit des Tunnelstroms nach (4.2/9) ist in Abb. 108 mit Meßwerten von Karlovsky [6] verglichen. Die Konstante K' ist dabei so gewählt, daß die Maxima übereinstimmen. Genauere Berechnungsmethoden, die die Impulserhaltung und eine realistischere Bandstruktur für entartete Halbleiter berücksichtigen, wurden von Kane [4] angegeben.

4.2.2 Thermischer Diodenstrom

Neben dem Strom, der von Elektronen verursacht wird, die durch das verbotene Band tunneln, fließt auch in Tunneldioden der normale thermische Diodenstrom von Ladungsträgern, die über die Potentialbarriere in den Bändern diffundieren und anschließend mit den jeweiligen Majoritätsträgern rekombinieren. Für diesen Teil der Stromdichte kann die bekannte Diodenkennlinie [7]

$$J_{\mathrm{th}} = J_{\mathrm{s}}\left(\exp\frac{e\,U}{n\,k\,T} - 1\right) \tag{4.2/10}$$

angesetzt werden, wobei J_{s} die Sättigungsstromdichte darstellt und der Faktor n Abweichungen von der idealen Shockley-Beziehung aufgrund von Rekombinationsprozessen in der Sperrschicht berücksichtigt.

Im Spannungsbereich, in dem der Tunnelstrom nach (4.2/9) fließt, ist der thermische Diodenstrom weitgehend zu vernachlässigen. Weiter oberhalb wird J_{th} dagegen aufgrund der exponentiellen Spannungsabhängigkeit erheblich größer als alle anderen Stromkomponenten in Abb. 106.

4.2.3 Zusatzstrom

Nach (4.2/9) sollte der Tunnelstrom verschwinden, wenn bei Spannungen $U \geqslant (\Delta W_{FL} + \Delta W_{FV})/e$ die Leitungsbandkante des n-Leiters oberhalb der Valenzbandkante des p-Leiters zu liegen kommt und somit kein Tunnelübergang mit Energieerhaltung mehr möglich ist. Bei den meisten praktischen Dioden ist der Strom im Kennlinienminimum jedoch erheblich größer als der thermische Diodenstrom nach (4.2/10). Ursache hierfür ist die Störung des idealen Kristallgitterbaus durch die hohe Störstellendichte, die zur Entartung des Halbleiters notwendig ist. Dadurch wird die Elektronenzustandsdichte im Bereich der Bandkanten beeinflußt, und es entstehen im verbotenen Band lokalisierte Haftstellen, die Elektronen aufnehmen und abgeben können. Die so veränderte Bandstruktur führt zu zusätzlichen Stromkomponenten, die das Stromminimum beträchtlich anheben können.

4.2.3.1 Bandausläufertunnelstrom

Abbildung 109a zeigt die Zustandsdichte eines relativ schwach mit Donatoren dotierten Halbleiters als Funktion der Elektronenenergie. Leitungs- und Valenzband zeigen einen parabolischen Verlauf mit scharf ausgeprägten Kanten. Die Donatorzustände befinden sich auf einem diskreten Energieniveau knapp unterhalb der Leitungsbandkante, dargestellt in Abb. 109a durch eine Delta-Funktion. Bei sehr hoher Dotierung (Abb. 109b) verbreitern sich diese Störstellen-

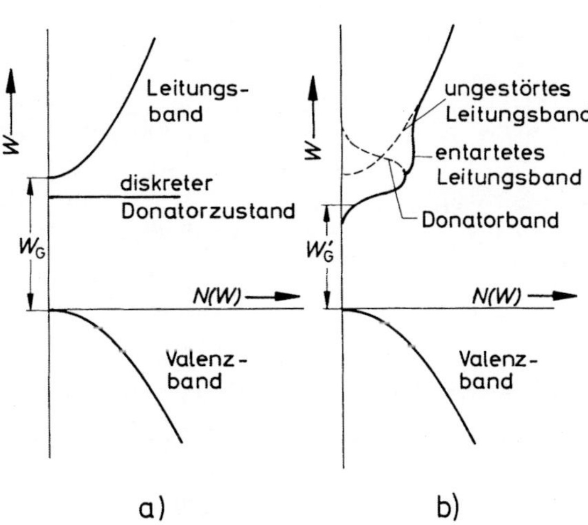

Abb. 109. Elektronenzustandsdichte N als Funktion der Energie W für einen nicht entarteten n-Halbleiter (**a**) und für einen entarteten n-Halbleiter (**b**)

zustände durch Wechselwirkung der Störstellen untereinander und bilden so selbst Energiebänder. Im Gegensatz zu den Bändern kristalliner Festkörper entstehen dabei jedoch keine deutlichen Bandkanten. Aufgrund der statistischen Verteilung der Störstellen ergibt sich vielmehr eher eine gaußförmige Verteilungskurve mit exponentiellen Ausläufern [8]. Gleichzeitig nimmt die Aktivierungsenergie der Donatorzustände, d.h. der Abstand zur Leitungsbandkante, soweit ab, daß sich das Donatorband direkt mit dem Leitungsband vereinigt [9]. Ursache hierfür ist die Abschirmung der Störstellenfelder durch die hohe Elektronendichte im Leitungsband. Durch Überlagerung von Donator- und Leitungsband entsteht schließlich eine veränderte Bandstruktur mit verringertem Bandabstand W'_G und exponentiellem Ausläufer des Leitungsbandes in das verbotene Band [10]. Bei hoher Akzeptordotierung erhält man in gleicher Weise einen exponentiellen Ausläufer des Valenzbandes ins verbotene Band.

Die Ausläufer von Leitungs- und Valenzband bewirken bei Tunneldioden auch bei $U \geqslant (\Delta W_{FL} + \Delta W_{FV})/e$ noch eine gewisse energetische Überlappung der Bänder. Es kann daher auch oberhalb dieser Spannung noch ein geringer Tunnelstrom fließen, der durch Übergänge zustande kommt, an denen die exponentiellen Bandausläufer beteiligt sind. Dieser Zusatzstrom wird als Bandausläufertunnelstrom bezeichnet. Abb. 110 vergleicht den Tunnelstrom bei Berücksichtigung der Bandausläufer mit dem eines ungestörten Halbleitergitters [10]. Der Tunnelstrom ist jenseits des Maximums erhöht und sinkt auch bei größeren Spannungen nicht ganz auf Null ab.

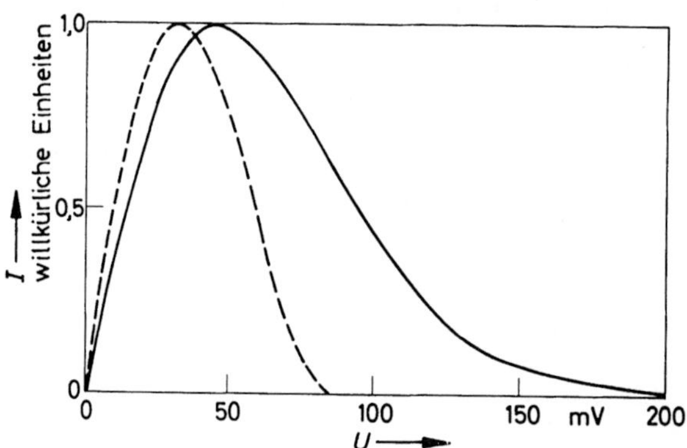

Abb. 110. Vergleich des Tunnelstroms bei idealer Kristallgitterstruktur (gestrichelt) mit dem eines entarteten Halbleiters mit Bandausläufern (durchgezogen) am Beispiel einer Si-Tunneldiode [10]

4.2.3.2 Zusatzstrom über Zwischenbandterme

Der zweite Beitrag zum Zusatzstrom im Minimum der Strom-Spannungs-Kennlinie entsteht durch Tunnelübergänge von Elektronen über lokalisierte Terme im verbotenen Band, die als Haftstellen wirken [11]. In Abb. 111 sind einige solcher

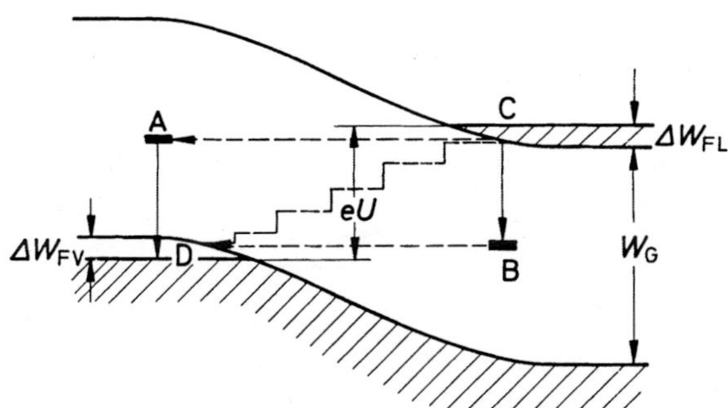

Abb. 111. Darstellung verschiedener Tunnelübergänge über lokalisierte Haftstellen innerhalb des verbotenen Bandes im Bänderdiagramm des pn-Übergangs

möglichen Übergänge eingezeichnet: Ein Elektron, das sich bei C im Leitungsband befindet, kann zu einem lokalisierten Zustand bei A tunneln und von dort an eine unbesetzte Stelle D im Valenzband springen. Das Elektron bei C kann aber auch auf eine unbesetzte Haftstelle bei B springen und dann nach D ins Valenzband tunneln. Befinden sich genügend Haftstellen unterschiedlicher Aktivierungsenergien im verbotenen Band, so ist schließlich auch ein schrittweiser Übergang mit mehreren Zwischenstufen möglich (Treppenlinie zwischen C und D in Abb. 111).

Der Weg $C-B-D$ kann als typischer Übergangsmechanismus angesehen werden, da die anderen Wege mehr oder weniger Modifikationen dieses Übergangs sind. Das Elektron muß dabei zwischen B und D eine Energiebarriere der Größe

$$W_B = W_G + \Delta W_{FL} + \Delta W_{FV} - eU \tag{4.2/11}$$

durchtunneln, wobei angenommen ist, daß das Elektron bei D nahe der Bandkante ins Valenzband gelangt. Für die Übergangswahrscheinlichkeit gilt in Analogie zu (4.2/5):

$$P_t = \exp\left(-\alpha \frac{W_B^{3/2}}{E}\right). \tag{4.2/12}$$

Hierin ist α eine Konstante, die die Barrierenform berücksichtigt und die Tunnelmasse des Elektrons, die Elementarladung sowie das Plancksche Wirkungsquantum enthält. Das elektrische Feld E in der Sperrschicht eines abrupten *pn*-Übergangs ist der Wurzel aus $U_0 - U$ proportional, wobei die eingebaute Spannung U_0 den Abstand der Bandkanten zwischen *p*- und *n*-Leiter im spannungslosen Zustand darstellt:

$$U_0 = \frac{1}{e}(W_G + \Delta W_{FL} + \Delta W_{FV}). \tag{4.2/13}$$

Zusammen mit (4.2/11) erhält man also $E \sim (W_B)^{\frac{1}{2}}$. Setzt man diese Abhängigkeit

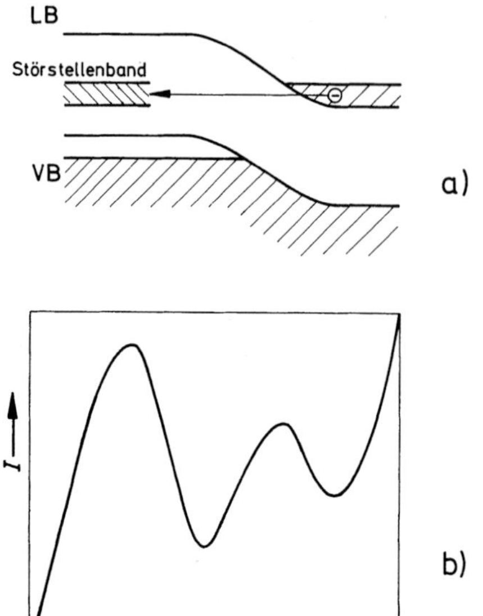

Abb. 112. Tunnelübergang über ein Störstellenband im verbotenen Band (**a**) und zugehörige Strom-Spannungs-Kennlinie mit zweitem Höcker (**b**)

in (4.2/12) ein, so ergibt sich eine exponentiell mit der Spannung zunehmende Zusatzstromdichte J_z:

$$J_z = K \cdot N_H \cdot \exp\{-\alpha'(W_G + \Delta W_{FL} + \Delta W_{FV} - e\,U)\}. \qquad (4.2/14)$$

Hierin sind K und α' Konstanten, und N_H ist die Dichte der Haftstellen im verbotenen Band, die durch Kristallgitterverspannungen aufgrund der hohen Dotierung entstehen. Sie sind in der Regel mehr oder weniger gleichmäßig über die in Frage kommenden Energien verteilt. Bestimmte chemische Verunreinigungen und Kristallbaufehlerarten können jedoch auch ein schmales Energieband in der verbotenen Zone besetzen (vgl. Abb. 112a). Der Zusatzstrom erhält dann ein ausgeprägtes Maximum bei einer Spannung, die einen direkten Übergang auf dieses Energieniveau ermöglicht, und die Strom-Spannungs-Kennlinie (Abb. 112b) zeigt einen zweiten Höcker mit einem weiteren Bereich negativen differentiellen Leitwerts bei etwas höherer Spannung [12].

4.3 Betriebseigenschaften

Für den Einsatz von Tunneldioden ist insbesondere der Bereich negativen differentiellen Leitwerts von Interesse. Er kann durch den Höckerstrom I_p, die Höckerspannung U_p, den Talstrom I_v und die Talspannung U_v charakterisiert werden. Bei Mikrowellen- und schnellen Schaltanwendungen muß gleichzeitig eine nicht zu hohe Diodenkapazität gefordert werden, um große Signalgeschwindigkeiten verarbeiten zu können. Im Verstärkerbetrieb ist außerdem eine geringe Rauschzahl erwünscht.

4.3.1 Einfluß der Dotierung

Für einen hohen Tunnelstrom muß die Sperrschichtweite möglichst gering sein, damit man kurze Tunnelstrecken erzielt. Diese Bedingung ist am besten mit beidseitig abrupten *pn*-Übergängen zu erreichen. In abrupten *pn*-Übergängen mit dreieckförmigem Feldprofil in der Sperrschicht ist für die Sperrschichtweite und das maximale Feld unabhängig vom Verhältnis der Akzeptorenkonzentration N_A im *p*-Leiter zur Donatorenkonzentration N_D im *n*-Leiter nur die effektive Dotierung

$$N_{eff} = \frac{N_A \cdot N_D}{N_A + N_D} \qquad (4.3/1)$$

maßgebend. So erhält man für das mittlere Sperrschichtfeld

$$E \approx \sqrt{\frac{W_G\, N_{eff}}{2\varepsilon}}, \qquad (4.3/2)$$

wenn man für die Barrierenhöhe näherungsweise den Bandabstand W_G einsetzt. ε ist in (4.3/2) die Permittivität des Halbleitermaterials. Da das Sperrschichtfeld mit $(N_{eff})^{1/2}$ wächst, nimmt der Tunnelstrom nach (4.2/5) exponentiell mit $-1/(N_{eff})^{1/2}$ zu. In Abb. 113 ist eine Meßkurve für die Höckerstromdichte von Ge-Tunneldioden

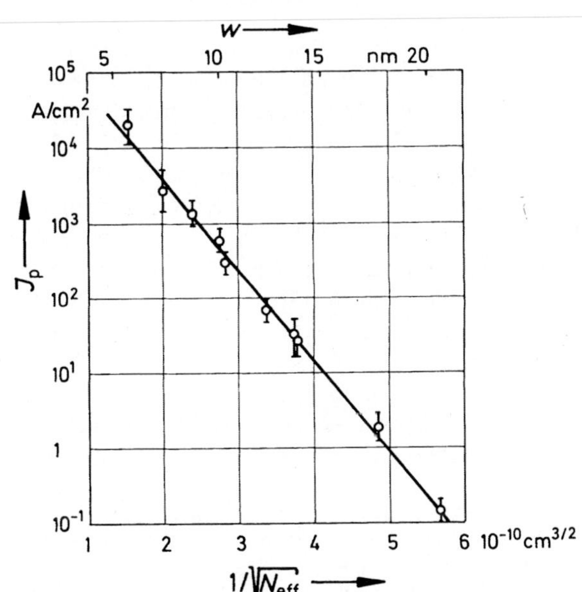

Abb. 113. Höckerstromdichte J_p als Funktion der effektiven Dotierungskonzentration N_{eff} bzw. der Sperrschichtzonenweite w [13]

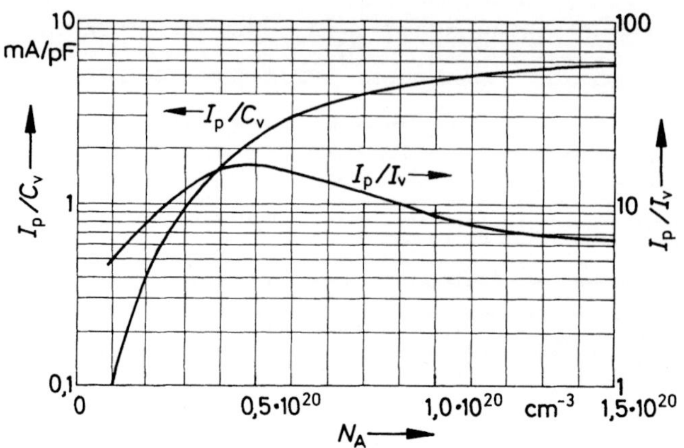

Abb. 114. Geschwindigkeitsparameter I_p/C_v und Verhältnis von Höcker- zu Talstrom I_p/I_v in Abhängigkeit von der Akzeptorenkonzentration in Ge-Tunneldioden mit gleicher Donatorenkonzentration $N_D = 4{,}5 \cdot 10^{19}\,\text{cm}^{-3}$ bei 300 K [14]

bei 4,3 K aufgezeichnet [13], die diese Abhängigkeit von der Dotierung zeigt. Oben ist in Abb. 113 die zugehörige Sperrschichtweite

$$w \approx \sqrt{\frac{2\,\varepsilon\, W_G}{e^2\, N_{\text{eff}}}} \qquad (4.3/3)$$

angegeben. Für ausreichende Tunnelströme muß die Sperrschichtweite kleiner als 10 nm sein[2].

Mit zunehmender Dotierung wächst jedoch nicht nur der Höckerstrom sondern auch der Zusatzstrom im Minimum der Strom-Spannungs-Kennlinie. Denn bei höherer Dotierung werden die Bandausläufer immer stärker ausgeprägt, und auch die lokalisierten Haftstellen im verbotenen Band nehmen zu. Abbildung 114 zeigt das Verhältnis I_p/I_v von Höcker- zu Talstrom von Ge-Tunneldioden gleicher Donatorenkonzentration bei einer Variation der Akzeptorendichte von $1 \cdot 10^{19}\,\text{cm}^{-3}$ bis $1{,}5 \cdot 10^{20}\,\text{cm}^{-3}$ [14]. Bei geringer Akzeptorenkonzentration wächst I_p entsprechend Abb. 113 steiler an als der Zusatzstrom. Bei hoher Akzeptorendichte bleibt dagegen nach (4.3/1) die effektive Dotierung etwa konstant, und daher ändert sich der Höckerstrom kaum mehr. Der Zusatzstrom wächst jedoch weiter. Daher nimmt das Verhältnis I_p/I_v wieder ab. Ein Maximum von I_p/I_v wird bei etwa gleicher Dotierung von *p*- und *n*-Leiter erreicht.

In Abb. 114 ist außerdem das Verhältnis von Höckerstrom I_p zur Diodenkapazität C_v bei der Talspannung U_v dargestellt. I_p/C_v ist ein Maß für die Schaltgeschwindig-

[2] Bei etwas größerer Sperrschichtweite erhält man sehr geringe Tunnelströme in Flußrichtung, jedoch hohe Tunnelströme in Sperrichtung (vgl. Abb. 105a). Dieser Effekt wird bei der Rückwärtsdiode zur Gleichrichtung und Mischung sehr kleiner Signale ausgenutzt.

keit bzw. für die Signalverarbeitungsgeschwindigkeit von Tunneldioden. Obwohl die Diodenkapazität mit zunehmender effektiver Dotierung anwächst, ist für schnelle Tunneldioden großes N_{eff} erforderlich; denn der Höckerstrom nimmt entsprechend Abb. 113 erheblich stärker mit N_{eff} zu als die Kapazität.

4.3.2 Einfluß der Temperatur

Abbildung 115 zeigt Strom-Spannungs-Kennlinien einer typischen Ge-Tunneldiode bei verschiedenen Betriebstemperaturen zwischen 4,2 und 513 K [15]. Der Tunnelmechanismus, der den Höckerstrom bestimmt, wird durch zwei Temperatureffekte beeinflußt: Ein positiver Temperaturkoeffizient entsteht durch die Abnahme des Bandabstandes W_G in (4.2/5) mit der Temperatur. Dieser Effekt überwiegt bei relativ hoher Dotierung ($N_{eff} > 5 \cdot 10^{19}\,\mathrm{cm}^{-3}$) und niedriger Temperatur [16]. Die Temperaturabhängigkeit der Fermi-Dirac-Funktionen in (4.2/8) erzeugt dagegen bei geringerer Dotierung oder hoher Temperatur einen negativen Temperaturkoeffizienten für den Tunnelstrom, der in (4.2/9) dadurch zum Ausdruck kommt, daß die Temperatur im Nenner steht.

Der Talstrom nimmt mit wachsender Temperatur immer zu, da der Zusatzstrom nach (4.2/14) mit geringer werdendem Bandabstand W_G ebenfalls anwächst [17]. Außerdem setzt der thermische Diodenstrom (4.2/10) bei höherer Temperatur früher ein [13].

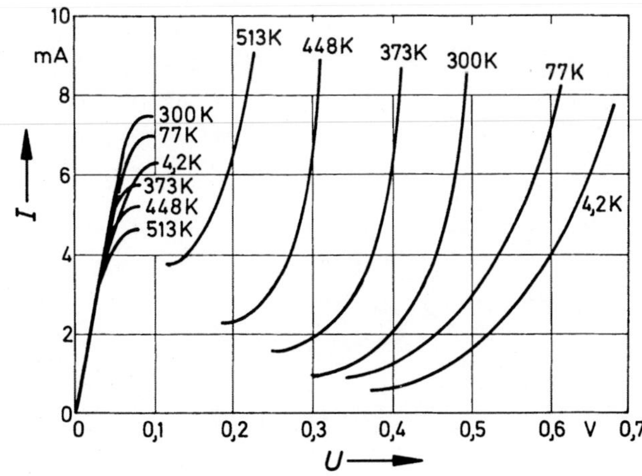

Abb. 115. Gemessene Strom-Spannungs-Kennlinien einer Ge-Tunneldiode (nur stabile Kennlinienäste) für verschiedene Betriebstemperaturen [15]

4.3.3 Rauschen

Bei Mikrowellenverstärkern und für die Bitfehlerrate im Schaltbetrieb ist die Rauschzahl F der Dioden von großer Bedeutung. Sie ist für rauschangepaßte

Tunneldiodenverstärker durch

$$F_{\min} = 1 + \frac{e}{2kT} \, |RI|_{\min} \tag{4.3/4}$$

bestimmt [18]. Hierin ist $|RI|_{\min}$ der kleinste Wert des Produktes von negativem differentiellen Widerstand und Strom auf der Strom-Spannungs-Kennlinie. Typische Werte für F sind etwa 3 dB für Ge- und GaSb-Tunneldioden sowie etwa 5 dB für GaAs-Dioden. Diese niedrigen Rauschzahlen sind der wichtigste Vorteil von Tunneldioden gegenüber den anderen aktiven Mikrowellendioden.

4.4 Herstellungsverfahren

Die abrupten *pn*-Übergänge, die für Tunneldioden erforderlich sind, lassen sich am besten durch Legierungskontakte auf hochdotiertem Halbleitermaterial realisieren. Frühere Herstellungsverfahren legierten Metallkügelchen, die einen Gegendotierstoff in hoher Konzentration enthalten, auf die Halbleiteroberfläche, oder sie erzeugten den Kontakt durch Puls-Bonden. Heute verwendet man vorzugsweise die Planartechnologie mit SiO_2-Passivierung und aufgedampften Metallkontakten, die im Bereich kleiner Fenster in der Oxidschicht kontrolliert einlegiert werden.

Abbildung 116 zeigt eine planare Ge-Tunneldiode mit verstärkten Goldkontakten (Beamlead-Kontakten), die gleichzeitig als Diodenhalterung dienen [19]. Dadurch lassen sich die sonst unvermeidlichen parasitären Diodengehäusereaktanzen weitgehend eliminieren. Der Gegenkontakt besteht ebenfalls aus einer Tunneldiode mit größerer Querschnittsfläche, die in „Sperrichtung" betrieben wird. Nach Abb. 104 und 105a kann dort bei niedriger Spannung ein hoher Tunnelstrom fließen, der einen geringen Kontaktwiderstand ermöglicht.

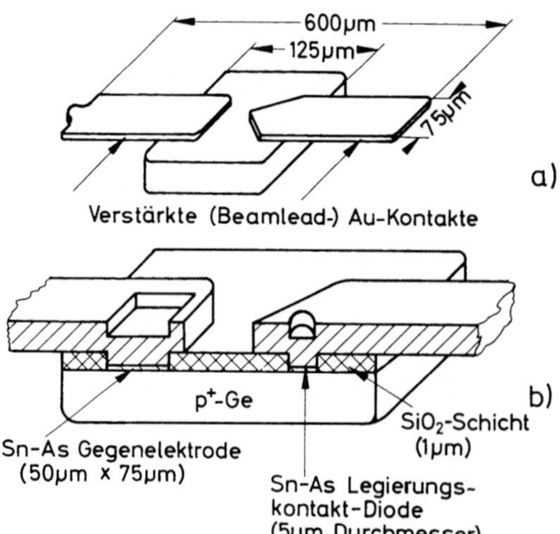

Abb. 116. Planare Ge-Tunneldiode mit verstärkten Beamlead-Kontakten [19] in Gesamtansicht (**a**) und Querschnitt (**b**)

Neben Ge [13, 16, 19] werden für die Herstellung von Tunneldioden auch Halbleiter wie GaSb [20], GaAs [17, 21, 22], Si [11, 22–24], InAs [25] und InP [21, 26] verwendet. Der negative differentielle Leitwert und das Rauschen sind in der Regel bei Halbleitern mit geringem Bandabstand günstiger. Dioden aus Halbleitermaterialien mit höherem Bandabstand können dafür mit größeren Signalen ausgesteuert werden, da bei ihnen der thermische Strom später einsetzt. Aus technologischen Gründen beschränkt man sich jedoch fast ausschließlich auf die Verwendung von Ge, hauptsächlich für Verstärkerdioden, sowie von GaAs und Si für Oszillator- und Schaltdioden.

4.5 Anwendungen

Da der Tunnelprozeß extrem schnell ist und Minoritätsträgerspeichereffekte, die in anderen Dioden auftreten, hier keine Rolle spielen, gilt die interne Strom-Spannungs-Kennlinie von Tunneldioden vom Gleichstrom bis in den Submillimeterwellenbereich. Praktisch ist der Einsatz von Tunneldioden jedoch aufgrund der hohen Diodenkapazität und wegen unvermeidbarer Zuleitungsreaktanzen auf Frequenzen bis etwa 100 GHz beschränkt.

Für Verstärkeranwendungen wird der Tunneldiode ein Lastwiderstand parallelgeschaltet, dessen Leitwert G_L größer sein muß als der negative differentielle Leitwert $-G_n$ der Diode, damit der Arbeitspunkt A in Abb. 117 stabil ist. In einer Reflexionsverstärkeranordnung mit Zirkulator ähnlich der Abb. 82 werden so beispielsweise rauscharme Mikrowellen-RF-Vorverstärker für Satellitenfunkverbindungen realisiert. Die Verstärkerbandbreite ist dabei nur durch die Bandbreite der Transformationsschaltung begrenzt, die den Leitungswellenwiderstand an die niedrige Diodenimpedanz anpaßt.

Besitzt der Lastwiderstand dagegen einen Leitwert $G_L < -G_n$, so entstehen in Abb. 117 zwei stabile Schnittpunkte der Lastgeraden mit den Kennlinienästen positiven differentiellen Leitwerts (B und C). Eine solche Beschaltung eignet sich für digitale Anwendungen als schneller Schalter zwischen zwei stabilen Zuständen. Der Umschaltvorgang wird dabei durch positive bzw. negative Triggerimpulse ausgelöst.

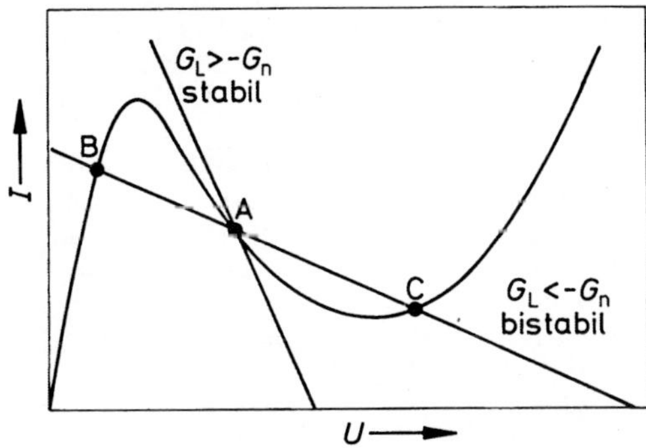

Abb. 117. Strom-Spannungs-Kennlinie mit stabiler Lastgerade $G_L > -G_n$ (Verstärkerbetrieb) und bistabiler Lastgerade $G_L < -G_n$ (Schaltbetrieb)

Bei geeigneter Beschaltung mit zusätzlichen Blindwiderständen können die Umschaltvorgänge auch durch die in den Blindelementen gespeicherte Energie ausgelöst werden. Es kommt dann zu monostabilen oder astabilen Schaltvorgängen, die je nach Verhältnis von gespeicherter Blindenergie zu der Energie, die zum Umschalten benötigt wird, mehr Kippschwingungscharakter besitzen oder weitgehend harmonische Schwingungen erzeugen. Bei höheren Frequenzen bilden die parasitären Diodenreaktanzen zusammen mit der Diodenkapazität ohnehin schon eine reaktive Beschaltung, so daß es sehr leicht zu Eigenschwingungen kommt.

Für Tunneldiodenoszillatoren eignen sich vom Kennliniencharakter her am besten Resonatoren mit Parallelresonanzverhalten, da der negative Leitwert der Diode mit wachsender Amplitude abnimmt. Aufgrund von Impedanztransformationen durch parasitäre Reaktanzen kann jedoch unter Umständen auch ein Serienresonanzkreis notwendig sein. Die maximale Ausgangsleistung P_1 von Tunneldiodenoszillatoren ist etwa gegeben durch [27]:

$$P_1 \approx (U_{\mathrm{v}} - U_{\mathrm{p}})\,(I_{\mathrm{p}} - I_{\mathrm{v}}/8). \tag{4.5/1}$$

Sie beträgt beispielsweise im X-Band nur wenige Milliwatt. Daher sind Tunneldioden nur für rauscharme Oszillatoren geringer Leistung geeignet.

Obwohl die Tunneldiode die älteste aktive Mikrowellendiode darstellt und keine besonders schwierigen Herstellungstechnologien erfordert, blieb die Anwendung bis heute auf wenige Sonderfälle beschränkt. Die wesentlichsten Gründe hierfür sind die niedrige verarbeitbare Signalleistung, die geringe Diodenimpedanz, die Anpassungsschwierigkeiten verursacht, und nicht zuletzt auch Zuverlässigkeitsprobleme, die bei sehr abrupten *pn*-Übergängen auftreten können.

Literatur zu Kapitel 4

1. Esaki, L.: New phenomenon in narrow germanium *pn*-junctions. Phys. Rev. 109 (1958) 603–604
2. Morgan, J. V.; Kane, E. O.: Observation of direct tunneling in germanium. Phys. Rev. Lett. 3 (1959) 466–468
3. Landau, L. D.; Lifshitz, E. M.: Lehrbuch der theoretischen Physik, Bd. 3: Quantenmechanik, Berlin: Akademie-Verlag 1971
4. Kane, E. O.: Theory of tunneling. J. Appl. Phys. 32 (1961) 83–91
5. Moll, J. L.: Physics of semiconductors. New York: McGraw-Hill 1964
6. Karlovsky, J.: Simple method for calculating the tunneling current of an Esaki diode. Phys. Rev. 127 (1962) 419
7. Müller, R.: Grundlagen der Halbleiter-Elektronik. (Halbleiter-Elektronik, Bd. 1). Berlin Heidelberg New York: Springer 1971; 3. Aufl. 1979
8. Brody, T. P.: Nature of valley current in tunnel diodes. J. Appl. Phys. 33 (1962) 100–111
9. Whitaker, J.; Bolger, D. E.: Shallow donor levels and high mobility in epitaxial gallium arsenide. Solid State Commun. 4 (1966) 181–184
10. Kane, E. O.: Thomas-Fermi approach to impure semiconductor band structure. Phys. Rev. 131 (1963) 79–88
11. Chynoweth, A. G.: Feldmann, W. L.; Logan, R. A.: Excess tunnel current in silicon Esaki junctions. Phys. Rev. 121 (1961) 684–694

12. Claassen, R. S.: Excess and hump current in Esaki diodes. J. Appl. Phys. 32 (1961) 2372–2378
13. Meyerhofer, D.; Brown, G. A.; Sommers, H. S., Jr.: Degenerate germanium I, tunnel, excess and thermal current in tunnel diodes. Phys. Rev. 126 (1962) 1329–1341
14. Glicksman, R.; Minton, R. M.: The effect of *p*-region carrier concentration on the electric characteristics of germanium epitaxial tunnel diodes. Solid-State Electron. 8 (1965) 517–519
15. Hall, R. N.: Tunnel diodes. IRE Trans. ED-7 (1960) 1–9
16. Minton, R. M.; Glicksman, R.: Theoretical and experimental analysis of germanium tunnel diode characteristics. Solid-State Electron. 7 (1964) 491–500
17. Nanavati, R. P.; Morato de Andrade, C. A.: Excess current in gallium arsenide tunnel diodes. Proc. IEEE 52 (1964) 869–870
18. Watson, H. A.: Microwave semiconductor devices and their circuit applications. New York: McGraw-Hill 1969
19. Davis, R. E.; Gibbons, G.: Design principles and construction of planar Ge Esaki diodes. Solid-State Electron. 10 (1967) 461–472
20. Carr, W. N.: Reversible degradation effects in GaSb tunnel diodes. Solid-State Electron. 5 (1962) 261–263
21. Holonyak, N., Jr.: Evidence of states in the forbidden gap of degenrate GaAs and InP–secondary tunnel current and negative resistance. J. App. Phys. 32 (1961) 130–131
22. Holonyak, N., Jr.; Lesk, I. A.: GaAs tunnel diodes. Proc. IRE 48 (1960) 1405–1409
23. Esaki, L.; Miyahara, Y.: A new device using the tunneling process in narrow *p-n* junctions. Solid–State Electron. 1 (1960) 13–21
24. Franks, V. M.; Hulme, K. F.; Morgan, J. R.: An alloy process for making high current density silicon tunnel diode junctions. Solid-State Electron. 8 (1965) 343–344
25. Kleinknecht, H. P.: Indium arsenide tunnel diodes. Solid-State Electron. 2 (1961) 133–142
26. Burrus, C. A.: Indium phosphide Esaki diodes. Solid-State Electron. 5 (1962) 357–358
27. Shurmer, H. V.: Microwave semiconductor devices. New York: Wiley-Interscience 1971

Sachverzeichnis

Über diese Basisbände hinaus sind weitere Einzelbände erschienen bzw. vorgesehen, die den technisch wichtigen Halbleiterbauelementen gewidmet sind. Alle diese von Spezialisten verfaßten Bände sind so aufgebaut, daß sie bei entsprechenden Vorkenntnissen auch einzeln verwendet werden können.

Nachstehendes Schema gibt einen Überblick über die Konzeption der Buchreihe. Wir hoffen, mit diesem „Baukastenprinzip" der auch heute noch fortschreitenden Entwicklung am ehesten gerecht werden zu können und so den Lesern ein für Studium und Berufsarbeit brauchbares Instrument in die Hand zu geben.

Einführung	1 Grundlagen der Halbleiter-Elektronik		2 Bauelemente der Halbleiter-Elektronik
Vertiefung	3 Bänderstruktur und Stromtransport		5 *pn*-Übergänge
Technologie		4 Halbleiter-Technologie	
Einzelhalbleiter	6 Bipolare Transistoren		7 Feldeffekttransistoren
	8 Signalverarbeitende Dioden		9 Aktive Mikrowellendioden
	10 Optoelektronik I: Lumineszenz- und Laserdioden		11 Optoelektronik II: Fotodioden und Solarzellen
		12 Thyristoren	
Integrierte Schaltungen	13 Integrierte Bipolarschaltungen		14 Integrierte MOS-Schaltungen
Sonderthemen		15 Rauschen	
		⋮	

Springer-Verlag Berlin Heidelberg New York